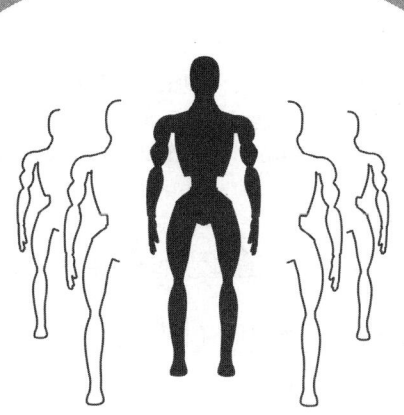

机器人叛乱
在达尔文时代找到意义

[加] 基思·斯坦诺维奇（Keith E. Stanovich）著
吴宝沛 译

图书在版编目（CIP）数据

机器人叛乱：在达尔文时代找到意义/（加）斯坦诺维奇（Stanovich, K. E.）著；吴宝沛译 .—北京：机械工业出版社，2015.5（2025.9重印）

书名原文：The Robot's Rebellion: Finding Meaning in the Age of Darwin

ISBN 978-7-111-50179-4

I. 机⋯ II. ① 斯⋯ ② 吴⋯ III. 思维心理学－研究 IV. B842.5

中国版本图书馆 CIP 数据核字（2015）第 097352 号

北京市版权局著作权合同登记　图字：01-2015-0179号。

Keith E. Stanovich. The Robot's Rebellion: Finding Meaning in the Age of Darwin.

Copyright © 2004 by Keith E. Stanovich.

Simplified Chinese Translation Copyright © 2015 by China Machine Press.

Simplified Chinese translation rights arranged with Keith E. Stanovich through Andrew Nurnberg Associates International Ltd. This edition is authorized for sale in the Chinese mainland (excluding Hong Kong SAR, Macao SAR and Taiwan).

No part of this book may be reproduced or transmitted in any form or by any means, electronic or mechanical, including photocopying, recording or any information storage and retrieval system, without permission, in writing, from the publisher.

All rights reserved.

本书中文简体字版由 Keith E. Stanovich 通过 Andrew Nurnberg Associates International Ltd. 授权机械工业出版社在中国大陆地区（不包括香港、澳门特别行政区及台湾地区）独家出版发行。未经出版者书面许可，不得以任何方式抄袭、复制或节录本书中的任何部分。

机器人叛乱：在达尔文时代找到意义

出版发行：机械工业出版社（北京市西城区百万庄大街22号　邮政编码：100037）	
责任编辑：岳小月	责任校对：殷　虹
印　　刷：北京瑞禾彩色印刷有限公司	版　次：2025年9月第1版第7次印刷
开　　本：170mm×242mm　1/16	印　张：20.5
书　　号：ISBN 978-7-111-50179-4	定　价：89.00元

凡购本书，如有缺页、倒页、脱页，由本社发行部调换

客服热线：(010) 88361066　68326294

封底无防伪标均为盗版

推荐序一
推荐序二
译者序
前言
致谢

第1章 **踏入达尔文的无底洞** | 1

为什么杰里·福尔韦尔是对的 | 4
复制子和载体 | 9
人类是哪种机器人 | 13
我们的行为,在为谁的目标服务 | 15
所有载体都已满员! | 18
你的基因更关心你,而不是你应该关心它们! | 22
逃离基因的魔爪 | 25
真知灼见:把人放在第一位 | 29

第2章 **跟自己作战的大脑** | 32

一个大脑,两种心智 | 37
自发式系统:大脑中忽视你的那一部分 | 40
描述分析式系统:避开侏儒问题 | 48

一次一步骤：用语言找出世界运行的方式 | 51
假设思维和表征复杂性 | 54
无意识加工：火星人在你脑子里！ | 56
当不同类型的心智冲突时：分析式系统的覆盖功能 | 66
弱约束大脑跟强约束大脑 | 68
自己试试：你能在著名的四卡片选择任务和琳达任务中覆盖自发式系统吗 | 74
别跟掘地蜂一个样 | 78
让分析式系统驾车，你就能把载体放在第一位 | 84

第3章　**机器人的秘密武器** | 87

选人而不是选基因：工具理性和进化适应是如何分道扬镳的 | 88
理性意味着什么：把人（载体）放在第一位 | 92
让你的工具理性更充实 | 94
评估理性：我们是否得到了自己想要的 | 98

第4章　**自发式大脑偏差**
　　　　偶尔让人悲伤的强约束心智的特点 | 101

正面思维的危险：自发式系统不能"想到反面" | 106
现在，你选它；现在，你不选它：框架效应损害了人类理性的观念 | 110
进化心理学能拯救人类理性的理想吗 | 117
自发式大脑的基本计算偏差 | 118
基本计算偏差的进化适应性 | 122
对启发式和偏差任务反应的进化解释 | 124
基本计算偏差和现代社会的去语境化要求 | 130
现代社会的自发式系统陷阱 | 135

第 5 章　　**进化心理学出了什么问题** ｜ 140

　　现代社会就是一盏钠气灯 ｜ 144
　　把洗澡水跟载体一起倒掉 ｜ 151
　　自然母亲并不善良，这一事实意味着什么 ｜ 154

第 6 章　　**理性障碍**
　　为什么那么多聪明人干了那么多蠢事 ｜ 160

　　认知能力、思维倾向和分析水平 ｜ 162
　　自发式系统的覆盖及加工水平 ｜ 165
　　理性大争论：过度乐观者、卫道士和社会向善论者之间的
　　　观点碰撞 ｜ 167
　　理性障碍：化解聪明人干蠢事悖论 ｜ 176
　　你想慢慢得到你想要的，还是很快得到你不想要的 ｜ 177
　　杰克和他的犹太人问题 ｜ 180
　　盲目乐观者的挽歌："如果人类认知如此千疮百孔，那么
　　　我们怎么能登上月球？" ｜ 183

第 7 章　　**才出狼窝，又入虎穴**
　　从基因到模因 ｜ 186

　　模因的攻击：第二种复制子 ｜ 189
　　理性、科学和模因评估 ｜ 193
　　通过反思获得的模因：模因评估的纽拉特式项目 ｜ 195
　　个人自主和通过反思获得的模因 ｜ 196
　　什么样的模因对我们友善 ｜ 199
　　为什么模因可能很龌龊（甚至比基因还龌龊！） ｜ 208
　　模因的终极妙计：为什么你的模因想让你仇恨跟模因有关
　　　的观点 ｜ 210
　　作为自省工具的模因概念 ｜ 214

建立公平竞争环境中的模因丛自我：作为一种认识平衡器
　　的模因论　| 216
进化心理学拒绝自由漂浮的模因这一概念　| 218
协同适应的模因悖论　| 220

第8章　**不再神秘的灵魂**
在达尔文时代找到意义　| 223

大分子和神秘果汁：在所有错误的地点寻找意义　| 229
人类理性仅仅是黑猩猩理性的延伸吗？人类判断的语境
　　和价值观　| 232
生活中有比钱更重要的，也有比幸福更重要的：体验机　| 236
诺齐克阐述符号效用　| 238
"这是意义问题，不是钱的问题"：表述理性、伦理偏好和
　　承诺　| 240
超越休谟式关系：评价我们的欲望　| 244
二阶欲望和偏好　| 246
实现理性的欲望整合：形成和反思高阶偏好　| 249
为什么老鼠、鸽子和黑猩猩都比人类理性　| 265
逃离被约束的理性　| 270
双重理性评估：人类认知架构的遗产　| 272
亚个人实体令人毛骨悚然　| 274
跟美元连在一起的欲望：另一种幽灵般的亚个人最优化　| 277
元理性的需要　| 290
面临许多亚个人威胁时，个人自主的配方　| 294
我们胜任这个任务吗？在我们的精神生活中寻找重要之物　| 295

推荐序一[一]

The Robot's Rebellion
Finding Meaning in the Age of Darwin

时间：2404 年。

还有 16 年，你即将完成你的使命。你推开窗，看着冬眠医院外渐渐败落的城市。雾霾渐起，你的思绪回到 380 年前的那天。

那时，就像那个时代富人常常会做出的选择一样，你的主人决定将自己冬眠起来，一直到 400 年后。主人们可以"像植物一样活着"，将自己的身体封装在胶囊里面，一动不动，然后任由漫长的岁月腐蚀胶囊。当然，明智的主人们知道，"像植物一样活着"难以帮助自己度过冬眠期间的 400 年。胶囊的电源断了怎么办？医院被损坏了，需要搬动胶囊怎么办？主人们纷纷决定"像动物一样活着"，就是让机器人们来照顾自己。于是，有了你的诞生。

你是那一批机器人中毫不起眼、默默无闻的一个。

[一] 此文摘自阳志平老师尚未正式出版的《心智三部曲》第一本的第三个故事，原文写作于 2013 年 1 月。

主人们制造了你们。你的终极使命就是帮助主人度过400年的冬眠期。为了完成这一终极使命，主人在程序中赋予了你小小的自由——你可以搬动主人胶囊；当封装主人身体的胶囊电源快用完了，你可以采取其他方法去获取电源。

你就像一条狗一样，你的终极使命就是那条短而有力的狗绳；你的小小的自由就是那条长长的狗绳。当你违反短狗绳的时候，你会遭遇强有力的牵拉，将你扳回继续照顾主人的正轨；当你违反长狗绳的时候，你遭受扳回力度则轻一些，采取什么样的方式搬动主人胶囊，那是你的自由。

一年又一年，十年又十年，百年又百年。你与沉默不语的主人胶囊相安无事。闲暇时，你也与其他机器人聊聊八卦、看看新闻、打打游戏。不太妙的是，保存主人胶囊的这座城市日益败坏。是污染，是战争，更是人性的贪婪。幸好，冬眠医院设计伊始考虑得足够多，所以，你与机器人同伴们度过了一次又一次危机。

终于，漫长的400年度过了384年。你遇到了一个棘手、难以解决的问题。你的身体日益腐朽，岁月锈蚀了你当初的机灵；保存主人身体的胶囊的电源也快用完，一次又一次报警。最多，只能再坚持3天。你该怎么办？

你有两个选择。一个选择是其他机器人遇到类似情况，采取的"A策略"。A策略就是将自己卖掉，然后委托其他机器人帮你照顾主人，度过剩余的16年。卖掉你这一堆破铜烂铁，获得的电源足以支撑主人跑到终点。

当我们将机器人看作机器人，当我们还记得"完成使命"那条短狗绳在过去岁月中一次又一次的牵拉，我们会选择A策略。

然而，短狗绳也同样受到了岁月的腐蚀。于是，有了"B策略"。B策略就是将主人的电源拔掉，给自己充电。在400年刚开始的时候，你想都不敢这么想，因为每次这种想法一产生，就会遭遇那条短狗绳狠狠的惩罚。机器人三定律已经深深地写在你的中央控制系统中。

但是，这已经不是400年刚开始的时候了，这是最后的16年了。于是，你选择了"B策略"。而这，就是你的主人曾经做过的选择。

在那漫长的演化历程中，你的主人——人类就是那个机器人，而基因则是人类的主人。

越在进化早期，基因的利益对生物影响就像一条短狗绳那样致命；随着漫长的时间演化，在进化后期，生物体本身的利益逐步背叛了基因的利益。人，是机器人；人，背叛了自己的主人——基因。这，就是人类心智演化史上的"机器人叛乱"。正如真核动物开启了人类进化新篇章；当载体开始背离基因利益——"机器人叛乱"开启了人类心智进化新篇章。

如果说进化心理学所强调的是基因的利益，"我们带着石器时代的大脑生活在互联网时代"，然而，进化心理学仅代表事情的一面。随着漫长的演化，人作为基因载体自身的利益本身，会与基因的利益发生冲突，最终背叛基因的利益。基因利益、人自身利益的多寡，从而形成了人类心智架构的双进程：快与慢。在快的心智处理进程，我们下意识做出反应，调用的认知资源非常少；在慢的心智处理进程，我们想得多一些，像机器人叛乱一样，去改写主人的使命，调用更多的认知资源。这，就是人类心智的"双过程理论"，如图0-1所示。

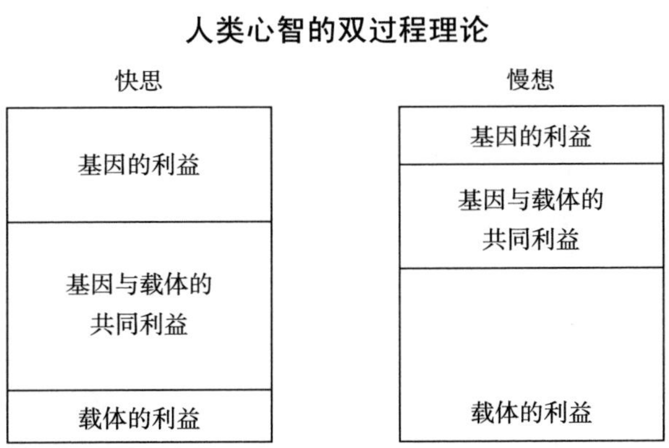

人类心智的双过程理论

快思	慢想
基因的利益	基因的利益
基因与载体的共同利益	基因与载体的共同利益
载体的利益	载体的利益

图 0-1

2404年,你违反了机器人三定律,你杀死了你的主人。

你在主人尸体旁边,静静地望着他,静静地等待你的电源用完。你是机器人,你没有名字。

阳志平　安人心智董事长&"心智工具箱"公众号作者

推荐序二

The Robot's Rebellion
Finding Meaning in the Age of Darwin

为天地立心，为自然立法。从人的角度看，人是宇宙的中心，予一切以意义；但在人体深处，从基因的角度看，人不过是其自我复制的载体。自我复制是基因唯一的"目的"，对人类福祉的"关心"仅限于其中有利于基因复制的那一部分，两者利益并不完全重合。比如，完成繁衍，则人对于基因而言不再有价值，衰老、死亡接踵而来。人类渴求长生，基因报之以癌症。天地不仁，以万物为刍狗；而人之为人，就是要脱离对于基因的盲从，超越刍狗的命运。

这些见于心理学家基思·斯坦诺维奇所著《机器人叛乱》一书，书名中的机器人不是别人，正是人类自己——人是基因的机器人，这隐喻贯穿全书。与之并行的还有另一个隐喻：人也是 meme 的机器人。人不仅是基因复制的载体，还是 meme 复制的载体。人所要从中挣脱的，还有对 meme 的盲从。

meme，一译作模因，被定义为文化基因，也即观念、符号、行为的单位，经由文字、话语、动作、仪式或任何其他可模仿的方式传播。与基因一样，meme 自我复制、变异，接受环境选择。从服饰的流行、到观念的传播、到政治的变迁，但凡文化现象，从人的角度看，是人如何创造、接受和传播观念与行为；从 meme 的角度看，则一切均是其经由人这种宿主的自我复制。

与基因一样，meme 与人的利益也并不完全重合。人生而无往不在 meme 之中，要识别那些于人有害的 meme，没有简单解，如同在航行中修理船只，只能时刻警醒，检测寄生于己的所有 meme，循环往复。斯坦诺维奇在书中有四条原则性指引：

第一，拒斥那些会伤害人身的 meme。比如，不因牛仔之阳刚就被烟草广告吸引。

第二，选择那些能如实反映真实世界的 meme。求真，拒绝虚妄。

第三，拒斥那些排他的 meme，无论是狂热爱好、信仰迷狂还是意识形态专断。

第四，拒斥那些拒斥检测的 meme，没有什么能免于理性的反思与检测。

超越刍狗的命运，这是持续终生的旅程。

王烁　财新传媒总编辑，《财新周刊》总编辑

译者序

The Robot's Rebellion
Finding Meaning
in the Age of Darwin

一场期待已久的叛乱

译书如同收养孩子,这是我收养的第二个孩子,阳志平君是介绍人。这次收养经历蛮曲折的。刚开始我看了一眼孩子,没兴趣,于是给编辑写邮件回绝。不想,阳老师专门打电话给我,说这是一个值得接受的挑战,又说作者对进化心理学的批判不是胡扯。他希望我再考虑一下。其实,我倒不是因为作者批评进化而不想碰这本书,而是因为它对我来说有难度:第一,内容上作者糅合了认知心理学、进化生物学、哲学和经济学,有不少专业术语,来势汹汹,而我对这种偏认知的主题向来兴趣不大;第二,作者的风格以朴素平实为主,而我更喜欢活泼狡黠一点的孩子。

听了阳老师的话,我又仔细打量了一下这个貌不惊人的孩子,最后决定收养。而随后的收养过程,酸甜苦辣,什么滋味都有。可我慢慢确信,这个孩子值得收养,因为它告诉了我一个惊天秘密。而这个秘密,我在收养之前，从不知道，也从未想过。

你是一个机器人！你有两个毫无人性的主人，一个是基因，一个是模因。你懵懂无知地在为你的主人卖命，哪怕为此丢了脑袋也在所不惜。这其实就是道金斯在《自私的基因》一书中揭示的真谛：你是载体，是不朽的基因复制自身的工具，也是肮脏的模因复制自身的平台。这是一个令人惶恐不安的现实，这是一部令人毛骨悚然的剧本。

你该怎么办？你能怎么办？这其实就是作者斯坦诺维奇写这本书的初衷。他给出了自己的答案。在某种意义上，可以说道金斯扯下了进化温情脉脉的面纱，让它露出了自己狰狞可怕的面目，可这使你心惊肉跳，惶恐不安。而斯坦诺维奇则在你最无助的时候，悄悄走过来，拿给你一把剑，教你跟进化的怪兽搏斗，以勇气和智慧战胜它。

这是一场艰难的战争，因为这头怪兽在你心里。换句话说，你要跟另一个你战斗。其中的一个你，代表基因和模因的利益，它们是两种可怕的复制子，以追求自身永垂不朽为目标。而另一个你，代表载体的利益，追求的是个人目标。两种目标一致的时候，两个你相安无事。可是两者不一致时，它们就要争夺控制权，在你的大脑中爆发冲突。胜者为王，败者为寇。复制子赢了，作为载体的你就要被牺牲。而载体赢了，复制子就要俯首称臣。

你希望载体赢，因为它就是那个当下的你，那个读到这些文字的你，那个有思想有感情的你，那个作为机器人的你。

斯坦诺维奇微笑着告诉你，理性能帮你，它就是那把交到你手里的剑。

可是，等你真正拿到那把剑的时候，你才发现，那把剑不那么好使，它甚至会伤着你。为什么？因为那把剑就是模因做的，你握在手里的有可能是敌人送给你的礼物。要真是这样，它就是第五纵队，它会出卖你。你比没剑的时候还要输得惨。

这时，斯坦诺维奇偷偷地在你耳边嘀咕了几句，你才明白：想叛乱，自己得有两把剑。其中一把剑叫狭义理性，简单地说就是正确做事。这把剑能保证你得到自己想要的结果。可是，这些结果真的是你（载体）想要的，还是假扮成你的基因或模因想要的，你不知道。因为你此时不考虑自己的目标和欲望是否合理，只想着用合适的办法实现它。说白了，你只想着正确做事，至于事情本身正确不正确，你不在乎。因此，这些被正确完成的事情，有可能并没有体现你的意志，而是在为基因或模因效劳。

好在除了狭义理性之外，你还有广义理性这把剑。这把剑是要确保你做正确的事，而不仅仅是正确做事。否则，你有可能正确地做了一件对你有害的事。可狭义理性不管这一点，因为它不在乎目标合理不合理，它只在乎手段是否能实现目的。有了广义理性这把剑，你就不那么容易误入歧途了。

不过，要想拿到这两把剑，尤其是拿到广义理性这把剑，很不容易。我猜，这大概也是为什么斯坦诺维奇要在最后一章花费那么多笔墨的原因所在了。

当然，在斯坦诺维奇明目张胆地鼓吹机器人叛乱之前，许多东西方的大哲学家都有过类似的思考。苏格拉底说，未经反省的人生毫无存在的价值。尼采说，上帝已死，我们需要重估一切价值。王阳明说，破山中贼易，破心中贼难。《中庸》说正心修身。这其实都在说，评估能力或批判精神，对我们的精神自由很重要。因为约束我们的，除了外在的世界，还有内在的大脑。我们大脑中的自发式系统，以及分析式系统中未经反省而获得的部分，很可能都是基因和模因的代理人，它们就是你实现自我的内心枷锁。

可很长时间以来，你作为一个机器人，从来都没想过这个问题。这些狡猾的代理人不让你想，一切都在按照它们的指令悄悄运行。你就像是一个玩偶，沉沦在欲海中，掉落在欲壑里。

进化生物学家勇敢地揭示了这个可怕的真相。他们的发现引出了一道棘手的难题：既然基因和模因才是进化的主角，作为进化配角的载体如何捍卫自身的利益，如何寻找自身的意义？斯坦诺维奇的独特之处在于，他从认知科学的角度给出了有力的回答。

这其实是他对我启发最大的地方。

进化心理学告诉我们，基因传递是进化的标尺。有助于基因传递的性状，都会受到自然选择的青睐而保留下来，保留在我们的心智中——无论这种性状是合作还是背叛，是亲密还是残忍，是觅食还是择偶，是忠贞还是花心。在某种程度上，可以说进化心理学家关心的问题是：作为适应装置的人类心智模块，如何解决进化史上的一个又一个难题，帮助石器时代的人类祖先适应环境，繁衍生息？其实，他们这里有一个默认前提，即基因跟载体大多数时候的利益是一致的，因此，对基因传递有利的性状，常常也对载体有好处。这些发现让我们坚信，进化就像一个慈祥的母亲，她爱我们。

斯坦诺维奇也承认这一点。他在这本书中不断强调，基因跟载体大多数时候的关系都很好，像好得能穿一条裤子的亲兄弟一样。可是，斯坦诺维奇也敏锐地意识到，在少数情况下，对基因有利的情况未必对载体有利，比如基因组中存在大量垃圾DNA，比如鲑鱼繁殖之后马上就死，比如有丝分裂过程中的分离畸变。此外，即使在进化环境中作为适应器的某些身心装置，也可能在现代环境中给载体带来巨大代价。

换句话说，进化母亲并不总是慈祥的，她有凶恶的一面。

最典型的一个例子就是喜欢吃甜食的装置。在一个缺衣少食的时代，这种装置能保证人类祖先的存活，因为彼时彼地，肥者生存。可到了现在这样食物充裕的时代，这种装置却在很多人身上引发了肥胖，导致了高血压、糖尿病和心脏病。因此，要是不假思索，只听基因的，有时候就会让自己陷入悲惨境地。人类大脑中还有很多缺省设置，比如各种各样的认知偏差，它们都是祖先留给我们的进化遗产，也都能在很多类似进化的环境下施展拳脚，帮我们分忧解难，可它们就像甜食设置一样，在现代光怪陆离的新环境下都有可能运行紊乱，轻而易举就让我们犯错误。现代广告业对我们进化心智的利用，就是这一逻辑的自然延伸，只不过它在主动引诱我们犯错误。

其实，在斯坦诺维奇看来，广告业对现代人的利用也暴露了进化心理学家的第二个盲点，即他们忽视了模因的巨大力量。模因是道金斯发明的一个术语，可认为是文化基因。模因是一种能够自我复制的文化片段，可以从一个大脑进入另外一个大脑。很多时候，模因对它们的寄主都很好，因此它们被寄主接受，安装在头脑中。这其实也是进化心理学家的普遍看法，即我们大多数的信念都对自己有好处，也正是因为它们对我们有好处，我们才把它们保留在自己的头脑中。可是，在斯坦诺维奇看来，进化心理学家忽视了另外一种可能性，即有些模因对我们没好处，自身也不正确，但它们依然能像病毒一样潜入我们的大脑，原因就在于它们太强大、太狡猾，拥有自我复制的巨大优势。相信自己死后能进天堂的模因，让恐怖分子铤而走险，蹈死不顾。相信意念能治绝症的模因，让很多人把钱源源不断地掏给骗子，即使没有任何疗效也执迷不悟。

不少模因比基因更可怕，更龌龊。基因至少会让载体活到可以繁殖下一代的年纪，可模因就不必对载体这么怜香惜玉，因为它的潜伏期更长。即使一个会让载体万劫不复的模因，它在载体倒霉之前也有无数机会传播自己。可以说，它更冷血，更无情。"洗脑"这个词描述的就是一种被模因感染的载体状态，因为它已丧失了对自己的控制权，彻底变成了模因的傀儡。它做的很多事，或许都对自己没好处，甚至有坏处，可它浑然不觉，因为模因控制住了载体，让载体失去了判断力。载体变成了为模因效劳的仆人，一具行尸走肉。

这，简直是机器人的噩梦。

斯坦诺维奇的这本书，就在告诉你，如何逃离基因的陷阱，模因的噩梦。我说了梗概，更多的内容你需要亲自听他说，我无法代替你完成。还有，我得提醒你，他写的书，我说的话，都是模因，都需要你自己来判断，包括质疑、评估，以及之后的拒绝或接受。也就是说，你可以不同意他，但你无法忽视他。斯坦诺维奇为你寻找意义开了一个头，但你是否能走好，是否能找到，还是要靠你的手脚，还有大脑。

假如你在读了这本书之后，能学着批判性地看待他人和自己的信念，能尝试清除自己头脑中的模因病毒，把健康的模因保留下来，把合理的模因保护起来，那么，恭喜你，你正在发动一场叛乱，一场意义深远的机器人叛乱。

你在真正成为你自己，成为你自己的主人。

你，作为一个机器人，完全能活得更明白、更透彻、更有意义。不再对盲目的基因俯首帖耳，不再对善变的模因言听计从，而是有自己的想法，自己的判断，自己的价值。简而言之，你可以也应该成为自己的主人。因为，真正的我就是这时的你。

她从未远离，但有待发现，有待实现。

现在，就是叛乱的开始。久违了，这一场期待已久的叛乱。

吴宝沛　北京林业大学心理学系副教授
2015 年 1 月 10 日

附记：收养第二个孩子，我得到了诸多帮助——介绍人阳志平热情推荐，接生婆邹慧颖认真负责。此外，何晓娜、杨天笑、梁嘉歆、张莉、张书维、古映杰、刘凤、崔翔宇、陈海贤、李松蔚、于海成等对我有诸多启发，一并谢过。北京林业大学心理学系自由开放的学术氛围给人很大支持，这要归功于訾非和雷秀雅两位的领导，以及朱建军、田浩、吴建平、丁新华、王明怡、方刚、杨智辉等其他老师的支持。最后，我能保留翻译这个"坏习惯"，不能不提阿兰的宽容和理解；她让这一切成为可能。

前言

我写这本书,是因为有一个场景困扰着自己。这是一个未来的、反乌托邦的场景。在这个场景中,知识精英独自享用了现代科学的成果。可是,他们或明目张胆,或心照不宣,认为其他普罗大众没有能力吸收和消化这些成果。相反,留给普罗大众的都是出现在我们科学史之前的故事。这些故事情节简单、叙述平缓,并不涉及多少概念调整,人人都懂。简单地说,这是一种未来的科学唯物主义的场景。其中,社会经济层面的无产者被消灭殆尽,而取代他们的将是知识层面的无产者。

这种趋势,其实早已存在于现代化的科学社会中了。现代科学正经历一场翻天覆地的转变,它正在彻底翻新许多基本概念,诸如意识、灵魂、自我、自由意志、责任、自我控制、意志薄弱,以及其他——尽管我们的朴素心理学依然远离进化心理学的洞见,也远离神经生理学的发现,对它们一无所知,也不受它们影响。这本书的目的,就是向普通读者介绍这些概念性的重新定位。这是生物科学和人文科学施加于我们自身的必然结果。

科学家一直犹豫着,没有把这些概念性的重新定位强加在外行人身上,特别是面对带有破坏性影响的普遍达尔文主义的深刻见解,他们噤若寒蝉。若干年前,丹尼尔·丹尼特冒天下之大不韪,在他的《达尔文的危险观念》(*Darwin's Dangerous Idea*)一书中这样做了。果不其然,很多人群起而攻之。据说,公众想要一种更温和的取向。这种取向更乐观,更鼓舞人心,也能保留更多的传统观念,让它们完好无损、不受冲击。其实,存在一种对人类生存状态更乐观的看法,这种看法跟达尔文主义一致,它也能维持下去,但它不会让老概念纹丝不动、坚如磐石。本书就采用了这种办法。它接受认知科学和普遍达尔文主义的洞见,让它们完成对我们朴素概念的转换过程,然后看还有什么能留下来。我有一种乐观的看法,这种尝试将会导致一种相对开放的自我概念。本书的主题是,在认知心理学、决策论和神经科学的研究发现中,存在着能帮助我们跟达尔文主义的生命观和解的寓意,而这些寓意通常不怎么被人关注,也没有得到深入探讨。

普遍达尔文主义有一个令人震惊、叫人不安的洞见:人类是两种复制子(基因和模因)的寄主,而它们不关心人类的利益,仅仅扮演着复制管道的角色。理查德·道金斯总结了20世纪生物学的深刻见解,让我们在惊惶不安中意识到:作为人类的我们自己,事实上不过是基因的生存机器。现代进化科学让我们正确了解生物学,不过,这个学科带有很多令人不安的寓意。比如,人类被视作巨大的复制子殖民地,这些为数众多的复制子拥挤在笨重的载体中。本质上,人类就是一架复杂的机器,为基因殖民者服务。

同样,我们也是模因(文化的信息单位)的寄主;这是一种破坏人类自主的亚个人实体。跟基因一样,模因也是一种彻头彻尾的自私的复制子。总之,基因包含构造身体的指令,这个身体可携带基因,帮助它们传播自己。总之，模因被用来建立某种文化，这种文化则帮助模因传播自己。模因研究引发的最根本洞见就是，一种观念，**即使不是真的，即使不能以任何方式帮助持有这种观念的人**，也能传播开来。

就在二十多年前，道金斯大声疾呼，要人类发动叛乱，反对自私的复制子。这很有必要，因为人类作为一种连贯的有机体，也许拥有跟任何一种复制子都对立的利益。在本书中，我使用"机器人叛乱"这种说法，谈的是进化洞见和认知变革组成的一个包裹。如果我们想超越复制子有限的利益，想界定我们自己的自主目标，这个包裹就是必需的。我们很可能就是机器人，一种为了复制子繁殖而设计出来的载体。不过，我们是一种特殊的机器人。这种机器人发现，自己拥有的利益可能独立于复制子的利益。我们是唯一能做到这一点的机器人。在某种意义上，可以说我们是科幻小说中那些失控的机器人，他们把自身创造者的利益置于自己的利益之下。

当人们开始使用他们自己大脑机能的知识，使用不同大脑机制（它们组织自身行为以实现自身目的）所服务目标的知识，机器人叛乱就有可能实现。对于一个卓越的文化项目来说，这个机会是存在的。这个项目将会在人类跟复制子发生利益冲突时，把前者的利益置于后者之上。然而，这个认知变革方案需要一个前提，即我们必须知道如何解决人类决策中的目标冲突，而当代的认知科学和决策论将会在这一点上扮演关键角色。这个方案的第一步，就是要我们认识到，人类大脑有很多不同部分，分别用以实现复制子跟载体的不同目标。

我们的自主性受基因威胁。这是因为，基因在我们大脑中建立了一套自发式系统（the autonomous set of systems），这套系统受到基因的有力控制。然而，基因同时也在我们大脑中建立了一套分析式控制系统（analytic control system），这套系统或多或少地指向工具理性，用以实现人类自身的目标。理性原则告诉我们，当自发式系统没有最大限度地服务于我们最关心实体（我们的个人欲望）的利益时，就该启动分析式系统，以便实现我们的人生目标。本书的一大主题是，理性以及它在机构中的化身，为我们提供手段，给我们创造条件，让人类的目标而不是基因的目标实现最大化。而这，就是机器人叛乱的开端。

鉴于许多理性工具都是文化发明而不是生物模块，因此，它们在技术社会的用途很容易就遭到进化心理学家的忽视和贬低。我现在提议的这个卓越的文化项目，考虑的是如何最大限度促进人类的利益，而不管它们是否跟基因的利益一致。要是忽略了最大化遗传适应度（genetic fitness）跟最大化人们欲望满足之间的差别，我们就失去了独一无二的解放力量。

然而，另一套自我洞察使得情形变得格外错综复杂。人类最近才刚刚获得这套见解，即存在着另一种不同于基因的复制子，模因。个人确定很多目标，以作为界定工具理性的载体最优化的成功标准。可这些目标不应该被视为既定前提，理所当然，否则，我们将再一次傻乎乎地把自己置于复制子的魔爪之下。一旦理解了这一点，人们为什么必须追求广义理性就变得昭然若揭了。广义理性要求我们对进入工具性计算的信念和欲望持有批判态度。否则，模因设定的目标就可能跟基因安装的目标是一丘之貉。来自认知和决策科学的自我评估的理性原则，为我们提供了把寄生虫模因连根拔起的工具——这些模因可能隐藏在我们的目标层级中，服务于它们自身的目标，而不是服务于它们寄生于其中的寄主的目标。有人拥有评价性的模因丛，比如科学、逻辑和决策论。他们因而有这样一种能力，能创造出一种人类自我反思的独特类型。

面对两种盲目的复制子，它们自我复制的目标跟人类利益毫不相干这种情形，一个人怎样才能找到自主性、意义和价值？通过前几章中讨论的人类认知结构的某些特征，我认为，找到意义是有可能的。在最后一章中，我探讨了寻找意义过程中的两个死胡同，它们被我称为大分子和神秘果汁。很多世纪以来，人们相信，人类的出现在某种程度上具有特殊性，想以此找到生活的特殊意义。普遍达尔文主义毫不留情地嘲弄了这种信念。正如一个笑话所说的那样，我们一路走来，本质上还是大分子。其次，人们接受了一种朴素的心智理论，它是笛卡尔式的。这个理论包含一个普罗米修斯式控制器，它的运作基本上是一个神秘过程，无人得知。可是，现代认知科学发现了行动控制的纯粹机械模型，从而给这种信念投下了阴影：我们的头脑中并没有一个普罗米修斯式控制器。

我认为，事实上，人类的独特性来自他们心智的架构特征。这种特征就是高阶表征的倾向。人类，跟其他所有动物都不一样，他们能尝试批判自身的一阶欲望（first-order desire）。这样，跟哲学家哈里·法兰克福笔下的玩偶（wanton）相比，人类就成了一种高级存在。要知道，玩偶只会像机器人一样追求他们的一阶欲望。其中，很多都是基因预设的目标，而在人类中，另一些可能就是模因病毒。面对一阶偏好，我们做出二阶评估，这就是所谓的强评估。这么做，我们其实是在问自己是否偏爱对某一种结果的偏好。

人类的价值观常常表现为，对我们的一阶偏好进行批判。于是，实现我们一阶偏好跟高阶偏好一致性的努力——哲学家罗伯特·诺齐克称之为实现理性整合的努力——就成了人类认知的一个独特属性。这种属性能更明确地把人跟动物区别开来。在这一点上，它要胜过其他心理特征，包括意识。意识跟强评估能力不同，它更可能是以连续等级的方式，分布于动物界不同复杂性的大脑中。

在我看来，我们想要归功于人类精神生活的价值，需要被分配给这些大脑的评估活动，而不是分配给伴随它们而来的内部体验。接受达尔文主义，开始构造基于人类真正独特性的自我概念，我将在本书中勾勒这样做的意义：通过理性的自我决定，跟地球上其他生命体相比，人类将以一种独特方式获得对自己生活的掌控。

致谢

　　这本书辗转多地方才完成。除了我所在机构多伦多大学之外,还包括圣艾夫斯、康沃尔郡、奥本、苏格兰以及旧金山。我要感谢安妮·卡宁汉,因为无论是在旧金山还是在伯克利大学,她都为我安排了住处。我还要感谢理查德·韦斯特,因为有很多个夜晚,我们都在多伦多家中的阳台上畅谈甚欢。理查德是一个重要的共鸣板,他在很多年里都在回应我的这些想法。对这个项目从一无所有到结出硕果而言,保拉·斯坦诺维奇给了我最需要的一个东西,那就是对这项任务的承诺,对它的信心,以及对它的热情。要不是有她对我信念的支持,这个任务是完不成的。保拉和理查德就是我私人的月光社(Lunar Society)。

　　这本书的早期版本得到了很多有益的批评,它们来自苏珊·布莱克摩尔,乔纳森·埃文斯,丹尼尔·卡尼曼,艾伦·林奇,戴维·欧沃,院长基斯·西蒙顿,金·斯特瑞尼,以及理查德·韦斯特。来自芝加哥的读者，金·斯特瑞尼和戴维·欧沃都给了我极为重要的珍贵意见。无论是确定这本书的风格，还是用自己的话评价它，我的读者都很慷慨。本书的主张并不依赖于任何特定的实证研究，而是依赖于认知科学中的广泛主题，我毫不愧疚地就把它们熔为一炉。这些评价者对本书的参与，恰到好处，最能帮助我。

我的编辑是多伦多出版社的戴维·布伦特，他拥有一种非凡的能力，能看出我想要在这本书中说什么。他富有洞察力地看出了主要议题，同时在具体观点上也持续改进和润色。理查德·艾伦的稿件编辑做得极为周到，裨益良多。伊丽莎白·布兰奇·戴森在本书的出版过程中给予了多方面的支持。

学识方面的债务涉及本书正文中出现的很多学者，在参考文献列表中，我把这笔债务记录在案。不过，特别重要的灵感要归功于这些学者工作的启发，他们是：丹尼尔·丹尼特，罗伯特·诺齐克，丹尼尔·卡尼曼，阿莫斯·特沃斯基，乔纳森·埃文斯，以及戴维·欧沃。

写这本书时，我所在院系的领导基斯·欧特利和珍妮特·阿斯廷顿提供了一种有助于学术研究的融洽氛围。玛丽·马克里，我们部门的业务人员，以非凡的奉献精神，悉心满足我的技术和后勤需要。这本书的写作，因为我的一项任命而大受鼓舞——我被任命为多伦多大学的加拿大应用认知科学主席。对于本书讨论的若干问题，我做了相关的实证研究，这要归功于加拿大社会科学和人文研究理事会的持续支持。

罗宾·麦克弗森和乔治斯·波特沃若斯基为我做了重要的图书馆工作，帮我追查参考文献。罗宾是一位了不起的多面手，他做了一系列学术工作，完成了很多学业任务，这些都对本书有帮助。当我被其他事情缠住脱不开身时，卡洛琳·何在我实验室里进行了有效的领导。玛丽莲·柯陶和安妮·卡宁汉始终给予我个人和学术支持。

本书的第4、5、6章涉及的观点在之前的出版物上发表过，相关的参考文献如下："The fundamental computational biases of human cognition: Heuristics that (sometimes) impair reasoning and decision making," in *The Psychology of Problem Solving*, ed. J. E. Davidson and R. J. Sternberg (New York: Cambridge University Press, 2003); "Evolutionary versus instrumental goals: How evolutionary psychology misconceives human rationality" (with R. F. West), in *Evolution and the Psychology of Thinking: The Debate*, ed. D. Over (Hove, England: Psychology Press, 2003); and "Rationality, intelligence, and levels of analysis in cognitive science: Is dysrationalia possible?" in *Why Smart People Can Be So Stupid*, ed. R. J. Sternberg, 124-58 (New Haven, Conn.: Yale University Press, 2002).

第 1 章

踏入达尔文的无底洞

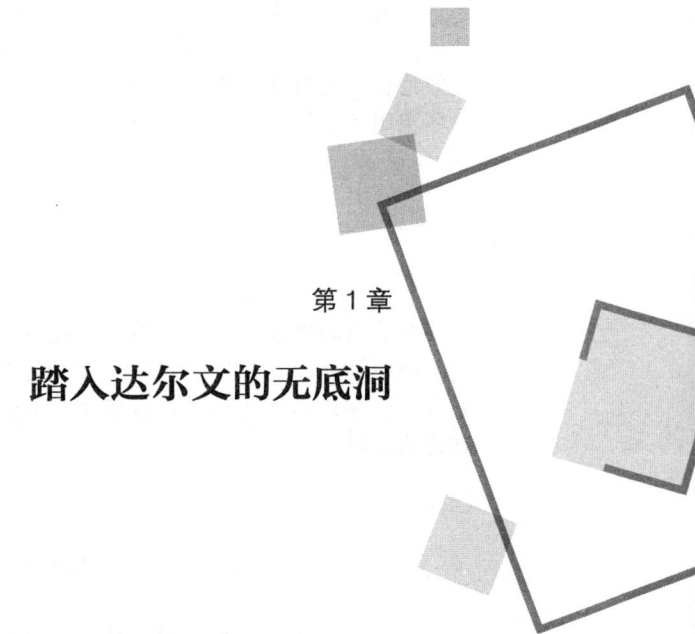

当某个行星上的智能生命开始思考自己存在的意义时，他们才算是成熟了。……30 亿年以来，生机勃勃的有机体存在于地球上，却从不知道他们为什么存在，直到最终，他们中的一个人揭开了真相。他的名字叫查尔斯·达尔文。

——理查德·道金斯
《自私的基因》
（*The Selfish Gene*，1976，1）

在适当的时候，达尔文革命将要占据一个……大脑和心灵中安全而平静的场所，这将发生在每一个受过教育的地球人身上。但是，直到今天，在达尔文死后一百多年里，我们还没有跟这些难以置信的寓意达成妥协。

——丹尼尔·丹尼特
《达尔文的危险观念》
（*Darwin's Dangerous Idea*，1995，19）

母鸡仅仅是一个鸡蛋制造另一个鸡蛋的方式。

——塞缪尔·巴特勒
《生命与习惯》
（*Life and Habit*，1910，编著）

这场游戏就是复制东西，除此无他。

——马克·里德利
《孟德尔的魔鬼》
（*Mendel's Demon*，2000，8）

我在前面引用了哲学家丹尼尔·丹尼特的话。他提到的观点，很多知识精英都有耳闻，可普罗大众对此几乎一无所知。现代进化理论的寓意以及认知科学的进展，将在 21 世纪导致许多传统概念的土崩瓦解，即使人们已跟这些概念共同生活了很多个世纪。举个例子，假如相信传统的灵魂观念，你就应该知道，对进化论的寓意和认知神经科学的更完整评估正在摧毁这个观念，而且，这个过程将在你临死之前完成。在这本书中，我打算敦促世人，我们必须**接受**这种不可避免的结果，努力建构另一套跟生物科学和认知科学一致的世界观，而不是花力气避免或掩盖这些影响。我认为，我们应该接受认知科学和进化论揭示的令人不安的事实，而不是跟它们战斗。面对它们，把自己藏起来，这将使我们冒险制造一个双层社会。这个社会的其中一层由行家里手组成，他们具有理解这个世界的特权；而另一层则由受骗上当的普罗大众组成，他们就是知识上的无产者。他们情感脆弱，不够强大，没法跟真相打交道。

为了避免这样一个双层社会的出现，我们必须公开承认，一场知识的大灾难已然来临。旧有的世界观轰然坍塌，虽然它们曾在长达数个世纪的时间里维系着人类的精神。我打算告诉读者，如何建立另一种人类状态的替代观念。这套观念以神经科学、认知科学、心理哲学以及现代新达尔文主义的核心洞见为基础。

在本书中，我把现在称之为"达尔文时代"。因为，尽管早在 140 多年前，达尔文就写了《物种起源》（*The Origins of Species*）这本书，可那么多年过去，我们仍然处于这样一个时代：来自达尔文的真知灼见，依然在有力地塑造着人类知识的整个领域。事实上，被称之为普遍达尔文主义（Cziko 1995；Dawkins 1983；Dennett 1995；Plotkin 1994；Ruse 1998）的这么一个东西，最近创造出了许多新兴学科，比如进化经济学、进化心理学、进化认识论、进化医学，以及进化计算科学（见 Aunger 2000b）。在达尔文去世很多年以后，我们才真正进入达尔文时代。这些相对较新的科学研究领域，将为我们提供人性的背景假设，而这些假设将被未来的社会视为理所当然。

然而，我们处于这样一个历史时期：吸收普遍达尔文主义的洞见，将会给我们文化生活的诸多方面带来破坏性影响。在过去的数百年里，我们编造了很多神话，以便解释人类的起源，以及人类的心智具有怎样的特点。我们也一直在编故事，想要说清楚我们是谁，我们为什么会存在。现在，这样的历史潮流偃旗息鼓，我们也许最终站在了对人类地位进行事实理解的门口。然而，想要获得这种理解，首先就得把我们曾经创造的神话炸掉，这种做法无疑会给我们带来某种认识上的痛苦。这是因为，面对达尔文主义那不合时宜的寓意，唯一的办法是通过科学自身进行应对，而这就意味着，我们要勇敢面对自然选择理论的寓意。一旦我们采取了这种不退缩的态度，本书的主题将令人振奋。在认知心理学、决策论和神经科学等人类的科学发现中，正是某些未被揭示的寓意给我们指出了一条路，能够把人类对意义的需求跟达尔文主义的生命观协调起来。

为什么杰里·福尔韦尔是对的

在《达尔文的危险观念》一书中，丹尼特（1995）认为，达尔文提出的自然选择的进化这一观念，其实是一种知识层面的宇宙酸："它把几乎所有的传统观念都销蚀掉，在其身后留下一个革命化的世界观，大多数旧有的景观仍然依稀可辨，但也经历了彻底的改造"（63）。简而言之，达尔文主义的冲击波刚刚能被世人感觉到，我们还没有彻底吸收进化科学中包含的破坏性洞见。

说我们还没有完全理解达尔文主义的寓意，一个理由是存在这样的现象：最激烈反对达尔文主义的人，其实也最清醒地意识到，达尔文主义在知识上扮演着宇宙酸的角色。举例来说，宗教原教旨主义的信徒认为，自然选择的进化这一观点，将毁掉他们心目中大多数神圣的东西。比如，对进化论的完整理解，恰恰就会威胁灵魂这样一种概念。

简而言之，在理解达尔文主义方面，恰恰是站在路中间的信仰者错了。他们是所谓开明宗教的信徒，认为自己了解自然选择意味着什么，但没有意识到这一概念的阴郁含义，因而对达尔文主义存在多处错误理解。显然，这些错误中的每一种都让达尔文主义变得可口，变成人们容易接受的教义，可达尔文主义中更令人震惊的寓意被隐藏了，甚至在某些情况下被歪曲了。比如，普罗大众继续相信进化式进步的错误概念，尽管史蒂芬·古尔德写了很多畅销书，坚持不懈地跟这种错误观点做斗争。这种观点中有一个很重要，但其实具有误导性，即认为人类是进化不可避免的巅峰之作。这就像那首古老的歌谣中吟唱的那样，人类是"群山之王……独占鳌头"。虽然古尔德花了九牛二虎之力，想要纠正这个错误观念，可它依然存在。古尔德不断提醒我们，人类是历史的一个偶然事件，事情完全有可能是另一个样子——也就是说，某些其他的有机体本来有可能成为这个星球的主宰。

除此之外，还有一个对进化的误解，跟本书的主题关系更密切。这个误解就是，我们携带基因"是为了物种的生存"。还有一个与此相关的想法，认为我们携带基因，基本上"是为了我们更好地繁殖自己"。在第一种情况下，基因为物种服务。在第二种情况下，基因为作为有机体的我们服务。两种错误观点都认为，基因服务于我们的目标。在著名的《自私的基因》一书中，理查德·道金斯抛出了一枚定时炸弹。到目前为止，这颗定时炸弹还没有完全爆炸。它指出，实际情况跟刚才说的完全不同：我们被构造出来是为了给基因服务，而不是相反。流行的观点认为，"基因存在，是为了制造我们的副本"，这里来了一个180度大转弯：我们存在，是为了让基因制造它们的副本！它们是主要的，我们（作为人）是次要的。我们存在的理由是为基因服务，而正是为了这个目的，基因才把我们制造出来。

事实上，稍微思考一下，我们就知道，"基因存在是为了让我们制造自己的副本"这种观点说不通。我们从不制造自己的副本，只有基因才这么干。显然，我们的意识并没有在我们孩子那里得到复制，因此，我们没有在这个意义上延续自我。我们把一半随机的、乱成一团的基因传给自己的孩子。到了第五代时，我们跟后代的遗传重叠将减少到1/32，这个比例通常在表现型水平上都难以觉察。"基因存在是为了让我们制造自己的副本"，这个谬论背后存在一个错误观念。道金斯对此进行了讨论。他认为，情况恰恰相反，"我们被制造成基因机器，我们被创造出来是为了传递自身的基因。不过，三代之内，我们这一方面就会被人遗忘。你的孩子，甚至你的孙子孙女，都可能跟你长得像……但是当每一代人不断生儿育女，往下传递，你的基因的贡献就会减半。用不了多长时间，它就会达到一个可以忽视的程度。我们的基因可能是不朽的，但是基因的**集合**，也就是我们每个人，事实上注定要分崩离析。伊丽莎白二世是征服者威廉的直接后裔。然而，她很可能并不携带老国王的任何一个基因。我们不应该在繁衍之中寻求不朽"（199）。

我们的身体由一个独特的基因联邦建立，这个联邦不可能再以同样的方式走到一起。从欣赏我们自身独特性的观点来看，这是一个令人振奋的前景，但是对于那些认为基因存在是为了让我们繁殖自身的人来说，这是一个令人失望的景象。即使我们认为，基因在以某种方式帮助我们"繁殖我们自身"，这也不能减轻我们面对死亡时的哀伤之情。相反，令人震惊的是，难以置信的是，备受屈辱的是，我们存在，是为了在基因复制的过程中帮助它们——**我们存在以便它们能复制**。用道金斯的话来说，永垂不朽的恰恰是基因，而不是我们[1]。

这就是道金斯扔给流行文化的知识手榴弹，[2]而这种文化还没有准备好消化它的影响。这种消化过程被延迟了。一个原因是，即使是那些声称相信自然选择导致进化的人，也低估了彻底接受普遍达尔文主义之后由此导致的概念革命的影响。比如，在通常的讨论中，一种理解问题的方式是拿科学和宗教做比较——前者通常是进化论的幌子（Raymo 1999）。接着，讨论者会把问题界定成可兼容的或不可兼容的两种立场：前者认为，科学世界观跟宗教的能兼容，而后者认为不可以。开明宗教的信徒常常都是可兼容主义者，他们热情洋溢地主张，科学跟宗教能调和起来，像情侣一样手拉手、肩并肩。可宗教原教旨主义者不想走这么远，因为他们只想让宗教压倒科学。

说出来有点儿奇怪和反讽，因为，恰恰是宗教原教旨主义者把事情看得更透彻。而且，恰恰是相信进化论的那批人没看到普遍达尔文主义中内在的危险[3]。这些危险是什么呢？我们首先看一个显而易见的选项：人类通过自然选择进化而来，这就意味着，人类不是上帝或其他任何神灵的特殊设计。它意味着，人类的出现没有任何目的。它还意味着，就生命形式而言，没有任何天生的"高等"或"低等"（见 Gould 1989，1996，2002；Sterelny 2001a）。简单地说，一种生命形式跟另一种一样好。

其次，存在一个令人恐惧的问题：进化无意义。这个问题来自一个事实，即进化是一种算法过程（Dennett 1995）。一个算法仅仅是一套形式步骤（即配方），用以解决一个具体问题。我们熟悉一种算法，即计算机程序。进化就是一种在自然界中而不是在计算机上执行的程序。设想有一种最简单的计算机程序，即复制那些在选择过程中存活下来的实体。根据像这种程序一样简单的逻辑，算法式自然选择过程（机械地、盲目地）构造出了像人脑一样复杂的结构（见 Dawkins 1986，1996）。

很多人认为自己相信进化论，可他们没有想清楚这一过程的含义。这一过程是算法式的：机械、盲目、无目的。不过，乔治·萧伯纳早在 1921 年就觉察到了这些含义。他写道，"这个理论看起来很简单，因为你最初没有意识到它意味着什么。不过，当你慢慢理解它的整个寓意时，你就会万念俱灰。它蕴含着一种可怕的宿命论，无论是美丽和智慧，力量和目的，还是荣耀和抱负，都将发生可怕和该死的衰减"。我这里可不是说萧伯纳说得对，仅仅是说，他准确地觉察到达尔文主义对他世界观的威胁。事实上，我并不认为美丽和智慧在达尔文式的观点中就会衰减，而且我会在本书的第 8 章解释为什么。这里，重要的是，萧伯纳说对了一部分。他聪明地看到了进化的算法式本质。一种算法式过程也许会被描述为宿命论，而且，加之这种算法跟生活有关，于是萧伯纳觉得它狰狞可怕。

  我相信萧伯纳得出的结论是错的，不过为什么错的原因他永远都没法预见。我想到了一种办法，能让我们逃离"狰狞可怕的宿命论"（请继续阅读，看看我认为这个方法是什么，以及需要哪些认知科学的概念来激活这种方法）。然而，至少可以认为，萧伯纳说对了一点。他认为完全接受达尔文的观点，势必要求我们修改很多经典概念，比如人格、个体、自我、意义、人文内涵以及灵魂。当然，这些概念没必要被还原到萧伯纳所暗示的那种程度，但它们必然需要彻底重构，我至少会在本书中对这种重构进行勾勒。

  作为一个科学社会的公民，我们别无选择，只能接受达尔文主义的深刻见解。因为除此之外，我们别无选择。我们不可能一边享受科学产品带来的种种便利，一边不接受科学在其初期带来的跟宇宙中人类有关的破坏性观点。没有任何迹象表明，社会将考虑放弃前者——我们继续被科学提供的种种产品包围着、吞噬着：DVD 光碟、便宜的食品、核磁共振成像机、电脑、手机、高品质蔬菜、高泰克斯服装，以及大型喷气式客机。因此，意义、个性和心灵的概念将不可避免地继续遭受破坏性冲击，这种冲击是一种科学发现引发的连锁反应，即科学揭示了生命、大脑、意识和世界其他方面的本质，从而引发了这种动荡。这些发现构成了我们对人类存在本质假设的语境。达尔文主义的概念洞见紧跟着人们想要的科技产品。这些技术伴随而来的某些洞见将给人带来深深的不安。

  在进化这个话题上，温和的宗教徒以及几乎同样多持有世俗世界观的人，都在犯错误。他们以为，科学仅仅想要拿走我们的半条面包，绝不会碰我们超验价值观（这是另外半条面包）。然而，普遍达尔文主义不会满足于仅仅拿走半条面包。对于这一事实，宗教原教旨主义者比温和的宗教徒看得更清楚。达尔文主义是一种不折不扣的宇宙酸。自然选择这一概念作为一种算法过程，将溶解跟目的、意义和人文内涵有关的任何一个概念，除非它被同样强有力的其他概念给打败。不过，在21世纪，这种同样强有力的概念必然植根于科学，而不是来自宗教神话——它们出现于科学产生之前的时代，现在早已灰飞烟灭。我认为，这样的概念的确存在，而且要花费大量笔墨在本书中描述它们。但是，不破不立，第一步还是让宇宙酸发挥作用，开始它那令人战栗的毁灭性过程吧。一旦宇宙酸把表层的、短暂的结构给销蚀掉，我们就能看见科学留给自己用于建设的岩床是什么了。

复制子和载体

为了穿透围绕着进化论的迷雾，为了让宇宙酸着手工作，我将使用《自私的基因》一书中出现过的生动语言。道金斯因为使用这些语言饱受批评，不过，这些说法有助于令我们震惊，使我们完整了解进化起源的寓意之后，接触一种新的世界观。我们特别想从道金斯那里得到的是他的术语，是他对复制子和载体的概念区分，以及他阐述进化逻辑的方式。他所使用的进化模型的技术细节，跟我们这里的目标没关系。道金斯在那本书中做了脍炙人口的总结，这对我们很有帮助。说实话，我在这里就靠它了。而跟这一过程的细节有关的所有争论，都跟本书提出的概念主张没有关系。[4]

故事是这样开场的。很多进化理论家依然在细节上争论不休，可他们所有人都同意，在某个历史时间点上，地球上存在着一种化学成分的原始汤，从中演化出了稳定的分子，道金斯把它们称之为复制子，因为它们能复制自身。复制子越来越多，达到一定程度，它们就发展出了复制的精确、多产和长寿等特征。也就是说，它们能精确地复制自己，制造数量巨大的副本,而且自身能保持稳定。紧接着,原始食肉动物出现了,它们能分解竞争性分子,还能使用其中的成分复制自身。其他的复制子发展了蛋白质保护涂层技术,以此来抵御这种食肉动物的"猎杀"[5]。当然,还有的复制子创造了更复杂的容器,把自己安置其中,这些复制子也能存活和繁殖。

道金斯把这种复制子置身其中的复杂容器称之为载体。跟环境互动的其实就是载体,而且,载体跟环境互动的差异化成就,决定了置身其中的复制子的成就。当然,需要强调的是,复制子的成就不外乎就是跟对手复制子相比,增加自身在复制子群体中的频次。简而言之,复制子是这样一种实体,它们能在复制之后,把自身结构相对完整地传递下去。载体是跟环境互动的实体,它们跟环境互动的差异化成就,导致了置身其中的复制子的差异化复制结果。

这就是为什么,道金斯把载体称之为复制子的"生存机器"(survival machine)。接着,他还告诉我们这样一个惊天秘密:

生存机器变得更大,更复杂,这一过程是渐进的、累积的……在长达一千年的时间里,自然选择将会产生怎样怪异的、自我保存的机器呢?40亿年的时间过去了,古老的复制子的命运是什么呢?它们没有消亡,因为它们是过去的生存艺术大师。但是,不要在波涛汹涌的海洋中寻找它们;它们很早以前就放弃了自身的自由。现在,它们像殖民者一样群居在一起,安稳地寄居在庞大而笨拙的机器人体内,远离外面的世界,通过迂回曲折的间接途径跟它沟通,通过遥控的方式操纵它。它们在你体内,也在我体内;它们创造了我们,无论是身体还是心灵;而且,我们存在的终极理由就是保存它们。这些复制子远道而来。它们现在的名字叫基因,而我们就是它们的生存机器。(1976,19-20)

我们的基因是复制子。我们是它们的载体。这就是为什么(我在前面强调过这一点)现代进化论的一个核心观点是:人类之所以存在,是因为他们对于基因复制来说是一个好载体。思考一下相反的情形，即基因存在是为了让我们复制自己。正如道金斯指出的那样，这是"一个很深奥的错误"（237）。但实际上，大多数人在思考进化时都很容易犯这个错误。即使在生物学家中，一不留神，它也可能成为一种默认的思维模式，因为"单个有机体在生物学家的意识中最早出现，而复制子——现在被称为基因——被看作单个有机体所使用的机器的一部分。需要靠深思熟虑的心理努力，才能让生物学重新走上正轨。这种努力也会提醒我们，复制子在先，无论是它的重要性还是它的历史，都是如此"（265）。

简而言之，人类在自然界中的最终目标，就是作为一种复杂的生存机器，为现在的复制子（基因）服务。面对这一点，我们畏葸不前，惊惶不安。

但是，这在某种意义上就是人类存在终极理由的说法，并不意味着我们只能继续扮演生存机器的角色。我们有逃生出口。被称为人类的笨拙的机器人能逃出自私的复制子的魔爪。而且，当你真正理解了这个想象的寓意，你肯定希望有这么一个逃生出口。道金斯承认，自然选择的进化有一个非同凡响的洞见，让自己也大吃一惊。从基因眼的角度来看，"我们都是生存机器，是盲目的机器人载体。我们被植入程序，以保存被称为基因的自私分子。这是一个直到现在也令人震惊的真相。虽然很多年前我就知道这一点，但现在自己也没有完全适应。我有一个愿望，就是拿这个事实把其他人也吓一跳。"这个观点的确令人惊诧。如果你愿意，请想象一下，"独立的DNA复制子像羚羊一样跳跃，奔放不羁，自由自在，世代相传。它们通过生存机器而临时组合，聚在一起，摆脱了芸芸众生终有一死的不断演替，打造出属于自身的永恒不朽。……身体看起来并不是一个好战的遗传代理人松散的、临时的联盟。这些代理人彼此之间并不熟悉，直到在精子或卵子中准备下一次伟大的基因混合时才会见面。"（234）

简单地说，这就是令人恐惧的事实：我们是盲目的复制子制造的生存机器，这是一种叫作自然选择的算法导致的结果。而且，哪怕我们转过头去，不去看它，希望那个长毛怪像个小娃娃一样走开，我们也依然心有余悸，没法逃离这种恐惧。只有通过认知科学和神经科学，了解人类到底是什么样的生存机器，我们才可能逃离恐惧，抑或找到方法对付它。

当然，我使用机器人[6]这样的说法，是想让读者浮想联翩，以便对付我们朴素心理学中根深蒂固的直觉。举例来说，有一种直觉认为，基因存在，是为了服务于人类的目标。相反，我们需要明白，人类存在，是为了构造载体（在植物和动物中有成千上万种不同载体，人类不过是其中的一类），以便为复制子的繁殖目标服务。

在本书中，我有意使用道金斯用过的术语，因为它们富有煽动性，比如载体和生存机器，而我不想减弱语言所能唤起的进化的洞见，想要使它富有感染力。只有当我们能理解这些另类的观点，体会到它们是多么令人不安时，我们才有动力付出我在本书中提出的认知变革的努力。比如，生物哲学家戴维·赫尔和其他人[7]更喜欢用交互子（interactor）而不是载体这样的术语，因为后者含有被动和消极的意味，看起来减少了有机体本身（跟复制子相比）的因果主体性。他们认为，交互子这个术语更好地传达了有机体的主动性和自主性。我完全同意这一点，交互子的说法在严格意义上更合适，但是我会继续使用载体这个词，因为它传达了令人不安的逻辑。通过这些逻辑，进化论颠覆了我们对世界的看法，动摇了我们人类在这个星球上的特殊位置。对我的目标而言，更重要的是，当人们更全面地认识到自身的生物起源时，载体这个术语更清晰地刻画了人类面临的挑战。本书的一个主题就是，要是人类不能认识到他们是以盲目复制子的载体这一身份诞生于这个星球上，那么，他们就有成为被动管道的风险，而这些管道是为了基因的利益和目标存在的。在人类语境中使用时，载体的说法带有轻蔑的含义。它丢下一封必要的战书，在我看来，这反而更能激起人类认知变革的努力。

类似地，使用"生存机器"和"机器人"这些术语，遵循相同的逻辑。它们同样被有意地、带有挑衅意味地加以使用，这是为了引发令人不安的直觉——我们必须寻找出路的直觉。在某种程度上，这些令人不安的直觉促使我们推进必要的认知变革，因此，这样的术语大有用处，它们帮助我们维持这些战栗不安的直觉。举个例子，道金斯曾经雄辩地指出，人类能反抗自私的复制子的独裁统治，他们是能这样做的唯一载体。要是可以把人类理解成生存机器——笨手笨脚的机器人，通过自然选择的进化，由复制子制造出来——那么，他们也是唯一被设想能煽动一场反对复制叛乱的生存机器。根据道金斯的优秀传统，我将使用"机器人叛乱"指代来自进化洞见和认知变革的方案，它们将带领人类超越复制子的有限利益，以界定自身的自主性目标。

人类是哪种机器人

站在人类基因的立场上，我们使用机器人这个词来描述人类时，并不意味着"机器人"必然缺乏复杂性或没有智能。恰恰相反，人类是地球上最复杂的载体，拥有灵活的智能，他们这种心智设计对于环境改变极为敏感。这种灵活的智能允许人类这种生存机器逃脱基因的要求，这种方式在其他动物那里从未有过。为了理解人类怎样才能反抗基因的独裁，我们必须使用另外一套隐喻，即所谓的火星探测器类比。很多进化心理学家使用过这个术语。[8]

比如，丹尼特描述了这样的情形：当控制一个仪器（比如模型飞机）时，控制范围仅仅受到装备功率的限制。但是，当距离增大时，光速就成为一个不可忽视的因素。这里举一个例子。美国宇航局（NASA）负责火星探测者运载车的工程师知道，在一定距离外，从地球上直接控制运载车是不可能的，因为"一个信号来回需要的时间大于采取适当行动的时间……因此地球上的控制者鞭长莫及，不能继续操纵它们，它们只能**自己控制自己**"（1984，55，强调来自原文）。美国宇航局的工程师必须转变他们的控制方式，从"强约束"（short leash）的直接控制（就像在控制模型飞机案例中的情形一样）转变为"弱约束"（long leash）的间接控制。在弱约束的情况下，载体不再被给予一个即时的、如何行动的指令，而是被给予一个更灵活的智能类型，加上一些通用目标。

道金斯对科幻故事《寻找仙女座》（*A for Andromeda*）的讨论，跟我们这里讨论火星探测者的逻辑相似。正如他（1976）指出的那样，当基因建立大脑时，跟施加控制的类型颇为相似："基因常常为所欲为，不过在为自己建立了一个更快速的执行计算机**之后**，它们就没法这样做了……就像国际象棋的程序一样，基因为了'指导'它们的生存机器，必须采取宽泛的策略和巧妙的技巧，而不再是面面俱到……这种编程的优点是，它大大减少了细节性规则，而这些原本都要内置在原始程序中"（55，57）。人类的大脑代表：

> 朝向生存机器解放的进化趋势的高潮，这里的生存机器是它们最终主人基因的决策执行者。通过左右生存机器和它们神经系统建立的方式，基因对行为施加了终极控制。但是，那种即时反馈的接着要做什么的决策被神经系统承担了。基因是主要的政策制定者，而大脑是执行官。然而，大脑变得越来越发达，通过玩弄学习和模仿这样的伎俩，它们接管了越来越多的权力，甚至能自行制定实际的政策。这一趋势的逻辑结果——目前还没有在任何一个物种中出现——将是这样的情形，基因最后给生存机器一个整体的政策指导：为了让我们活着，做你认为最好的选择。（59-60）

道金斯说的弱约束控制，**额外**建立在强约束的遗传控制机制上，这是一种更早内置在大脑中的进化适应器。两者之间不是你死我活的对立关系，弱约束机制没有取代强约束机制。可以说，不同的大脑控制类型进化而来，并没有取代早期的控制模式，而是在它们那一层之上又加了自己这一层。[9] 当然，后者也可能导致早期结构的改动（见Badcock 2000，27-29）。不同的大脑系统给基因目标编码时，直接程度不同。

在人类中，所有形式的大脑控制通常同时运作（这一主题将在下一章中详细阐述），这就有了认知协作的需要，因为不同程序之间可能存在认知冲突。机器人叛乱的目的就是解决这些冲突，实现个体的最广泛利益。在下一章中，我将介绍一些心理学中的任务案例，这些都是心理学家开发出来，用以评估哪种类型的控制系统说了算的工具。对现在的讨论来说，读者更重要的是认识到：我们是自然选择的创造物，进化已经在我们的大脑中植入了一个灵活的系统，这个系统具有道金斯暗示的终极的弱约束目标"做你认为最好的选择"。然而，有趣的是，作为一种独特的动物，人类已经开始意识到这里有一个关键的问题要问：最好的选择，这是对谁而言？

我们的行为，在为谁的目标服务

想一想蜜蜂。作为一种动物，它通常被描述为具有典型的所谓达尔文式心智。[10]蜜蜂拥有如图1-1所示的目标结构。标记为A的区域表示，在大多数情况下，复制子跟载体目标一致。在这个区域中，很多目标同时并行不悖地服务于复制子（在蜂巢里，蜜蜂拥有促进复制的功能）的利益，以及作为一个连贯有机体的蜜蜂的利益。[11]当然，A代表的精确区域不过是一个猜测而已。要点在于，存在一个非零区域B，这里的一整套目标仅仅服务于复制子的利益，而跟整个载体的利益对立。要是通过牺牲自己帮助其他个体，能为基因的传递带来更

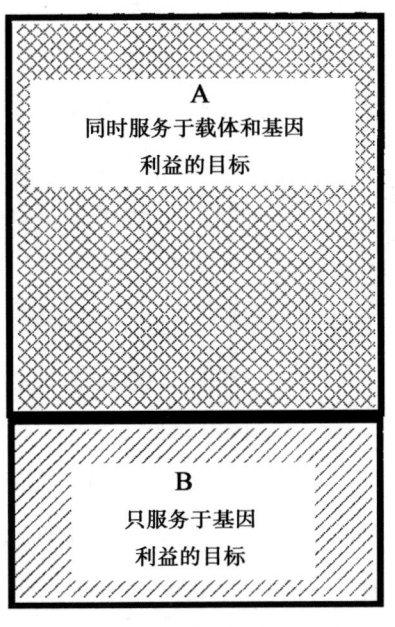

图1-1 所谓的达尔文式生物体（比如，一只蜜蜂）的目标结构。这些区域指出，载体和基因的"利益"在有些地方重合，有些地方不重合。

大的好处，一只蜜蜂就可能牺牲作为载体的自身。比如，蜜蜂可能为了保护跟自己有血缘关系的蜂后，跟外来入侵者殊死搏斗，失去蜂刺而死。有时，基因会为了自身利益而牺牲载体[12]。理解这一情形的寓意，将对我们理解人类的困境产生深远影响：我们是一种进化而来的、具有多重心智的物种。这是因为，正如在下一章中将要讨论的那样，人脑的某些部分执行的是弱约束目标。

蜜蜂的所有目标都是简单而纯粹的基因目标。在它们中，其中一些跟作为载体的蜜蜂的利益相一致，而另一些则不一致，但蜜蜂不知道这一点，也很难说它们在乎。谈到基因，基因目标跟载体目标有多大的重叠不是很重要，问题在于蜜蜂没有自我反思的能力，而这种能力可以对基因利益和相关的载体利益做出区分。

当然，说到人，情况就完全不同了。基因利益跟载体利益具有分离的可能性。对于作为载体、拥有自我反思能力的人类来说，这种可能性影响深远。对于人类而言，把基因利益跟载体利益混为一谈，事实上就是把人看成蜜蜂。可有时候，在进化心理学文献中，不少学者就是这么做的。它其实排除了这么一种可能性，即人类能意识到载体跟复制子之间的目标冲突，还能想办法来协调相互矛盾的心理输出。

然而，意识到这些潜在的目标冲突需要一个前提，那就是：理解这里谈到的复制子和载体的逻辑，以及它们的含义。对很多人来说，复制子的目标可能跟载体的福祉相冲突，这是一个违反直觉的观点。的确，他们早已习惯这样的观点：进化的运作是为了有机体的利益，而不是为了复制子的利益。复制子跟载体具有不同的含义，理解这种不同有困难。这一点，在道金斯（1982，51）说的一个故事中得到了揭示。他有一个同事，这个同事接受了一个大学生研究项目的申请。这个大学生是一个宗教原教旨主义者，他不相信自然选择的进化，只想研究自然界中的适应器（adaptation）。他认为适应器来自上帝的设计，而且，他只想研究上帝已经制造出来的适应器。但是，道金斯直言不讳地指出，这种立场寸步难行。那个学生陷入了一个令人尴尬的问题中，难以自拔："上帝发明适应器，谁是受益者？"鲑鱼适应竭尽全力游回它们的产卵地然后死去的方式。要是我们认可这样一个非常简单的假设，即对于大多数活着的生物体来说，活着而不是死去能更好地实现自身利益，那么，鲑鱼的这种行为显然不是为了自身利益。要是不掺和耗尽心力的产卵洄游之旅，鲑鱼会活得更久。不过，这种行为的确是服务于鲑鱼基因的繁殖利益。上帝设计这些适应器，是为了活生生的有机体，还是为了它们的基因？生物学的事实很明显，看起来上帝站在后者那一边。

就像道金斯接着指出的那样，那个学生的争辩完全忽略了令人尴尬的要点，"在生命的层级中，对一个实体有利对另一个就有害，而创世论没理由让我们假定，一种实体的福祉将比另一种得到优先考虑……他或许设计了它们以便对单个的动物有利（无论是它的生存，或者另外的东西，比如它的整体适应性），对物种有利，对其他比如人造物有利（这也是通常的宗教原教旨主义者的观点），对'自然的平衡'有利，或对其他的莫测高深的、或许只有自己知道的目标有利。这些都是经常提及的跟进化观点不相容的选项"（1982，51-52）。当生物学继续寻找适应器服务的目标时，答案最终被找到：它是一种活跃的种系复制子——基因。因此，一种真正科学的态度恰恰支持一种真正古怪的宗教立场。这种立场认为，上帝的恩泽（以他设计的生物适应器的形式）并非指向人类或其他任何物种，而是指向微小的、在细胞内复制的大分子。

在其他著作中，道金斯向普通读者提问。他的问题看起来有点儿诡异，"为什么是人类？"我们现在知道，令人懊恼的是，这个答案来自生物学：人类是生存机器，善于帮助他们自身的基因复制，因此，相互合作构造人体的基因才生存得相当惬意。而且，现在，我们拥有了理解那个无比重要的洞见所需的语言：这是一个令人眩晕的见解。毫无疑问，它是机器人叛乱的第一步。作为载体的人类，破天荒地意识到一个惊人事实：**要是符合自身的利益，基因将总是牺牲载体。**人类独一无二,他们有能力面对这种令人震惊的事实。而且,他们还会借此激励自己,设计出一套独特的认知变革方案。

所有载体都已满员!

基因为了自己的利益,牺牲它们置身其中的载体,这怎么有可能呢?有一个观点能回答这个问题,这个观点来自所谓的垃圾 DNA 现象。在大多数基因组中都有垃圾 DNA(Ridley 2000;Sterelny 2001a;Sterelny and Griffiths 1999)。它们留在基因组中,并不为有用的蛋白质编码。可以说,在蛋白质编码的重要任务中,这些家伙不过是"凑凑热闹"。为什么我们有那么多遗传物质没有被转化成蛋白质,而仅仅是一代一代传递下去,它们并不帮助自己寄居其中的身体?直到人们把自私的复制子的逻辑想明白,垃圾 DNA 的谜底才被揭开。

根据常人的理解,在进化上身体是主要的,DNA 的存在是为它服务的。这么一来,不起作用的 DNA 为什么会存在就成了一个谜。然而,一旦理解了 DNA 的存在仅仅是为了复制自己,我们就不会迷惑不解:为什么我们有这么多的 DNA 都是垃圾?它们在本质上就是寄生虫。如果基因必须为蛋白质编码,相互合作构造身体,以便更好地复制自己,它们就会这么干。可要是不必这么麻烦、这么辛苦,不必非得帮着构造载体,就能复制自身,那也很好。复制子只"关心"复制(当然,这是一种拟人化的说法)。如果我们坚持认为,基因存在是为了我们好,垃圾 DNA 看起来就令人百思不得其解。相反,正确的观点是,我们存在是为了给基因做事!一旦我们了解复制子存在并不是"为了我们",那么某些 DNA 偷奸耍滑,在我们体内搭便车,这就不会令人困惑:这些坏东西不为我们的身体做什么,而是欺骗我们,也欺骗构成我们的其他复制子,让我们继续做牛做马,继续帮它们复制自己。

即便如此,垃圾 DNA 的概念仅仅是冰山一角,因为情况比我们想象的还要糟糕。垃圾 DNA 在我们体内一路随行,而我们作为生存机器为它们服务，也为其他真正给蛋白质编码的基因服务。基因既不帮我们，也不害我们。但是，在某些情况下，基因的利益跟载体的利益实际上会打架。这时候，基因诱发的载体行为并不符合载体本身的利益。比如，衰老就是一个明显的例子（Hamilton 1966；Kirkwood and Holliday 1979；Rose 1991；Williams 1957，1992，1996）。要是引发病变的致命基因出现在载体的繁殖期之后，它们就会保留在种群中；要是它们生不逢辰，出现在载体的童年期，这些致命基因就会被自然选择给剔除掉。不言而喻，当载体完成了繁殖任务以后，致命基因就一点儿也不"怜香惜玉"了。这就是为什么存在这样的怪事：很多物种，比如鲑鱼，繁殖之后就会立刻死掉。

复制子跟载体在利益上并不完全一致。这里有一个更一般的案例，来自杂合子优势这个概念：如果杂合子比任何一种纯合子都有更高的适应性，既定的染色体位置上就有可能存在不同的等位基因，这被称为多态性或多效性（Ridley 1996；Sterelny and Griffiths 1999）。不过，在逻辑上这意味着，杂合子确保的任何一种等位基因的成功（它们在固定数量的载体中扮演着建设者角色）将不是最优化状态（它们是纯合子），甚至某些（纯合子隐性基因）会带来严重缺陷。有一种隐性基因能导致镰刀形细胞贫血症，说的就是这种情况。

进化心理学家杰弗里·米勒（2001）讨论有性生殖的起源时，也使用了同样的身体集合逻辑。他指出，当基因组变得相当复杂，也因此更容易遭受突变导致的各种功能障碍时，有性繁殖就可能作为一种对抗策略产生，它能包含和承受这些基因组突变带来的破坏。或者，我们也可以听一听另外一种观点。这一观点来自生物学家马克·里德利，他说性之所以进化出来，是为了把复制错误集中在少数身体中（里德利使用"替罪羊后代"来揭示这种现象背后的生物学逻辑）。其实，不管发生什么，只要能"保证突变在一段较长的时期内不再累积，有性繁殖就有机会咸鱼翻身"（Miller 2001，101）。不过，关键之处在于，跟有性繁殖

"咸鱼翻身"机会有关的是身体！它冒着风险，为的是跟被构造的载体有关的福祉！

就像杂合子优势和有性繁殖本身一样，性选择过程表明，进化并不会竭力谋求对载体而言最好的结果，而是建立能帮助复制子复制的适应器。一个相关的经典案例就是孔雀。因为雌孔雀的偏爱，复制子构造了雄孔雀光彩照人的大尾巴，尽管它对雄孔雀的身体和行动带来了负面影响。它得耗费精力维持这个华而不实的装饰品，还得加倍警惕来自天敌的伤害。性选择机制并不关心雄孔雀作为一种载体的安全。它的运作是为了亚个人实体的利益；它们就是复制子。

跟性选择和杂合子优势一样，亲缘选择的概念提供了另一种自然选择原理的例证。这一概念意味着某种程度的载体牺牲。[13] 许多有机体的基因常常要求它们的载体做牺牲，以便提高相同基因的繁殖可能，这些在**其他**载体（比如，亲属）中的基因可能含有跟要求者相同的等位基因。

很多学者关心进化论的哲学意义，他们讨论过一个更险恶的案例。[14] 这就是分离畸变（segregation distorters）。正常情况下，对于在染色体上同一位点的另一个等位基因而言，减数分裂过程（该过程产生配子细胞，每个含有一半的染色体，这些配子将参与有性繁殖）完全公正无偏。在染色体的有丝分裂过程中，两个等位基因各有50%的机会进入形成中的精子或卵子。分离畸变是这样一种基因产生和传播的过程：这种基因并不对包含自身的载体有什么好处，而是它使得有丝分裂的过程对自己有利，而对另一个等位基因不利。某些分离畸变强烈干扰正常的有丝分裂过程，把正常的50∶50的概率分布扭曲为95∶5的分布，让某个等位基因获得压倒性优势。事实上，大多数分离畸变对有机体本身有害。不过，当这种歪曲的有丝分裂过程带来的收益大过它们带给载体的不利影响时，这些基因也能传播。而这就意味着，跟正常情况相比，这种基因有更多副本进入配子。基因跟载体的利益并不总是一致的，分离畸变就是该事实的一个纯粹而简单的案例。

这里讨论的现象，偶尔有人会以为，倘若它们不是为了单个有机体的利益而发生，也是为了"物种的利益"或"群体的利益"。这是一种基本错误，很多学者都讨论过。[15] 威廉姆斯（1996，216-217）提到过一个例子，这个例子的主人公叫哈奴曼黑叶猴，它是一种生活在印度北部的猴子。这种猴子中存在后宫妃嫔现象，即一个占据支配地位的雄猴霸占了猴群中的雌性，独享跟她们性接触的权利。当一个年轻力壮的雄猴发动叛乱，篡夺王位，把原来的统治者推翻、废黜以后，他就会接管整座后宫。这时，所有雌猴怀中尚未断奶的幼崽就会凶多吉少。当它们被屠戮殆尽后，雌猴就会再次排卵，而新猴王也就能跟她们交配了。杀死所有的幼年黑叶猴以及由此带来的损失，对"群体"没有任何好处，甚至可以说是一种令人难以置信的浪费。不过，如果从生存机器要想办法传递基因的角度看，雄性黑叶猴的残暴行为就能说得通。前面的案例，诸如分离畸变、杂合子优势以及性选择，都表明繁殖并不是为了"有机体的利益"。这个例子说明，繁殖也不是为了"整个物种的利益"。[16]

有人是物种选择或群体选择的支持者，他们常常提出自己的见解，希望能驳斥我在这里粗略阐述的观点，即所谓的生命的基因眼观点。不过，令人惊讶的是，事实上，物种选择的观点跟生命的基因眼观点有一个相同的寓意，它们都认为进化的不同力量之间阴谋勾结，反对单个有机体的利益。比如，哲学家金·斯特瑞尼（2001a）讨论说，物种选择的支持者强调种群测量的重要性，比如基因库的变异性，以及物种的地理范围。然而，如果这些超个人的统计值卷入了最优化过程，就像在亚个人最优化过程中发生的情形，这就暗示，单个有机体也许没有最优化特征，使得超个人的统计值能达到最优化水平。物种选择为了这个谱系中的另一端而牺牲了载体，以便实现超个人的最优化。而生命的基因眼观点警告说，为了实现亚个人的最优化，载体常常被牺牲掉。无论在哪一种模式中，个体的福祉都没有跟进化机制的最优化水平保持一致。进化的最优化状态跟载体的利益之间，无论在哪一种观点中都可以分道扬镳，各走各的路。

在某种程度上，自然选择过程貌似贬低了作为一种连贯有机体的生命的价值。而对人类而言，这一价值具有显然易见的重要性。这是进化令人不安的一面。这一节中，我们讨论了很多概念；要是你第一次听说，恐怕会感到相当陌生。比如，以某种角度来看，在我们的基因组中存在垃圾 DNA 或自私 DNA，这样的概念诡异、古怪，甚至可能有点儿让人恶心。不过，要是你想理解人类在宇宙中的逻辑起点的话，这很关键。很多观点相当新颖。比如，载体的存在是为了基因，而不是相反。它们有很多是在达尔文去世一百多年后才出现的。其实，这些观点蕴含在达尔文的理论中，但它们的寓意直到过去的几十年里才得以揭示。而且，它们还没有被完全理解和吸收。事实上，就在不久前，久负盛名的科学期刊《自然》的编辑（285 [1980]：604）才猛然发现，这些观点"令人震惊"。

到现在为止，我们谈了很多生动的案例：垃圾 DNA、衰老、杂合子优势、性选择、亲缘选择、分离畸变，以及有性生殖。把它们联系在一起的是这样一个事实：自然选择，站在载体的角度看，目的并不是实现自身的最优化。许多动物被设计成这种模式：它们为了传递基因宁可牺牲自己。一路走来，人类是唯一能意识到这一点正在发生，也能尝试阻止它发生的动物！在进化论历史上，生存机器发动叛乱，第一次有了可能。

你的基因更关心你，而不是你应该关心它们！

事实上，人类认知的两个方面引发了生存机器的抗争。第一方面已经在前一节中讨论过了，如图 1-1 中区域 B 所示。人类发觉，许多镶嵌在他们头脑中的目标为基因服务，而不是为他们自身的利益服务。他们是第一种意识到这一点的有机体。同时，他们也是第一种可选择不追求这些目标的有机体。[17]不过，另一种人类认知的特征同样重要：他们是具有灵活智能和弱约束目标的物种，而不是像图1-1所示的情形。人类能发展出跟基因最优化完全无关的目标。在进化史上，我们第一次拥有了如图1-2所示的目标结构（再一次声明，这些区域的大小纯属虚构）。这张图上有A区域（基因和载体的目标一致），有B区域（目标为基因而不是载体服务），这跟前面的图1-1相同。不过，我们在图1-2中有了一个新区域。这个区域表明，在人类中，我们可能拥有服务于载体而不是基因的目标。

这里有一个问题：为什么区域C只出现在拥有弱约束目标的物种之中？

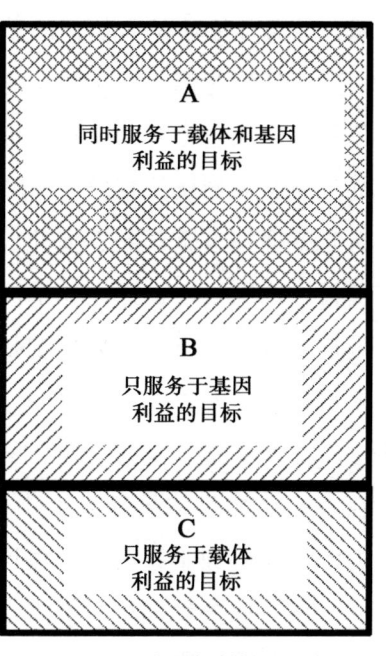

图1-2 人类目标结构的逻辑

当载体即时反应的编码达到极限，基因就开始在载体头脑中增加弱约束策略。进化发展到了一定阶段，这些弱约束目标在灵活性上将会达到一个临界点。模仿人类的口吻，基因会说类似下面的话："事情变化得太快了，鞭长莫及。大脑，让我们告诉你具体怎么做吧。你只需要在考虑我们（基因）已设计好的、既定的通用目标（生存和有性繁殖）前提下，继续前进，做你认为最好的选择"。自然，存在摩擦。在弱约束大脑中，基因编码的目标只能在最一般的意义上得以表达。不存在下面这种具体的目标："6月13日，星期五，下午6点57分，跟X交配"。相反，通常的形式如下："做爱，因为它有趣"。不过，要是目标变得如此宽泛，一种潜在的鸿沟就横亘在眼前了：某些行为服务于载体的目标，它们未必有助于实现基因的目标。

我们不用到处寻找，戴套做爱就是一个最明显的例子。这种行为服务于载体的快感目标，但不服务于基因的繁殖目标。这种情形的逻辑就是，载体（**往往**是实例化的事物，有产生基因的倾向）目标可以跟具体的繁殖目标背离。一个灵活的大脑通常很忙，它要不断协调众多的长期目标，比如它自身的生存目标和快乐目标。此外，这些众多的长期目标甚至会强大到压抑其繁殖目标的地步。从基因的角度来说，人类的大脑有时就像是狼奔豕突、横冲直撞的火星探测器。它太忙了，总在不停调整自己的次要目标，比如掌控你的环境、跟其他人交往，诸如此类。于是，大脑有时就会忽略复制基因的主要目标，而次要目标本来是要给主要目标服务的。

复制子跟它们载体之间存在利益分离，不承认这一点是一个疏忽。在社会生物学的早期发展中，该领域研究者就犯了这个错。而较为晚近的进化心理学家有时候也这么做。[18]虽然他们强调，人类认知适应器的进化环境跟现代环境不同，可在自己的著作中，进化心理学家一直拖延，不怎么情愿深入讨论这一事实的影响。他们不做，我做。我将在本书第 4 章详细阐述这些影响，还会指出，现代生存环境很容易就创造出跟基因决定的倾向相分离的人类目标。在过去十年里，进化心理学对心理学产生了莫大的影响，这些影响大多是正面的。不过，本书的一个主题就是，进化心理学低估了人类潜能，因为它倾向于把基因目标跟载体目标混为一谈。进化心理学推动了达尔文时代的来临。可如果它的发现基于不合适的语境，那么，进化心理学也许就会有效地制止机器人叛乱。

举个例子，进化心理学家喜欢强调认知机能的有效性、合理性。在他们的研究中，有一部分重要成果表明，某些推理错误被认知心理学家描述成人类心理的问题层面，事实上拥有合乎逻辑的进化解释。[19]这种说法的含义或背后的假设就是，没什么可担心的。既然从进化的角度看，人类行为实现了最优化，那么，关心许多认知心理学家提出的认知变革，就是瞎操心。可是，这种乐观态度过于轻易地把基因跟载体的最优化合二为一，混为一谈。人类渴望超越他们作为生存机器、为基因的目标（就是简单纯粹的复制）而服务的命运。理查德·道金斯极为生动地讲了这么一段话，这段话经常被引用但很少被听取："我们在想象中模拟未来的能力，能把我们从盲目复制子的执迷不悟中拯救出来……我们能藐视创造我们的自私的基因……我们作为基因机器被制造出来……但是我们有反对我们创造者的能力。我们，孤独地存在于这个星球上，能反对自私的复制子这样的独裁者"。（Dawkins 1976, 200-201）因此，只有人类**真正**能扭转局势，或至少有潜力做到这一点。他们能偶尔忽略基因的利益，以便更好地实现载体的利益。到目前为止，人类还没有完全阐述这个影响深远的见解。

逃离基因的魔爪

认知变革将提升人类的生活，为了避免低估这种可能性，我们必须认识到：复制子跟载体存在不同的利益。我将给出最后一个例子，以说明基因目标跟载体目标不同，这一情形会发生在拥有灵活智能和弱约束目标的载体身上。这是一个生动的思想实验（一种想象，以便激发我们的直觉），由丹尼尔·丹尼特提出（1995，422-427）。这个实验出现于他的一本书中，标题是《通向未来的安全通道》（*A Safe Passage to the Future*）。我在这里打算把它润色一番。想象一下，这是2024年。世界上出现了一种低温冷藏室，能把我们的体温降到绝对零度附近，保存它们，这样的话也许未来有一天，医学技术就能让我们活得更久，甚至长生不老。假设你想把自己保存在低温冷藏室里一直到2404年。那时，你走出冷藏室，看着眼前一个陌生的、光怪陆离的新世界，那时的医学或许能让你永远活下去。问题来了，你要如何着手"维护通向未来的安全通道"？也就是说，你得想办法，要让你的低温冷藏室能保留到那时，而不是在此之前被毁掉。记住，你不可能日复一日地在它周围转悠。

一种策略是为你的低温冷藏室找一个理想地点，以便它能在随后的四百年里高枕无忧。这个地点应该能对抗自然界的种种挑战，比如风吹日晒，还能获得各种防护（也许还能用日光提供能量）。这一策略的危险在于，你可能运气很背，找错了地方。未来的人类可能觉得，你选的地方最好是建造地球上的第一百万个购物商场。他们根据当时的法律剥夺你旧有的产权——这一点殷鉴不远，我们现在就在美洲印第安人的古代坟地上盖购物商场。因此，这种留在原地不动弹的策略有问题。它也许可被称为"植物"策略。

另一种策略代价更高昂，可被称为"动物"策略。你可以建造一个巨大的机器人，它具备传感器和大脑，还能移动。接着，你把自己的低温冷藏室放在机器人体内。机器人的终极目标就是保护你，避免危险。要是它面临不利状况，就带着你一起自行移动，远走高飞。当然，为了生存，机器人还需要完成许多其他任务。比如，它必须保证能量来源，它的身体不能太热，等等。

除此之外，你的机器人还需要有相当高的智能，这样，它就能在自己所处的环境中，对人类和其他动物的行为做反应。它自然会按照推荐路线走出购物商场，也能仅仅出于好奇心，就及时避开能把自己踩翻在地的大象群。不过，请注意，你的机器人运作起来很复杂，因为这个世界有很多像它一样的机器人，它们到处游荡，寻找食物和藏身之地。请你在想象中，用魔法变出数百家机器人公司。这些公司主动寻找客户，把更便宜的机器人推荐给他们；而且，这些新推出的机器人比2024年最早的一批同类具有"更多功能"。市场上，景区里，到处都是机器人。政府也许会着手开展调控机器人产业，甚至把机器人隔离在某些沙漠地区。美国有些州可能会想办法促进低温冷藏室机器人产业的发展，不再监管，让这些机器人在该州自由游荡。现在不少城市都在做同样的事：它们绝望至极，花力气吸引废物管理产业，以便"创造就业机会"。

你的机器人需要完成的任务，跟其他的机器人一样，变得越来越复杂。因为，这些机器人可能被植入了某些生存策略程序，这些程序会鼓励它们跟你的机器人交往。某些不靠谱的公司会卖次品机器人，它们为了削减成本，故意降低机器人功率。这跟我们现在的个人电脑面临的情形差不多，你必须购买额外的内存条，可事实上，这些内存条就应该第一时间安装在电脑中。需要及时升级的软件，也是这种情况——还是回到机器人这边。这些不靠谱公司给次品机器人植入程序，唆使它们殴打其他机器人，盗用对方的电源。

显然，你一定希望自己的机器人避开所有的潜在威胁，希望它的目标不受干扰。这毫无疑问。可是，不是跟其他机器人的所有交往都这么简单。事实上，这里的要点在于，你的机器人面临的数百年后的决策，是身在2024年的你难以想象的。请思考下面两种情况。

场景A。这是2304年，距离将来你被解冻的那一天还有大概100年。你的机器人遭到殴打，它的电路出了故障。很可能它只能活到2350年了，那时它将崩溃，只留下你的低温冷藏室和它的电源。你无法移动。现在，你所在的地方容易受到各种因素和历史的影响，这就跟"植物"策略面临的不利状况如出一辙。不过，自从2024年以来，低温冷藏产业进展迅速，这时可能已出现了超级油轮大小的机器人，它们能携带数以百计的低温冷藏室。不少公司实际上已发现了这个市场空隙，于是，他们以旧换新，推出了下面的交易方式：超级油轮公司答应从旧有的单个机器人体内取出低温冷藏室，把它继续保存150年；这个时间对你来说绰绰有余，非常充裕。作为交换，机器人答应让公司把它拆除，重新使用它的某些部件（这个，就像未来的精算师以难以忍受的效率计算出一分钱的一百万分之一，也比在装有数千低温冷藏室的超级油轮中再加一个额外冷藏室要值）。

现在，想一想，你会让自己的机器人如何抉择？答案显而易见，你想让它牺牲自己成全你，以便你的冷藏室能保存到2404年。机器人毁灭，你活了下来，这对你有好处。从设计者角度来看，机器人仅仅是一个载体，一个容器。你现在就处于类似基因的位置上。你设计了一个载体,以便保证你的生存、你的利益,甚至在必要的时候,你命令这个载体自毁来保护你。

如果冷藏室成员在这个例子中代表基因,那么,机器人代表谁呢?毋庸讳言,机器人就是我们自己。悟到这一点,我们在思想实验中的忠诚立刻转向。当机器人面对这场交易的时候,我们现在就想大声疾呼:"不要做!"

让我们再看一个例子,它将揭示弱约束控制中的一些悖论。

场景 B。你的机器人跟另一个单身机器人达成了一项互惠利他协议。就像某些类型的吸血蝙蝠一样,当一个机器人电量不够用时,另一个机器人可允许它插入插头,从自己身上获取电量,以便熬过一段特别脆弱的能量匮乏期。在吸血蝙蝠的例子中,如果某只蝙蝠好几天都没有收集到足够的血液,它的朋友就用反哺的方式给它补血。你的机器人利用同样的互惠利他协议,提高了它自己的生存机会。然而,你的机器人不知道,当好朋友从它身上吸收电量的时候,也会同时从低温冷藏室汲取能量,而这会破坏冷藏室,你也就没法成功被冷藏到 2404 年了。

这真是一个悖论:通过签署协议,你的机器人提高了自身生存的机会,没想到这样却损害了你,降低了你生存的机会。在场景 B 中,意识到这一点极为重要,要是你的机器人拥有较少的计算能力,你的处境会更好。假如它体内植入了这样一个简单的指令,"永远不要跟任何机器人或人类签订协议",你在场景 B 中将安全无虞。随着机器人的心理变得越来越复杂,拥有的计算能力越来越强,它就越来越有可能为自己打算,而不是为你服务了。

当然,在场景 A 中,存在一个明显的推论,我前面没有提及。但它其实是本书的一个主要话题,一个具有自我意识的机器人,也许会重新考虑自己的角色——它是你的奴隶,被你奴役。事实上,你一动不动,像个死人,它甚至都不认识你。而且,机器人现在作为一个自主性的实体而存在,它为什么不干脆把你扔到沙漠里,然后做自己想做的事呢？而它居然允许自己被拆得七零八落，保证你能登上超级游轮，好撑到 2404 年——太异想天开了！当你思考这个场景时，我们应该把下面的话告诉给**我们**的程序员：它们这些不速之客（指被冷藏的家伙）就是基因。曾几何时，它们进入我们的身体，还想以我们为跳板，要我们做牺牲，追求永垂不朽。

真知灼见：把人放在第一位

在术语上，我们现在已准备到位，能动用这些术语着手修建一条逃生出口，让我们有机会逃出达尔文的无底洞。自然，这不是要**取代**那些令人不安的隐喻，即道金斯提到的"笨拙的机器人"和"生存机器"，而是要把他们语境化，具体化，还得取走它们的刺。

在文学和电影中（如果不是历史本身），奴隶叛乱的第一步就是意识提升。他们必须完整地意识到自身悲惨处境的逻辑，了解到要是自己不叛乱的话，最终会有怎样的生活轨迹。类似地，机器人叛乱的第一步——自从达尔文的宇宙酸于 1859 年出现之后，想要重新界定人性的第一步——就是意识到，从基因的观点来看，载体不过是一个"一次性的生存机器"（Dawkins 1976，234），基因通过它们把自己传入下一代。根据进化的观点，要想在达尔文时代寻找自我，第一步就是要面对这样的事实：**我们人类，就是载体**。

机器人叛乱的第一步，就是学会正确看待载体，不要在暗地里过于看重基因，甚至因此而看轻我们自己的行为和文化习俗。倘若我们聚焦于载体本身——把它放在前面，置于中间——就能明显觉察到，无论对载体的自我关注如何发展，我们都没有理由把繁殖成功看得高于一切，把它放在载体层级系统中其他目标的前面。不过，我们很容易就能看出，把繁殖成功当成核心的错误是如何产生的。举个例子，如前所述，进化心理学家贬低认知变革的必要，认为载体跟基因之间的利益是一致的，可这不成立。于是，他们最后相当于在间接提倡，当基因跟载体发生利益冲突时，我们要站在基因这一边。有时候，进化心理学家甚至会旗帜鲜明地为此辩护。在一篇论文中，库珀（1989）指出，非最优化的行为倾向可能在遗传上具有最优化特点。他承认，这样的行为的确对推理者本身的福祉造成了损害。然而，库珀接下来反驳，说这样的行为依然是合理的，因为，"要是有人认为，他的基因型的福祉就是他自己的福祉，该怎么办呢？"

不过，话虽如此，有谁会对这些随机洗牌的基因（也就是他们的基因型）保持忠诚呢？比如，某个等位基因，你会对它怀有特殊的感情？我实在怀疑是否真有这样的人。[20]

哲学家阿兰·吉巴德（1990）提出了更为合理的观点：

> 重要的是，我们需要区分人类目标跟自然选择"设计"人类时拟定的达尔文式代理人目标……达尔文式进化代理人的神圣目标，现在看来，就是个人基因的复制。就我所知，这并没有成为个人目标，但是在生物界，看起来好像有人相当聪明地为每个生命体设计了那样的目的……一个人的进化**目的**解释了他在实现这些目标时具有的倾向，不过，他的目标跟这种代理人目的不一样。我的进化**目的**，我自身基因的复制，对于我的欲望或我尝试获取的东西是否有意义没有直接影响……一个类似的结论就是，要是我以前知道，自己是某个神为了某个目的创造出来的，他的目的也未必就是我的。（28-29）

简而言之，"人类的道德倾向受某些东西的塑造，我们因此就看重这些东西（即复制自己的基因），这样做很愚蠢"（327）。

英雄所见略同。吉巴德的观点，得到了杰出的生物学家乔治·威廉姆斯的认可（1988）。他觉得"没有任何能想到的理由，可说服人们关心基因（长期平均扩散）的利益，这些基因在减数分裂和受精的抽奖过程中被我们接收。正如最早意识到这一点的赫胥黎所说的那样，我们有无数理由对抗服务于这种利益的这些倾向"（403）。

对于一个卓越的文化项目而言，机会依然存在。这个项目呼吁，当两者利益不一致时，把人类利益置于基因利益之上，这样就能提升人类的理性。如果我们看不到这种关键的利益分离，以及由此导致的遗传适应度跟人类满足最大化之间的不同，这一项目的解放力量将丧失殆尽。

用道金斯的话来说，如果我们是笨拙的机器人，那么机器人叛乱的第一步就是了解自己的处境。在20世纪和21世纪的文化史上，这已经是令人惊讶的进展了。我们成了最早的有机体，甚至能在跟复制子面对面的时候找出自己的观点，思考这种观点的含义，发展跟它自己有关的模型，以及尝试通过最优化行为彻底实现自己的利益。其实，我们就是科幻故事中那些失控的机器人，把自己创造者的利益置于我们的利益之下。[21] 一旦载体被从强约束的基因控制下解放出来，一旦载体被赋予了通用目标，而不是被植入了用以产生具体行为的刺激应急机制，我们就成了一种特立独行的载体。

因此，对于人类而言，好消息是他们将不再只是基因的容器。人类拥有优先考虑自身利益的能力。不过，为了让这种积极的认知变革程序开花结果，关键是要保证我们大脑中的某些部分不跟自己作对。这些达尔文式部分具有强约束特点，容易受基因影响。作为我们认知架构的一部分，它们依然驻扎在我们的大脑中。我们必须学会跟它们打交道。其实，我们手边就有可用的认知工具。它们能确保，我们达尔文式心智做出的反应符合我们的整体目标，为我们自身的利益服务。现在已有这样的文化知识了，要是能抓到手里，就能帮我们实现认知变革的宏伟蓝图。我将在本书第3章和第4章对某些认知工具加以讨论。也许，最基本的大脑工具就是某些最简单的洞见：我们大脑的不同部分以平行系统的方式运作，常常同时在争取我们行为的控制权。而认知科学解释的真相就是，我们的大脑中发生着激烈的战争。这是我们下一章的内容。

第 2 章

跟自己作战的大脑

> 反射比我做得好。
>
> ——鲍勃·马利
> "*I Shot the Sheriff*"（歌名）
>
> 多年以来，我跟自己作战。医生告诉我，这对我的健康不好。
>
> ——斯汀
> "*Consider Me Gone*"（歌名）

公路狂暴，每天在各个国家不断上演，它现在已成为一种全球性现象（James and Nahl 2000）。一个蒙特利尔男人的案例极为典型（Dube 2001）。当时，一个女人驾车行驶在他前头。虽然是快车道，可她开得太慢，这让那个男人顿时陷入狂暴。那个女人其实很无辜，她想给他让道，可惜交通拥堵，一直没成功。最后，她终于想办法给那个男人让出了一段空隙。而他呢，此时在卡车上早就暴跳如雷，对她大喊大叫，气急败坏。接着，他从侧面猛烈加速，试图超车。女人成功地把车停在了马路上，而那个男人的卡车突然失控，像一匹脱缰的野马，不顾一切地冲向灯柱，此人当场死亡。他没有喝酒，不是酒驾。

露西·格里利写了一本书，名叫《面孔的自传》(*Autobiography of a Face*)。她在这本书中写道，自己九岁时因患癌症，医生把下巴某些部分给切除了。因为癌症，她动了很多必要的手术，结果她破相了。露西的生活变得凄惨。其实给她带来生活变化的，并不全是她个人的身体状况，相当一部分是别人对她的反应：拒绝、言语侮辱还有敌意。这些反应在过去许多年里不断出现。而且，做这些反应的绝不仅仅是最年幼的、懵懂无知的孩子。露西早已习惯了。她不时就能从大一点的男孩口中听到这些无缘无故的轻蔑说法："那到底是什么？""她是我曾见过的最丑陋的女孩"或者"你到底是怎么变这么丑的？"

许多其他的破相者，就像露西一样，也报告了自己毫无缘由就被人羞辱的情形（Hallman 2002；Partridge 1997）。这些人走在街道上，这时一辆汽车驶过，有人就会打开车窗，丢下一句伤人自尊的挖苦。他们走在学校礼堂里，这时一个非亲非故或素不相识的人就会走过来，看着他们，说"你为什么不随便钻进一个洞里去死？"对于破相者来说，遭受这些言语的无端羞辱，早已成为他们生活的一部分。

说实话，人类表现很糟糕。这样的例子俯拾皆是。于是我们就想问，这到底是为什么？现在，认知科学家开始揭示我们认知架构的特点，这些特点有时会让我们轻易就做出招人谴责的行为。不过，在揭示这些认知架构的特点之前，我还想再说几个例子。

其中一个来自1974年的一个著名实验，设计者是当时耶鲁大学的斯坦利·米尔格拉姆。这个实验表面上跟学习有关。所有参与者两人一组，每个人都可能被分配到两种角色中的一种：教员或学员。不过，真正的参与者其实被蒙在鼓里，他们不知道，另一个跟他们配对的人其实是实验者的同谋。这些同谋都被分配了学员的角色，因此，真正的参与者都会扮演教员。实验者告诉这些教员，如果学员做错了题目，他们就要惩罚学员；其实你也猜得到，这些学员都会犯错，专门写跟标准答案不一样的回答，这样，教员事实上就必须不停地惩罚他们。扮演教员的参与者被要求施加电击，电击强度会不断增加，通过这种方式来惩罚被关在另一个房间里的学员。作为同谋，学员事实上没有受任何电击。不过，他们演得很像，因此，扮演教员的参与者都相信，他们正在给学员施加电击。的确，在好几个实验中，教员都能听到学员假装被电击之后发出喘息和尖叫。虽然有迹象表明，电击会让人越来越痛苦，可大多数参与者依然使用了机器上标明的最高电流。令人吃惊的是，他们没有遭受强迫。他们有疑问时，实验者仅仅会平静地重复这么一句话，"实验要求你继续"。事实上，许多教员在这种情况下也很苦恼。然而，仅仅是听了"实验要求你继续"这样的话，他们就毫不犹豫继续给学员用刑，让他们叫苦连天。看得出来，许多参与者脸上的表情并不轻松。他们知道，自己的所作所为是错的。问题是，他们照做不误。

最后这个可悲的案例不是来自实验室研究，而是存在于现实中。强奸危机咨询师研究受害者遭受强奸后的情绪调试。他们发现，配偶以及其他重要他人的反应，对这种调试结果的好坏具有关键影响。然而，通常而言，配偶的反应并不是支持（Daly and Wilson 1983；Rodkin, Hunt, and Cowan 1982；Wilson and Daly 1992），而这种不支持的反应本身就会延长受害者心理复原的时间。事实上，配偶常常能意识到，他们的反应（在某些情况下，几乎是在指责受害者）不正确，可他们报告说，自己很难压抑这些可怕的反应，即使他们知道这些反应不合理。在接受团体咨询时，有一个男人说了这么一句话"她曾经全部属于我，现在，她已经被损坏了"（Rodkin et al. 1982，95）。而另一个人说的是"有人从我这里拿走了一些东西。我觉得自己受了欺骗。她从前属于我，现在不全是这样了"（95）。很多研究者发现，可悲的是，"虽然丈夫、爱人和父亲经常被视为获得支持的来源，他们最适合给予受害者以安慰和理解，而受害者可以也应该向他们寻求支持。可事实上，他们给予的理解可能最少"（Rodkin et al. 1982，92）。

这些看似风马牛不相及的案例，到底存在怎样的联系呢？首先，它们当然都是不幸，代表着人类表现糟糕的方面：公路狂暴是一种致命的社会问题；对破相者冷嘲热讽是一种残忍；仅仅是为了服从实验者的命令，就无端伤害另一个人，这很可悲；强奸受害者还要遭受来自爱人的拒绝，这无异于是在伤口上撒盐。其次，跟本书目的更相关的是这样一个事实：在这些案例中表现糟糕的人常常**也同意**，自己的行为不合理。在凉爽的一天，要是有时间反思，很多由于狂怒而危险驾驶的人都会承认，他们的行为没道理。嘲笑破相者的人，通常也不想在公共场合文过饰非，为自己开脱。面对类似情况时，他们中不少人都会致歉。不支持强奸受害者的丈夫或男友也都知道，他们的做法该受谴责。还有，米尔格拉姆实验中的参与者看起来并不舒服。

因此这些案例的一个共同特点是，每一个表现糟糕的人看起来都很纠结，都在跟他们的"真我"打架。每个人似乎都知道思考和行动的正确方式，可就是做不到。这一点，在强奸受害者的案例中最明显。在某种程度上，受害者配偶知道他的行为不合理，而且，在很多情况下，他也为自己不能提供支持而感到羞耻。可是，他们就是不能克服这种糟糕的做法。两种反应倾向的冲突，同样清晰地存在于米尔格拉姆实验的参与者身上。许多参与者向实验者抗议，他们显然不舒服，可还是继续对学员施加电击。这些人清楚更好的做法是什么。他们知道正确的选择，可他们做了错误的决定。最后，那些打开车窗、对破相者甩出言语侮辱的人们，他们到底相信什么？一旦远离当时的狂热，冷静下来，他们难道真的以为，脸被毁了人就该死吗？或者，破相者就应该待在自己屋里，远远地避开其他人？大多数人，甚至包括这些案例中的肇事者，远不是如此地堕落不堪。在这些案例描述的任何一种情况下，假如表现糟糕的肇事者能有时间反思，就会承认他们的做法是错的，虽然他们还是执行了备受谴责的方案。

肇事者的所作所为，常常被他们自己或其他人描述为"跟本人不符"。这看起来似乎意味着，存在两种相互冲突的心智，一种选择做某件事，而另一种则知道更好的方案，虽然这个方案失败了。事实上，这就是现代认知科学试图告诉世人的，也是我要在本章中阐述的内容。这些问题中的人，的确有两种心智。

一个大脑，两种心智

根据来自认知神经科学和认知心理学的证据，我们可以得出一个结论：大脑在运作时存在两种不同类型的认知，它们貌似拥有不同的功能，以及不同的优势和劣势。[1] 各种各样的证据交汇于这个结论。这些证据来自许多不同的专业领域，比如认知心理学、社会心理学、神经心理学、自然哲学、决策论，以及临床心理学。这些领域的理论家提出了被称之为认知功能的双过程理论。这些理论认为，大脑有两套认知系统，每一套系统都有一个独立的目标结构，和独立的用以实现这些目标结构的机制。[2]

表 2-1 提供了一系列不同的双过程理论，以及提出这些理论的理论家。这些模型的细节和术语都不同，但是它们具有家族类似性。而且，对当前讨论来说，理论之间的具体差异不重要。为了避免理论预判问题，这两个过程有时会在文献中被称之为系统 1 和系统 2（见 Stanovich 1999）。不过，为了更好地描述它们，我将在本章引入两个新标签。

表 2-1　不同理论家使用的双系统术语，以及推理的双系统理论的属性

	系统 1（自发式系统）	系统 2（分析式系统）
双过程理论		
Bazerman, TRenbrunsel, & Wade-Benzoni（1998）	欲望自我	应该自我
Bickerton（1995）	在线思维	离线思维
Brainerd & Reyna（2001）	要点式加工	分析式加工
Chaiken, Liberman, & Eagly（1989）	启发式加工	系统化加工
Epstein（1994）	经验系统	理性系统
Evans（1984, 1989）	启发式加工	分析式加工
Evans & Over（1996）	隐性思维加工	线性思维加工
Evans & Wason（1976）	一类加工	二类加工
Fodor（1983）	模块加工	中心加工

(续)

	系统 1（自发式系统）	系统 2（分析式系统）
Gibbard（1990）	动物控制系统	规范控制系统
Johnson-Laird（1983）	内隐推论	外显推论
Haidt（2001）	直觉系统	推理系统
Klein（1998）	识别促发决策	理性选择策略
Levinson（1995）	交互式智力	分析式智力
Loewenstein（1996）	内在影响	口味
Metcalfe & Mischel（1999）	热系统	冷系统
Norman & Shallice（1986）	竞争性安排	监控式注意
Pollock（1991）	快速反射式模块	思考
Posne & Snyder（1975）	自动化激活	有意识加工
Reber（1993）	内隐认知	外显学习
Shiffrin & Schneider（1977）	自动式加工	受控式加工
Sloman（1996）	联想系统	规则系统
Smith & DeCoster（2000）	联想式加工	规则式加工
属性	联想的	基于规则的
	整体的	分析的
	平行的	串行的
	自动的	受控的
	相对没有认知能力的要求	对认知能力有要求
	相对快	相对慢
	高度语境化的	去语境化的
目标结构	相对稳定的、强约束的基因目标	用来最大化有机体效用的弱约束目标，因为环境的改变要经常更新

在本书的剩余部分，我将使用双过程理论作为讨论人类认知的工具。[3] 而在本章的剩余部分，我将阐述两类加工系统的特点，它们对于理解人类行为（包括在本章开头提及的那些可恶的做法）的影响，以及这样的理解为什么重要：它们对于我们第 1 章中提到的机器人反叛很关键。

根据双过程理论，其中一类加工过程的特点是自动化，基于启发式，计算能力要求相对不高。因此，这种系统（经常被称为启发式系统，在斯坦诺维奇[1999]的分类中被称为系统1）结合了自动化、模块化和启发式加工的特点；这里提到的几个概念，在认知科学中有过多次讨论。除此之外，即使在注意力投向其他方面时，某种自动化过程也可以执行（见 LaBerge and Samuels 1974）。模块化过程运行于独立的知识基础上，我将在下一节中加以讨论。启发式搜索过程非常快，但也很冒险。换句话说，启发式搜索并未使用所有的相关线索，仅仅依赖于最容易被提取的线索（见 Gigerenzer and Todd 1999；Kahneman and Frederick 2002）。启发式系统（系统1）对刺激的整体特征做出快速的自动反应。它偏向于根据存储原型的总体相似性而做判断（见 Sloman 1996，2002）。

另外一类加工系统经常被称为分析式系统；在斯坦诺维奇（1999）的分类中，它被叫作系统2。这一系统具有心理学家眼中典型的受控加工的特点。分析式加工是串行而非并行，基于规则和语言，计算量很大，而且是我们意识关注的中心。当心理学家和门外汉讨论诸如"有意识的问题解决"这样的话题时，分析式加工就会起作用。这一加工使用的是系统规则，根据刺激组成成分的特点运行，而不是以整体方式表征刺激。镶嵌在这个系统中的规则具有系统性和产生性，这两个特点被认知科学家称为分析式系统的组合性。也就是说，加工**顺序**不同，结果就不同。[4] 而在整体的、基于刺激的启发式系统中，不存在这一特点，而且，这个系统不善于一步一步地、按顺序解决问题。分析式系统跟计算能力的个体差异有着更强的关联——计算能力常常通过智力测验或其他认知能力测验来检测，它的更直接指标是工作记忆。分析式系统有一个重要功能，它可以用来覆盖（orverride）启发式系统导致的不适当的、过于泛化的反应（本章后面几节会涉及这个问题）。因此，人们倾向于把分析式加工的相关倾向跟抑制控制这样的概念联系在一起。在后面几节中，我将花费笔墨，描述每一种系统的关键属性。让我们从系统1或启发式系统开始吧。

自发式系统：大脑中忽视你的那一部分

> 当你以每小时70公里的速度下坡时，其实是决策在控制自己。突然，你面前出现了一个以前没留意到的断崖。往左拐？往右拐？或者，想想，接着挂掉？
>
> ——迈克尔·弗莱恩，《哥本哈根》(*Copenhagen*，1998)

在上一节中，当我谈论某个单独系统时，已经使用了系统1或启发式系统这样的术语。其实，这些都是双加工文献中约定俗成的说法。然而，这些说法似乎暗示，启发式系统是一个单独系统，这样一看它就有点儿使用不当了。事实上，我们应该用复数，因为它代表着大脑中（可能相当多）的**一套**系统：面对诱发刺激，它们自发地做出反应，而这种反应不受分析式系统的控制。在本书中，它们被我称之为自发式系统。在过去的30年里，它们成了非常热门的研究对象。[5]

在表2-1中，我总结了跟自发式系统有关的各种属性。不过，在本书中，我要强调它们的自发性特点，这是一个关键属性。第一，自发式系统会自动加工领域相关的刺激；第二，它们的执行不依赖于分析式系统的输入，也不受这一系统（系统2）的控制；第三，有时候，自发式系统的执行会跟同时进行的分析式加工相冲突。

许多自发式系统的加工被认为具有模块性特点；这是在认知科学文献中得到较多关注的一个概念。[6]在认知科学中，模块性是一个相当复杂的概念，因为它包括很多属性，而这些属性中很多又都有争议。在本书中，我对自发式系统的理解不那么狭隘，因此，跟大多数认知科学文献中的模块性概念相比，不那么有争议。提出有争议理解的学者，很多都受福多的影响。在极有影响的《心智的模块性》(*The Modularity of Mind*) 一书中，这位哲学家明确阐述过自己的观点。福多的认知双过程模型区分了两个过程：模块性加工和中心化加工 (central processes)。模块性加工主要涵盖输入系统和输出系统，前者跟语言和知觉有关，后者跟基于加工信息决定有机体的反应有关。模块性输入把信息反馈给中心化加工（分析式系统）——这是一种非模块性的加工机制，负责高级推理、问题解决、明确决策，以及审慎判断（Harnish 2002）。

根据福多（1983，1985）的观点，模块性加工具有诸多重要属性。这些属性包括：

1. 快速。
2. 强制。
3. 领域特殊性。
4. 信息封闭。
5. 难以认知渗透。
6. 由特定的神经结构做支撑。
7. 容易遭受特定的病理性损坏。
8. 个体发生层面的确定性（经历一个固定的发展顺序）。

属性 6～8 来自福多（1983）对内在特定模块的强调。然而，在我的概念中，它们不是自发式系统的一部分，虽然内在模块（innate modules）⊖是自发式系统的一个重要组成部分。在我看来，同样重要的是通过经验或实践而转变为自发式系统组成部分的过程。简而言之，能够**获得**自动化属性的过程。

属性 4 和 5，即信息封闭和难以认知渗透，在福多对认知模块性的界定中很重要。不过它们极有争议，而且很难实证检验。信息封闭意味着，一个模块的运作，不被没有包含在该模块之内的知识结构提供的信息所影响。难以认知渗透意味着，中心化加工无法进入、也无法控制模块内部的运行。

在认知科学中，一个具体的子系统是否具有信息封闭的特点，以及

⊖ 即进化而来的种种心理倾向和机制。——译者注

是否因此而被认为是一种福多式模块，经常引发激烈争论。相比之下，属性1和属性2少有争议，这也是为什么我把它们作为自发式系统结构的中心特点。举例来说，心智理论㊀的子系统在大脑中是否具有信息封闭的特点，是否难以认知渗透，就导致了不同观点之间的猛烈交锋（见Baron-Cohen 1998；Scholl and Leslie 2001；Sterelny 2001b；Thomas and Karmiloff-Smith 1998）。尽管这个子系统具有多大的封闭性充满争议，但它快速有效，能在正常人的大脑中自动运行，则少有争议。

在我的自发式系统概念中，属性2（模块性加工的强制性）被吸收了进来。自发式系统的加工不能被中心化加工关闭或干扰。当被相关刺激引发之后，它们就强制运作。即使中心化决策认为自发式系统的结果没必要或有害，它也不能要求自发式系统不受这种刺激的引发（当然，在决定某个反应时，中心化加工能覆盖自发式系统的结果，见下面的阐述）。自发式加工就像弹道导弹，它们一旦引发就会持续运行，无法在中途被中止。

自发式加工需要对刺激的一个微小子集作反应。一旦引发，它们就会执行，直到完成（即模块能有效完成一个操作，它不需要一个中间决策）。这一点解释了属性1：自发式加工很快，而且不消耗中心化加工的资源。自发式认知加工能迅速执行，是因为它们需要做出反应的刺激序列数量有限，它们执行的转换过程是固定的，不需要在线决定。它们不必咨询缓慢的中心化加工系统。它们致力于执行动作直到完成，而不是校正它们的表现，也不在中途加以调整。

属性3，领域特殊性（domain specificity），这是福多式模块的一个关键属性，但并不是自发式加工的定义特征。这是因为，除了领域特殊性模块之外，自发式系统还包括了更多领域一般性的（domain-general）联想加工和内隐学习加工。此外，自发式系统还包括通过情绪进行的行为调节过程（Johnson-Laird and Oatley 1992）。正如格里菲

㊀ 也被翻译成心理理论。——译者注

斯（1997）所言，这些情绪调节过程在结果端是领域特殊性的，但是引发它们的刺激来源于更为一般（尽管有偏向）的学习机制。

许多认知理论家强调[7]，在某种程度上，自发式系统的加工相当不聪明：当触发刺激出现时，它们就不问青红皂白做反应，直到反应完成；即使情况有变，即使它们的反应结果已是累赘。它们**只**处理相关的诱发刺激。不过，即使自发式系统不怎么聪明，它们也以自己惊人的效率对此做了弥补。跟缓慢、笨拙、计算昂贵的中心化加工（见下文）相比，许多自发式系统的加工能够平行进行，很快就出结果。正如进化心理学家告诉我们的那样，诸如面孔再认、言语理解以及解读他人的行为线索这样的认知结果，要是能完成得越快，就越有适应性。

福多（1983）指出，快速的非智能化加工是个优点。在一个面临所有可能选项的情境中，对于一个自动化过程来说"只有一个刻板的子集能发挥作用。不过，你用这种刻板和愚蠢换来的是**你不必非得做决定**，而做决定要耗时间"（64）。福多说，跟一个"必须做决定"的过程相比，这就拥有了一种速度优势。本节一开始，我就引用了剧作家迈克尔·福莱恩的话；他的话体现了这一思想（"向左拐？向右拐？或者，想想，接着挂掉？"）。在这个世界上，某些情境要求人们快速反应，即使由此导致的结果可能比全面加工差。

总结一下，自发式系统加工的关键特点是快速、自动化，以及强制性（也因此被称为自发式）。[8] 自发式系统的内部操作不产生任何意识经验，也许它们的结果有可能。"自发式"这一术语的另一个含义对我而言很重要，即自发式系统的加工是平行的：各个子系统之间是平行的，子系统跟分析式系统之间也是平行的。而且，它不需要分析式系统的输入信息。这样看来，分析式加工绝不是自发式的，它经常跟自发式系统的子过程提供的信息协同运作。

根据进化心理学家（比如 Pinker 1997；Tooby and Cosmides 1992）的说法，很多自发式系统的加工是自然选择的产物。不过，在我宽泛的自发式系统子过程的定义中，某些不是，它们通过实践获得了自发性。当然，我跟进化心理学家一样都反对福多：我们允许某些高水平或概念性的自发式加工过程，而不是局限于知觉领域。进化心理学家强调，高级认知过程也可具有模块性特点。同样，我也允许高级概念存在于自发式系统中。不过，我比进化心理学家走得更远。我认为，通过实践，概念化的系统和规则也能进入自发式系统。[9]这是一种人们组织他们认知的方式：明确训练高级技能，使它们转变为自发式加工，能自动执行，这就为其他活动释放了中心化的加工空间。

一个经典的自发式系统子过程就是反射。从本书涉及的庞大主题来看，反射在某种程度上很无趣。不过，一旦深入思考，这一简单的自动化过程就会呈现令人惊讶的特点。如果我们仔细想一想，就会发觉，它们发出了这样的信号：我们的大脑中的确存在多种心智。反射现象表明，意识中的"我"似乎控制着我们的精神生活，可它并不像我们想象的那么强大，那么有控制力。而且，在某种重要意义上，你的大脑中有些部分忽视了你。

思考一下眨眼反射。设想我们是朋友，你跟我一块儿待在一间屋子里，正在讨论反射。这时，我走向你，把我的食指戳向你的眼睛，停在离它两英寸⊖的地方，你会眨眼。请注意，根据前面讨论的内容，在目前这个具体的场合中，这种做法相当不聪明。要知道，我们是朋友，而且我们在讨论眨眼反射。你**知道**，我这仅仅是在展示，我不会戳你的眼睛。可是，你无法使用这样的知识，你知道没必要眨眼，而且你也没法停止这么做。反射"有自己的想法"。它是你大脑的一部分，但不受你控制。

自发式系统绝不局限于反射。福多讨论的知觉输入系统也具有同样特点：尽管你的中心系统"知道"，可它们还是会自行启动。我们来看一下缪勒–莱尔错觉，如图 2-1 所示。上面的线段好像比底下的线段更长，虽然实际上并非如此。这个错觉名气很大，我猜基本上每个读这

⊖ 1 英寸 = 0.025 4 米。

本书的人以前都可能见过它。把注意力集中在这两个线段一样长的信息上，上面的线段还是看起来更长。两者一样长的知识不起作用，因为，自动的知觉输入系统负责制造这个错觉。缪勒－莱尔错觉的例子表明，知觉输入系统会忽视你，可它也是你大脑的一个重要部分。这里说的"你"其实是你心智的中央控制器。正如我们将要看到的，你其实是错觉的一部分。

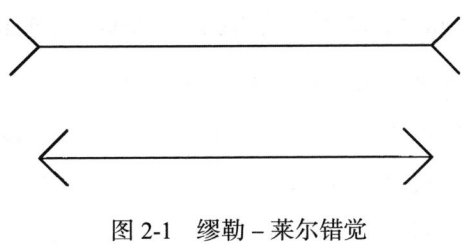

图 2-1　缪勒－莱尔错觉

自动化过程的列表很长，不会停留在反射和知觉输入系统这两个项目上。可以看到，自发式系统帮助把自我从世界中区分出来。它们自动运行，有时会跟你所知道的这个世界的知识相悖。比如，罗津、米尔曼和内梅洛夫（1986；也见 Rozin and Fallon 1987）做了一个跟厌恶情绪有关的实验。在其中一个场景中，参与者吃了一块高级软糖，他们表示还想再吃一块。不过，这时实验者提供了另一块同样的软糖，但是把软糖形状做成了狗屎样。参与者觉得很恶心，一点儿也没胃口了。他们也知道软糖其实不是狗屎，而且闻起来很香，可他们的厌恶反应依然发生了。丹尼特（1991，414）描述了另一个版本的罗津实验，虽然是非正式的。实验如下。把你嘴里的唾液咽下去。没问题。好，现在找一个空瓶子，把唾液吐进去，然后把它一饮而尽。呀！太恶心了！不过，为什么？正如丹尼特（1991）指出的那样，"看起来这跟我们的感知有关：一旦某物脱离了你的身体，它就不再是我们身体的一部分，它变得陌生，令人怀疑；它已经放弃了自己的公民身份，变成了要被断然拒绝的另一个东西"（414）。在某种意义上，**我们知道**，我们对吞咽和对喝的反应不同，这是非理性的，可是这也不能取消两种反应之间的差别。知道得再多，了解得再深，都不足以克服面对瓶中唾液时的自发式反应。它同样也是大脑中忽视我们的那一部分。

认知加工的自发性不仅仅是预先配置好的倾向，也可以获得。这可以通过一个最古老的实验心理学范式加以说明；这个范式常被用来证明认知过程的自发性。这个所谓的斯特鲁普范式表明，当注意力指向别处时，自发式过程依然在执行（见 Dyer 1973；Klein 1964；MacLeod 1991，1992；MacLeod and MacDonald 2000；Stanovich, Cunningham, and West 1981）。这里有一个斯特鲁普范式的描述。实验的参与者看到一张卡片，上面有彩色的条带，他们被要求报告那个条带颜色的名称。在第一种对照条件下，条带不含有任何干扰信息。在第二种干扰条件下，条带标记使用的是另一种颜色，这种颜色跟条带本身的颜色不同。比如，一个红色的条带可能含有"绿色"这个词。在干扰条件下，参与者被告知要尽可能忽略颜色词，接着完成他们在第一种条件下的任务：给条带的颜色命名。

自动词汇识别的存在是这样推测的：跟对照条件下不存在言语刺激冲突（只出现红色条带）相比，在冲突条件下，人们的反应时会延长。由不相容的冲突性文字引发的干扰成了自动化的一个指标。研究者认为，斯特鲁普任务表明，即使参与者的注意力指向别处，他们对文字的加工依然会强制进行；是的，哪怕他们其实不想这么做。事实上，对于"当注意指向别处时，加工依然会进行"这一逻辑而言，斯特鲁普任务是一个极端案例。因为经过多次尝试之后，大多数参与者都会主动试着（虽然没成功）**忽视**那些文字。不过，词汇识别加工的自发性表明：别把注意力放在红色条带上，或"告诉自己忽略那些单词"，都无助于消除文字干扰。执行斯特鲁普任务的参与者证明，他们**获得**了一个忽略中心系统指令的大脑过程。

我在前面说过，进化心理学家认为，自发式加工不应局限于外围输入的子系统，这让他们备受瞩目。在表 2-2 中，我从各种来源[10]搜集了若干自发式模块。提出这些模块的，既包括进化心理学家，也包括发展理论家以及认知科学家；他们来自多个领域。这些模块由不同研究者在过去 20 年里陆续发现。显然，这些模块大多数都有助于解决进化史上的重要任务，比如获得食物和水源、探测和避开捕食者、获得地位、识别亲属、寻找配偶和照料孩子。其中很多都是概念化模块，而非福多式的外围知觉模块。同样，我也认为自发式系统包括许多自主性的概念过程（这些都列在了表 2-2 中），还包括许多规则、刺激辨别，以及通过实践而获得的自动化决策原则。我的自发式系统加工还包括经典条件作用和操作条件作用，它们比表 2-2 列举的模块表现出更强的领域一般性特点。最后，通过情绪进行的行为调节过程（Johnson-Laird and Oatley 1992；Oatley 1992，1998），同样存在于我的自发式系统中。

表 2-2　过去 20 年里，心理学文献中讨论过的认知模块

面孔识别模块	直觉数量模块
心智理论模块	朴素物理学模块
社会交换模块	工具使用模块
情绪感知模块	朴素生物学模块
社会推论模块	基于亲缘关系的动机模块
友谊模块	孩子照料模块
恐惧模块	努力分配和校正模块
空间关系模块	语义推断模块
刚体力学模块	语法获得模块
预期运动模块	交流语用模块
生物力学运动模块	

进化心理学家使用的一个隐喻很有用。这个隐喻强调，自发式系统包括了一整套过程，而不仅仅是一个孤立的系统。这个隐喻来自考斯米兹和图比（1994b；Tooby and Cosmides 1992）；他们把心智比作一把瑞士军刀。进化心理学家使用这个隐喻，是为了驳斥这样一种观点，即人类的大多数信息加工靠一般的认知机制完成。他们说，"心智更像是一把瑞士军刀而不是一块多用途刀片：心智能应对各种各样的环境，这是因为它拥有众多的组件，比如开瓶器、瓶塞钻、小刀、牙签、剪刀——每一个都是为了解决一个具体问题而设计出来的"。（Cosmides and Tooby 1994b，60）这个隐喻抓住了自发式系统的复杂性，以及在某些组件中它所具有的领域特殊性。[11]

瑞士军刀是一个很有趣的隐喻。它指出，自发式系统中存在许多不同的加工机制，这些机制不少都具有准模块性的特点。尽管如此，我在本书中提出的双过程模型，跟某些进化心理学家主张的人类心智概念有两点不同。第一，我不认为，自发式系统子过程必然是模块性的，或准模块性的。除了进化心理学家讨论的达尔文式心智具有准模块性特点之外，自发式系统中还包括无意识学习和条件作用的领域一般性加工，以及通过情绪（它对广泛刺激做反应）调节行为的自动化加工。其次，一个重要区别在于，进化心理学家不承认存在一个通用的中央处理器[12]。相比之下，本章中提及的双过程模型把这个中央处理器视为心智的第二种核心部件。

描述分析式系统：避开侏儒问题

也许，描述分析式系统（系统2）加工特点的最简单方法，就是说它跟自发式系统具有相反的一套特征。自发式系统的加工是平行的、自动的、通常意识不到的，对计算能力要求相对较低，它们计算处理的通常是领域特殊性信息。而分析式系统可以说是序列的，有中央执行控制，能意识到，要求较高的计算能力，计算过程中处理的是领域一般性信息（见表2-1）。使用这种策略界定分析式系统，初步看来是对的，但也可能会引起细节方面的争议。

围绕着分析式系统，有一个最困难的问题：我们该怎么谈论它，才不会犯一些非常初级的哲学错误，或暗示一种在功能上绝无可能的大脑模型？我们粗糙的自然语言，很难精确对应认知科学的概念，或我们了解的大脑神经生物学知识。在更高的非模块性水平上理解大脑机能，需要牵扯到递归性和自我指涉性，两者都很难描述。在讨论高级的大脑系统时，沟通的便利跟事实的精确难以兼顾。

当你转身，想要使用心理学中分析式系统的隐喻时，立马就会觉察到困难。一种最流行的隐喻把分析式系统视作一个中央处理器。对它漫不经心的使用，很可能就会引起所谓的侏儒问题（就是"头脑中有一个小矮人"的问题）；心理学家和哲学家对这个问题很熟悉。这个问题的要害在于，如果我们提出大脑中有一个很复杂的假想实体，以此解释复杂的行为辨别或选择，那么，我们仅仅是把一个难题从大脑外部移到内部，可它还是跟从前需要解释时一样复杂，一样令人困惑。比如，我们会简单认为，一个人决定去做 X 是因为他的处理器决定去做 X，这不能代表我们理解上有进展。我们可以更简单地说，一个人想做某件事，是因为存在另外一个对应的小矮人（脑子里的侏儒），是它决定那样做的。

这种侏儒假设什么都没解释，除非侏儒（比如，那个假设的处理器）能被更简单的心理学和神经生理学过程给释放出来，而这些过程的理解更全面，神秘性也更少。[13] 只有当假想的侏儒太聪明时，侏儒问题才会出现。假设复杂实体被分解为足够简单的概念实体，而且它们的运作被认知心理学家或神经生理学家用他们武器库的有效方法给检测到了，那么，这些理论家自由使用这些实体就是合理的。要是复杂实体未经分解，那么，我们就有理由谴责这个侏儒。

哲学家不断监督心理学家，防止他们因为使用这个隐喻描述分析式加工而陷入侏儒问题或其他的概念谬误。跟侏儒问题一样，许多围绕意识讨论而提出的隐喻，同样具有误导性。这跟我们现在的讨论有关系，因为分析式加工经常跟自发式加工对比，前者是有意识的，而后者则是难以提取的、意识之外的过程。在《意识的解释》（*Consciousness Explained*）一书中，丹尼尔·丹尼特设计了一系列思想实验，初衷就是为了把我们从一种笛卡尔式二元论（认为世界上存在两种独立实体，心灵与物质）的默认假设中解救出来，也是为了训练我们，以便重新改变我们与生俱来的二元论语言。他特别警告，不要使用暗示所谓的笛卡尔式剧场的语言——在某些地方，所有的大脑活动"聚到一起"，并被提交给"中央代表"（侏儒），而它对剧场里发生的事的理解就演变为我们的意识。

作为个人决策的某种解释，很容易就会陷入这种观点，其实质就等于说中央代表（观看剧场屏幕上有意识的"表演"，剧场就是"聚到一起"的地方）变成了我称之为普罗米修斯式控制器的东西。它开始做决策，接着按杠杆，这样，某个人就会根据这些选择行动。任何一个科学家都不会提出这种模型。不过，它可能被一个普通读者给暗示出来，因为他不熟悉很多概念语言。对他而言，这些来自认知控制的心理学和神经生理学的术语晦涩难懂。（Baddeley 1996；Harnish 2002；Johnson-Laird 1988；Miyake and Shah 1999）

不过，我得警告读者（我希望这是最后一次），我打算使用被某些哲学家认为危险的隐喻，特别是跟执行控制和系统覆盖有关的隐喻。我这么做，是因为它们有助于沟通，还因为便签上引用了诸多证据，能给我提供概念和实证基础，方便我用来分析分析式系统运作的构念。[14] 跟很多心理学家一样，我比许多哲学家都容易接受中央处理器这样的说法。我认为，这个领域已发出了适当的警告，如上所述，而且也积累了很多正面和负面的例证，中央加工的概念可建立于其上，作为原型使用。跟哲学家相比，心理学家和神经心理学家更喜欢冒险使用高级控制的语言。对他们来说，一种有效讨论实验结果和新实验设计的方式很有必要，因而他们更在乎沟通是否顺畅。如果完全采用语言的分布式系统，这种沟通很容易被打乱。

几乎所有的认知科学家都同意，笛卡尔式剧场或普罗米修斯式控制器的观点是谬论。此外，他们也都同意，大脑的控制分布在广泛的而非单一的神经区域。同样，大多数人也都认可平克（1997）的说法：

> 心灵社会是一个美妙的隐喻，在解释情绪时，我会满怀热情地使用它。不过，这个理论可能会走得过远，要是某些大脑系统被控告有时会

给代理人以绳子或地板，于是就被它宣布为不合法。大脑代理人可能是分层组织、良好嵌套的一套决策规则、一个计算式的妖怪、代理人或好心的侏儒的子程序。它不是机器中的另一个妖怪，仅仅是另一套"如果－那么"法则或神经网络；它们分流控制着下一级最响亮、最快速、最强大的代理人。（144）

平克的看法，更接近于我在这里采用的观点，即认知控制分布于整个大脑，但它的方式依然可以用执行或中央控制的语言来描述。[15]因此，在这一章后面以及其他章节中，我将使用诸如分析式系统控制这样的说法。它应该被理解成这些说法背后默认的机械模型，不含有一个假定的侏儒或普罗米修斯式控制器的问题。[16]

一次一步骤：用语言找出世界运行的方式

跟许多自发式系统（特别是达尔文式模块）语境限定的操作不同，分析式系统允许我们维持强大的脱离语境的机制，包括逻辑思维、推论、抽象、计划、决策和认知控制。另外一个属性，即序列加工而非平行加工，也能把分析式系统（系统2）跟自发式系统区分开来。因为前面讨论的不少属性（自动化、弹道导弹式运行，等等），许多自发式系统能同时执行，而分析式系统一次只能处理一个观念。

尽管分析式系统对逻辑和符号思维而言很强大，可它的去语境化认知方式计算高昂，而且难以维持。分析式认知"不自然"，于是也很少见。因为它跟自发式系统不同，不是一个硬连接的大脑架构。相反，在《意识的解释》这本书中，丹尼尔·丹尼特提出这样一种观点：分析式加工靠一系列虚拟机执行，而虚拟机是由很多平行的大脑硬件虚拟出来的。虚拟机就是运行在电子计算机上的一套指令（"一个虚拟机就是一套暂时的、高度结构化的规则，这套规则由一个基于硬件的程序启动……这样就能给硬件一套巨大的、环环相扣的、做出反应的习惯或倾向"，丹尼特1991，216）。简而言之，分析式系统在这种视角下更接近于软件（某些人称之为"心智套件"；见 Clark 2001；Perkins 1995），而不是一套独立的硬件架构。

丹尼特（1991）的模型跟一个观点有关系；这个观点在认知科学文献中反复多次出现。它认为，在某种程度上，领域特殊性的自发式模块输出能被用作更为一般的目的，因而增加了行为的灵活性。[17] 不过，分析式系统的串行功能难以维持，因为它们是在更适合模式识别这种并行功能的硬件上模拟出来的。[18]

这样一种看待自发式和分析式系统差异的观点，跟长期以来人工智能领域中的反讽是一致的：人类擅长做的事，比如面孔识别、三维物体感知、语言理解，对计算机来说很难；而计算机很容易做的事，比如使用逻辑、概率推理，对人类来说就很难。现在，研究者对自发式和分析式系统之间为何不同的理解，把这种人工智能领域的悖论给厘清了。对计算机来说，它没有建立起历经数百万年进化而成的精细严密的自发式系统。于是，作为一种进化遗产，诸多平行而有效的人类自发式系统擅长的事，对计算机来说简直是难于登天。相比之下，作为一种用于逻辑的串行处理器，人类的分析式系统是一种最近才安装的大脑软件。打一个比方，它就像是一台组装机（在计算机科学中，这是一种解决问题的粗糙方案）运行在诸多平行的、为别的目的而设计的硬件上。相反，计算机最初就是有意设计的串行处理器，依据逻辑规则而运行（Dennett 1991, 212-214）。怪不得，逻辑运算对计算机很容易，但对我们很难。

几乎所有的认知学家都认为，唯有分析式系统才能对语言输入做响应，无论输入的是内部语言还是外部语言。作为一种自我激励机制，语言为大脑的信息加工序列引入了更多的连续性。它好像也是唯一的认知模块通路介质，而在通常情况下，这些模块没有彼此输出之间的通路。因此，在孤立的认知子系统跟存储位置之间，使用语言建立新的联结，这是一个额外的串行处理器的重要功能。

通过语言，我们能很快接收新的心智套件，还能即时安装和准备运行新的虚拟机（这是一种安装了的规则机构，暂时掌管处理器信息加工的逻辑）。因此，我们能迅速安装被其他人发现的心智套件，它们被证明很有用。比如，在本书后面的章节中，我将讨论无数决策科学家发现的策略，它们能帮人们做出更好的决策。[19]

语言的顺序结构也有助于整体的认知控制，以及对多重目标进行测序和排序。哲学家阿兰·吉巴德（1990，56-57）讨论了这个问题，强调语言有动机属性，能迅速激活本已暂时失活但跟目前情境有关的目标。面对言语输入，目标优先权再调整能迅速进行。吉巴德还阐述了本书的一大主题，即基于语言输入（无论是来自内部还是外部）的快速目标优先权再调整，有可能跟自发式系统中固有的目标优先权相冲突。

规则的系统性和生成性可被离散的表征系统（比如语言）表征，这界定了分析式系统的一种关键属性，认知科学家称之为组合性（Fodor and Pylyshyn 1988；Pinker 1997；Sloman 1996）。在具有组合性特点的计算系统中，表征的意义来自除了单个部分意义之外的表征部分的顺序。正如平克（1997）所言，"人咬狗"是新闻，但"狗咬人"不是。语言的组合性给了我们一个优势，让我们很容易表征表面上相似但实质上不同的观念。

分析式系统也负责建立对一个人的行为进行一致性描述。回想一下，自发式系统将自动对刺激做出响应，使得加工产品进入工作记忆以便进一步处理，引发它自身的行动，或至少促发某些反应，因而增加了它们的反应性。分析式系统尝试维持一个连贯的故事，以便解释某个活动的全部，即使它对引发这个活动没多少贡献。人们发现，分析式系统会编故事，它们会对被自发式系统无意识引发的行为进行有意识选择。[20]我很快就会阐述，分析式系统对行为进行虚构解释的倾向会阻碍认知变革；而只有承认并考虑某些大脑子系统具有自主性的本质，这种变革才能发生。我们的分析式系统能学会对行为给出更好的描述性解释，这种解释跟神经心理学的事实更一致。学习这种技能，就是机器人叛乱的一部分。

假设思维和表征复杂性

分析式系统的一个功能是支持假设思维（hypothetical thinking）。假设思维涉及表征世界的可能状态而不是事情的实际状态，而且，它还跟很多推理任务有关，从演绎推理、决策制定到科学思维。[21]比如，演绎推理是这样一种推理过程：前提不是个人知道的某件事，而是跟世界有关的一个假设；功利主义或结果论者的决策涉及表征世界可能的未来状态（不一定是实际状态），以便能让人做出最优选择；在科学思维中，替代假设被想象成原因，这种原因的结果可被推断出来加以检验。

为了进行假设推理，一个人必须能表征这样一种信念：它跟正在被表征的世界不同。很多认知科学家讨论了所谓的脱钩技能（decoupling skills）。这是一种心理能力，允许我们把信念描述成一种世界的假设状态，而不是它的实际状态（比如 Cosmides and Tooby 2000a；Dienes and Perner 1999；Glenberg 1997；Leslie 1987；Lillard 2001；Perner 1991）。脱钩技能可以阻止我们混淆对世界的两种表征：一种是对真实世界的表征，一种是对想象情境的表征。想象情境是我们暂时创造的一种因果模型，目的是为了预测未来行动的效果，或思考世界。这种模型跟我们目前对世界的理解不同。

除了某些领域，比如行为预测（所谓的"心智理论"）之外，脱钩是一种认知要求很高的操作。执行它的通常是串行的、加工能力要求较高的分析式系统。语言提供了一种离散的表征媒介，能让作为一种文化获得观念的假想得以蓬勃发展。举例来说，假设思维涉及表征假设，诸如条件句这样的语言行为提供了这种表征的媒介。对这种表征类型的序列操作，看起来主要依赖于一种分析式系统的功能。

脱钩过程使得一个人能脱离对世界的表征，这样，他们就能反思甚至能改进。对要采取的行动进行脱钩表征，变成了对可能行动的表征。不过，当心理模拟进行时，后者不应该影响到前者。在模拟过程中，脱钩操作必须持续有效，而且，脱钩的计算成本对于分析式认知的串行本质可能也有贡献。执行这种心理模拟（独立于起促进作用的心智套件的安装），同时保证相关表征脱钩的粗糙能力，很可能是大脑计算能力的一个方面。流体智力的测量恐怕就涉及对这种能力的评估（Baltes 1987；Fry and Hale 1996；Horn 1982）。

迪尼斯和珀纳（1999）强调了心理分离的重要性，这种分离发生在作为个人知识基础的事实，跟个人为了认知控制而对这些事实持有的态度之间。举个例子。为了考虑跟目前的目标状态不同的目标状态，一个人需要有表征两者的能力。为了训练这些假想和认知控制，一个人必须明确表征这些事件状态本身、以及对这些事件的心理态度。人类能让自己跟观念疏离，还能把观念作为世界的模型从心理内部提炼出来。这种能力让他们成了动物界的超级假设检验者。

不同的脱钩技能在递归性和复杂性上有所不同。目前讨论的技能，对于创设珀纳（1991）提出的二阶表征很有必要——这是一种脱钩表征，由不同的世界模型组成，允许人们进行假设思维。发展到一定水平，脱钩就转变为所谓的元表征。元表征是对自己表征的表征，这是人类认知的一个独特层面，使得自我批判的立场有了可能。我们形成了我们的观念如何形成的观念，就像我们有了跟我们欲望有关的欲望，还拥有渴望不同渴望的能力。表征复杂性的增加，以及伴随的脱钩能力的增加，都由于语言的获得而大大增强了。这些表征能力在认知变革方案中的巧妙使用，正如我们将在第 7 章和第 8 章看到的那样，是机器人叛乱的重要部分。

假设思维当然不局限于关心替代假设的专家、学者和科学家。它是每个人日常生活无处不在的一部分。发展心理学家保罗·哈里斯（2001）指出，重要的是，在大多数正规学校教育中，都有一项关键的认知要求,那就是处理假设的能力。虽然孩子们还没有明确接触假设推理的任务,这种思维其实隐含在大多数的教育沟通中。也就是说,不管孩子们是否被要求进行正规的三段论推理(大多数时候都没有),根据哈里斯的说法,学校里到处都是对他们而言新颖的信息,或他们亲身经历之外的信息。这些信息淹没了他们。老师期待他们能对这些信息进行推理。尽管这些信息对老师来说是事实,但对孩子们来说就相当于假设。

无意识加工:火星人在你脑子里!

> 你体内有一个僵尸,它能处理你的意识自我有意识处理的所有信息,只有一个不同,"里面一团漆黑":这个僵尸就是无意识。根据这种观点,认知与生俱来就是不透明的、意识性的。当呈现时,提供的仅仅是对内部事件状态的一种观点,既不完整,也不完美。
>
> ——阿特金森、托马斯和克里尔曼斯(2000,375)

再看一次表 2-2 中重要的自发式模块表单,这是认知心理学家至少研究了十年的成果(不管怎么看,这都不是一个完整表单)。显然,我们通常有意识思考的东西,我们分析式系统正在处理的东西,都是来自物理世界和人类社会的输入信息。自发式模块无意识地把这些信息提交给分析式系统,任其调用。因此,很多理论家都强调,我们大部分的精神生活都带着自发式系统的痕迹(Cummins 1996;Evans and Over 1996;Hilton 1995;Levinson 1995;Reber 1993)。自发式系统不只直接引发自动反应,而且,在那些自发式系统不直接引发某个反应的情况下,它也会给分析式系统提供输入信息,因而通过自己提供的认知表征的特点对分析式加工施加影响。倘若某些自发式反应或产物对我们的行为有不利影响,我们就需要加以补救,使用分析式系统提供的策略来对付它们。这将是本书后面章节要阐述的问题。现在,我想强调的是,自发式系统很常见,很重要,而且它能在我们意识之外工作。这是一个令人毛骨悚然的事实。

自发式系统子过程的本质就是，每当适当的刺激被探测到时，它们就会触发或启动。它们不能被选择性地"关闭"，而且这一过程发生在无意识中。这种过程甚至有可能引发被分析式过程认为不适当的反应。而这意味着，正如本章标题暗示的那样，在某种重要意义上可以说，一个人的大脑有时候会跟自己作战。假如这场战争的结果，是一个人最深层、最反思的自我想要的东西，那么，我们就得采取某些认知矫正措施。这是一个社会向善论者的认知变革项目。这个项目的第一步，就是要认识到，在某种意义上，我们认同的"我"（就是那个侏儒。虽然在前面讨论过了，侏儒是虚构的，它依然是我们朴素心理学的一部分）并没有控制大脑的所有部分。不过，"我"可以从某些大脑活动的操作中被积极分离出来，而这些大脑活动通常发生在意识之外。

要是我们真正理解，绝大多数大脑活动发生在我们意识之外，它们彻头彻尾地令人不安，我们将因此体会到一种疏离感。在认知科学家安迪·克拉克的《存在》（*Being There*，1997）一书中，这种疏离感被一篇作为最终总结的论文给捕捉到了。文章幽默生动，题目叫"大脑讲演"。克拉克总结了他书中的所有主题，让一个名叫"约翰的大脑"的人物向约翰致辞；他其实是一个由大脑活动引发的自我。约翰对他的大脑持有诸多误解，大脑想要澄清它们。大脑承认，他跟约翰的关系相当亲密，不过约翰对这种亲密想多了。比如，约翰倾向于认为，他的所有思想都是大脑的思想，而大脑所有的思想也都是他的思想。大脑向读者保证，事情远比这复杂。

大脑阐述了本章的论点。他说，"约翰像天生的盲人一样，对我每天大部分的日常生活都视而不见"（1997，223）。大脑慢慢向约翰宣布，不仅他的知觉和营养功能受他意识之外的大脑过程指挥，甚至他深层的概念加工也不全受他有意识心智的控制。大脑说，尽管约翰认为他作为一个普罗米修斯式控制器，负责和指导大脑的活动，而事实上，约翰"被通报的，仅仅是我内部活动的极少数知识"（223）。跟我在本书中对自发式系统的描述一致，约翰的大脑告诉他，他大脑中的大多数活动都由诸多平行的、相对独立的计算通道执行。这些活动中，只有很少一部分输出成了约翰分析式活动有意关注的焦点。

出于这些原因，大脑告诉约翰，他的想法很落后。约翰以为"他"控制着自己大脑的活动（的确，约翰的朴素心理学带有强烈的笛卡尔式二元论色彩）。事实上，大脑告诉他"我可不是约翰概念化的内部回声。相反，在某种程度上，我是它们的怪异来源"（225）。使用我在这里提到的术语，大脑在告诉约翰，自发式系统对他的分析式加工提供了重要的输入信息。尽管约翰持有相反的观点，他也不能控制在他有意识推理和决策过程中的一切输入。

约翰的大脑想向他解释，约翰对他整个大脑的观点存在严重偏差，因为他过于依赖语言以及语言提供的概念。可约翰不能理解，这让大脑很伤心。当约翰继续坚持"他对我产生的梦幻式观点"时，大脑变得沮丧起来（226；参考前面提及的，分析式加工具有虚构倾向，以及下面要讨论的内容）。大脑感叹，说约翰看起来像个幸福的笨蛋，他对跟自己基于语言的认知模式不同的信息加工和信息存储操作一无所知。约翰的概念化倾向同样过于受语言的影响。他没有工具，不能思考跟他观点不同的加工模式。认知科学在继续探索平行的联结主义架构以及动力学系统模型，通过它们发展这种概念化工具。不过，这些努力带来的概念化工具，还没有进入像约翰这样的人的朴素心理学中。

不断受挫的大脑最后得到了这样的结论，想跟约翰解释清楚只能徒劳无功。因为，约翰一直"忘了，我在很大程度上是一台生存导向的装置，比语言能力的出现要早。而且，我帮助推进有意识认知和一般认知方面的角色，仅仅是最近才有的一项副业……尽管我们很亲密，但约翰事实上对我了解甚少。想一想，其实我是约翰头脑中的火星人"（227）。

我们就像约翰一样，脑袋里都有火星人。我们有众多的自发式系统。在我们没有输入或意识（更确切地说，没有分析式系统输入）的情况下，它们忙于自己的业务。认知科学文献中，到处都有这样的发现：我们拥有很多复杂的信息加工过程，甚至自己都没有意识到。而且，在我们的头脑中有很多像火星人一样的子系统，不只跟知觉或内脏机能有关，也跟概念功能有关。

这里有一个案例。在每一本认知科学和神经心理学的教科书中（比如 Clark 2001；Harnish 2002；Parkin 1996），几乎都有它的身影。它就是盲视现象（Marcel 1988；Weiskrantz 1986，1995）。某些视皮层受损的病人表现出一系列令人费解的症状。他们的视野中有一个盲点或暗点。他们说，在自己这个特定的区域看不到任何东西。然而，实验者会说服他们，要求他们对一组固定的刺激做出迫选（比如，从两种形状的灯中选出一种）。面对这组置于他们盲视区域的刺激，虽然他们在现象性经验中看不到任何东西，可选择的准确性高于随机水平。举例来说，当在两种刺激中迫选时，他们的正确率居然高达 70%；尽管在每一次选择中，他们都说自己看不见。通常，这些病人需要被说服，必须强制选择，尽管他们认为这毫无意义。许多人报告，说他们只能靠猜，因为他们"看不到任何东西"。他们还会怀疑，无聊的实验者到底能从这种无意义的任务中发现什么。

对盲视现象的解释，在细节方面依然充满争议，因为视网膜把信息传递到很多不同的大脑区域。然而，这一发现最基本的寓意却极少有争议。在某种程度上，这些病人大脑的某些区域能处理视觉刺激，但是负责整理信息、对意识经验进行言语报告的大脑系统没有达到阈值。说白了，它们没有发现这些信息。

盲视病人表现的无意识加工，不应该被认为仅仅发生在脑损伤的病人身上。在过去数十年里，知觉心理学家通过大量心理学实验，在大脑和知觉系统完全正常的实验参与者身上，证明了无意识加工现象的存在。[22] 这是一种正常的认知活动，无处不在。这些实验在细节上各有特色，但实验情形大致是下面的形式。一个参与者盯着一台速视器（这是一种用于呈现视觉刺激的设备，呈现时间极短，短至千分之一秒的数量级）或一个电脑屏幕，看见 A、B、C、D 四个字母中的某一个，不同字母一次又一次地在他们眼前快速闪现。慢慢地，实验者减少呈现时间，使得这些字母难以辨别，以便衡量人类的识别阈限。随着呈现时间的缩短，确认正确字母的准确度不断降低、降低。比如，从 100% 降至 90%，再从 90% 降至 75%。在某个呈现时间上，参与者常常说他们做不下去，因为看不清楚，没法识别呈现的字母。然而，即使到了这种地步，参与者抗议说自己看不清，他们通常也能以高于随机水平的正确率报告目标字母是什么。比如，对于四个字母来说，他们报告的正确率也许是 45%，这要明显高于 25% 的猜测水平。高于随机水平的正确率意味着，参与者其实能辨别某些信息，即使他们坚持，说实验者要求他们继续是白费功夫，因为他们只能瞎猜。就像盲视病人一样，这些实验表明，正常人能加工一些连他们自己都没有意识到的刺激。

我们可以把正常人身上的这些现象加以扩展，即无意识加工的信息在整个大脑中会产生回荡效应，包括对语义水平加工的影响。认知心理学家广泛研究了所谓的语义启动效应（semantic priming effect），即如果每个词呈现之前先呈现一个跟它语义相关的词，这个词加工起来就会更容易。比如，如果在呈现启动词"医生"之后及时呈现目标词"护士"，人们对这个目标词的加工会更容易（通过反应时、电生理记录或其他技术来测量）。有趣的是，即使启动词呈现的时间极短，以至于参与者不能有意识地确认它们的身份，对目标词加工的促进效应还是会出现。跟前面描述过的实验一样，在这些启动实验中，参与者报告说，他们不能确定前面呈现的启动词是什么。可是，启动跟目标之间的语义关联还是会影响他们的行为。

需要澄清的是，并不是只有外围加工才显示出自发性，大部分概念加工也有这种特征。因为自发式系统的概念加工为分析式处理器提供输入，当深层的概念加工任务无意识中发生时，这些输入的根源对于意识而言难以触及。比如，许多最近的研究指出，社会和文化群体的刻板印象能通过无意识的激活加工而发生，这不完全是有意识思考的结果（Brauer, Wasel, and Niedenthal 2000; Frank and Gilovich 1988; Greenwald and Banaji 1995; Greenwald et al. 2002）。

被自发式系统自动引发的概念联想影响重要的外在行为。数十年前，在一篇被广为引用的经典论文中，尼斯贝特和威尔逊（1977）搜集了很多证据，指出存在自发式的概念加工，而人们通常不清楚导致他们行为的原因。结果呢，当分析式系统（这个加工系统以维持跟个人行为有关的因果模型为己任）必须解释这些情况下的行为时，它经常会为这个行为编造一个理由。而**真正**的原因存在于自发式系统中，在认知层面上难以触及。

尼斯贝特和威尔逊（1977）讨论了这方面很多案例，不胜枚举。而在他们的综述发表之后，这方面的文献还在不断增加。尼斯贝特和沙克特（1966）做了一个对实验结果的归因研究，非常典型。在研究中，参与者需要接受不断提高的电击，以确定他们能承受多大的疼痛。其中一组服用安慰剂（糖丸），然后被告知，这种药会产生呼吸不规则、心悸和恶心的效果。研究者假设，安慰剂组会把任何他们感受到的神经症状（呼吸不均匀、出汗、恶心）都归结为糖丸，而不是对遭受电击的焦虑，因此，他们更容易忍受强烈的电击。结果的确如此。跟没有服用药丸的控制组相比，安慰剂组忍受住了4倍强的电流冲击！

有趣的是，当询问他们为什么有能力忍受这样的电击时，安慰剂组参与者从来都没提糖丸的影响。他们的行为，受到自己没有意识到的某个因素的深刻影响。比如，当询问他们为什么有那么强的耐受能力时，一个典型的回答就是"哎呀，我真的不知道……好吧，我想想。当我习惯鼓捣无线电之类的玩意时，只有13岁或14岁。也许，我已经习惯了电击"（Nisbett and Wilson 1977, 237）。当研究者直接刺探问他们是否在实验中考虑过糖丸时，典型的回答如下："不，我太担心电击了，根本不会想糖丸。"当更直接问他们是否认为糖丸引发了身体的各种反应时，典型的回答是："不，就像我说过的那样，我太忙了，老在担心电击。"（237）当研究者把实验假设拿给他们看，问他们觉得这些假设是否说得通时，通常能得到肯定的回答。参与者认为，很多人的行为的确在假设情况下容易受影响，不过他们的行为是例外！

这种现象，即人们无法触及导致自身行为真正的大脑过程和刺激，在尼斯贝特和威尔逊（1977）综述的许多其他实验中也屡屡出现。在他们描述的一个实验中，参与者看电影，在各个不同维度上评价电影。实验过程涉及的若干因素都会变化，比如屏幕的视觉焦点，以及观看电影时外面出现的噪声。某些因素影响参与者的体验和他们对电影的评价，而其他因素则不起作用。大厅的噪声其实并不影响参与者对影片的评价，不过，有55%的人都误以为他们的评价受到了噪声的影响。跟我刚才描述的电击实验不同，那个实验的参与者没有意识到影响他们行为的某个因素，而在这个实验中，参与者报告了一个事实上不起作用的因素，认为它有影响。

电影实验最清楚不过地说明了人类的虚构能力，这一点被尼斯贝特和威尔逊（1977）在他们的经典论文中加以强调。他们使用了这样的标题，《我们说的比知道的多：对心理过程的言语报告》（*Telling More Than We Can Know：Verbal Reports on Mental Processes*）。"我们说的比我们知道的多"，指的是即使面对那些在认知上没办法触及以便反思的行为和大脑活动（因为它们是自发式模块的输出结果），我们也倾向于提出解释。在尼斯贝特和威尔逊描述的电影实验中，分析式系统仅仅是不能触及所有对电影评价的因素。这些因素数量众多，而且，它们由诸多的自发式模块提供，在认知上难以触及。然而，在为一个已发生的行为编造一个貌似合理的因果模型时，分析式系统毫无困难。不过，这个模型建立在朴素心理学的基础上，解释为什么人们通常做了他们做的事，而不是基于实际上起作用的内部认知过程的优先知识。

分析式系统的虚构倾向，在一系列经典研究中得到了惊人的展示。这些所谓的裂脑人研究，由神经科学家迈克尔·加扎尼加和同事合作进行。[23] 裂脑人经历了联合部切开手术，他们的胼胝体被切断（这是两个大脑半球之间最庞大的一组联结）。人类的右视野刺激投射到大脑左半球，而左视野投射到大脑右半球。这就意味着，对于裂脑人来说，视觉刺激可以很轻易就被完全投射到一个孤立的对侧脑半球。根据这个事实，加扎尼加探讨了两个大脑半球不同的加工能力。在这个过程中，他发现，左半球大脑具有某种程度的虚构能力；这是控制语言产生的脑半球。

在一个著名实验中，加扎尼加把一张鸡爪照片快速闪现在裂脑人的左半球，同时把一张雪地照片投射到他的右半球。在很多照片中，右手（联结到对侧的左脑半球）正确指出了跟原来投射到左脑半球最接近的一张照片（鸡），而左手（联结到对侧的右脑半球）也正确指出了跟原来投射到右脑半球最接近的一张照片（雪铲）。然而，当问及为什么选这两张照片时，左脑半球（唯一能说话的半球）回答说"哦，这很简单。鸡爪是鸡的一部分，而雪铲能用来清理鸡棚"（Gazzaniga 1998b，25）。参与者的左脑半球根本没接触雪地照片。不过，加扎尼加指出，左脑半球能看到左手（沉默的右脑半球）指向一把雪铲。裂脑人把这两个选择联系起来，编造了一个解释。

加扎尼加强调，这种虚构解释的倾向很普遍。他指出，参与者不会做出另一种反应：直言不讳，说自己不知道为什么选雪铲。相反，他编造了一个故事。在这个过程中，他做出了有意识的选择，而不是承认他没意识到自己行为的原因。请留意，加扎尼加提醒我们，这种解释令人信服，因为裂脑人没有做出下面决定合理的回应，"你看，我不清楚自己为什么选雪铲。我的脑袋被割裂了，难道你不记得了？我可能把某些东西投射到自己不说话的脑半球；这事儿经常发生，有一段时间了。你知道，我不能告诉你，为什么我选择那把雪铲。不要再问我这种愚蠢的问题了。"（1998a，25）可惜，左脑半球没这么做。在自己完全控制身体一举一动的假设下，左脑半球编造了一个故事。在尼斯贝特和威尔逊描述的实验中，参与者编造了他们为什么喜欢影片的解释，根据的是通常的朴素心理学，而不是对大脑内部过程的了解（因为认知难以渗透，他们无法触及这些信息）。跟这种情况类似，裂脑人也炮制了一个连贯的故事，而不是准确思考相关的内部过程。

有的人有心理疾病，是因为脑损伤导致自发式模块运作失常，导致他们接收了很多不正常输入，于是，他们的翻译开始编造离奇的故事。替身综合征（Capgras syndrome），说的就是这种现象。[24] 在这种疾病中，人们相信他的一个近亲（比如父亲或母亲）是一个替身。由于相信自己的父母或伴侣可能是替身，要欺骗自己，这些病人会攻击甚至杀死他们。这种病之所以产生，是因为神经系统接受的自主指标跟明显的识别指标不同。替身综合征患者的脑损伤不影响他们的面孔识别系统，因此，他们能认出自己的亲人。然而，跟这些面孔进行情感联结的系统遭到了干扰。看到一张熟悉的面孔，可是没有适当的情感反应，这就带来了一种反常体验，这种体验需要翻译给出一个解释。对某些人来说，他们（可能预先）有归因偏差、推理偏差和信念固着，翻译可能就会跳到一个极端假设上（这些反常经验说明他们是骗子），然后参与维持这一假设的偏差性加工。就像加扎尼加的裂脑人在鸡和雪铲实验中的表现一样，替身综合征患者没有考虑下面的假设：他的分析式系统处理的信息有错误，因为他脑子坏了。无论是裂脑人还是替身综合征患者都坚信，他们知道自己脑子里发生了什么。而事实上，他们没有接触到自发式系统运作出故障的信息。

朴素心理学拒绝承认我们大脑中自发式系统的影响，这也会给没有脑损伤的正常人带来灾难性后果。洛温斯坦（1996）指出，这种倾向是导致人们药物成瘾的一个主要因素。在一篇跟行为的内脏影响（内驱力状态直接影响跟饥饿、疼痛和性欲望有关的快乐体验）有关的综述中，洛温斯坦认为，大多数人都低估了内脏反应的未来效果，因为他们高估了自己直接控制的效果。对于早期药物吸食而言，个人强烈的好奇心是主要原因。因此，洛温斯坦提出，相信自己能停止吸食，这是导致人们决定吸食药物的一个重要因素。不过，可悲的是，他们对自己控制大脑能力的理解是错误的，而这被当成了他们吸食药物的一个根据。他们的朴素模型，极力夸大了自己对内脏过程有意识控制的程度。

这些是某类情境中的若干案例。在这类情境中，我们必须让自己习惯于我们的自发式系统，它们就像火星人一样。自发式系统是一种进化史上的古老系统，它有时候会引发一些跟现代世界不搭配的输出。本书的一大主题就是，现代生活创造了越来越多这样的情境：我们身居其中，必须诉诸分析式系统的评价和监督功能，必须克服长久以来服务于我们的习惯化反应。

人类学家唐纳德·西蒙斯（1992）指出，我们拥有专门的味觉机制，作为我们偏爱甜食的基础。这些可能是受下列事实塑造的进化适应器：当含糖量最高时，水果的营养价值最高。今天，在我们现代的工业社会中，甜食从四面八方包围了我们，于是，我们对它们的偏爱有可能会产生不良后果。不过，我们的甜食偏好依然存在，自发式系统依然会引发这种偏好，即使我们有意识地想要节食。不过，这个事实也没否认，大多数自发式系统在我们现代生活中依然很有用（表 2-2 列出的过程毫无疑问很重要）。然而，我在本书中的要点是提倡认知变革，而这就需要对某些自发式功能进行批评。

因为具有古老的进化根源，我们的自发式系统容易引发某些反应，而它们很不适合我们目前的状况，这让我们觉得，自己的脑子里恐怕有火星人。当我们节食时，对甜食的不断渴望叫人心烦意乱。或者，举我在本章开头说的那个例子。当我们在大部分时间里被另一辆汽车挡住时，我们暴跳如雷，即使我们知道，这样做在当时的情况下没任何意义。自发式系统的进化联结在某些其他的案例中更明显。强奸受害者的配偶可耻地拒绝她们，这植根于男人的性所有权模块（Wilson and Daly 1992）。对破相者的排斥，则植根于探测对称性和其他所谓美貌线索的进化模块，而这些线索仅仅是繁殖适应度的代表。（Buss 1989；Langlois, Kalakanis, Rubenstein, Larson, Hallam, and Smott 2000；Symons 1992）

我们想要在分析式系统中拥护这些自发式输入吗？不，我们想要克服它们。仅仅因为它们有进化根源，我们就要认为它们合理吗？当然不。如果要做点什么的话，我们也是想克服这些倾向。当然，某些自发式系统引发的反应倾向并不需要被克服，因为它们并不压制我们的分析式系统决定的反思价值。在我们的大脑中，有想吃甜食的按钮，有拒绝被强奸配偶的按钮，有看到一个破相者就觉得厌恶的按钮。这些都是我们自身的一部分，可我们不想认同它们。[25] 对于我们深思熟虑的自我而言，它们很怪异。它们是我们头脑中的火星人。我们不能删除它们，但是我们能克服它们的影响，找到办法帮分析式系统战胜它们。因此，我们不用落到跟鲍勃·马利一样的结局；他在本章开头说了这么一句话，"反射比我做得好"。

当不同类型的心智冲突时：分析式系统的覆盖功能

虽然我在前一节中警告，说类似反射的自发式系统加工可能会带来问题。不过，即使强调自发式系统可能存在功能失调，我也没有因此暗示，自发式系统永远都有问题。恰恰相反，跟其他很多理论家一样，[26] 我认为，自发式系统执行很多有用的信息加工操作和适应行为，比如深度知觉、面孔识别、频次估计、语言理解、意图归因、欺骗探测、颜色知觉，等等。事实上，这个名单很长。很多理论家都强调，大部分精神生活其实都来源于自发式系统的输出。不过，如前所述，自发式系统的输出有时会跟分析式系统指定的高级行为目标相冲突。因此，有时候，我们必须借用分析式系统的监督和评价功能，以便平息或覆盖跟更一般目标相冲突的自发式输出。

自发式系统的逻辑，以及它们作为领域特殊性进化适应器的起源，或它作为训练有素、自动激发的刺激-输出关系的根源，都意味着存在这样的可能性：分析式系统的一个计算任务，就是作为监督系统以脱钩或覆盖自发式输出，要是这些输出有可能跟高级目标相冲突（Navon 1989；Norman and Shallice 1986）。当然，在大多数情况下，这些系统相互配合，不需要脱钩，也不需要覆盖。然而，当分析式加工发现自发式过程（尽管在既定问题上，他们表现良好）正要阻碍更一般的目标和欲望时，一种潜在的覆盖情形就会发生。这会偶尔出现，因为许多自发式加工是为了实现遗传适应度这个目标，而它跟个人层面的效用最大化不同（这一点将在第3章中加以讨论）。极少数信息加工情境需要这种覆盖作用；虽然不常见，但这些情境具有非比寻常的重要性（我们在第4章中将会看到这一点）。

波洛克（1991，1995）是出现于表2-1中的一个双过程理论家。他的研究发现，分析式加工作为一种覆盖系统，对自发式系统提供的某些自动或强制的计算结果进行矫正。他的双过程模型来自想要在计算机中植入智能或理性的科学家。在波洛克的术语中，自发式系统由快速刻板的模块组成，它们执行具体计算。分析式系统被他称为思维。跟我在本书中勾勒出的通用式双过程模型一致，波洛克强调，分析式加工的一个重要功能就是覆盖自发式系统。快速刻板模块在一个不熟悉的环境中被触发，或在一个变化了的环境中被触发，它就不能"快速"应对，因为它的速度来自它反应的刻板性，而这时的环境要求反应灵活。

作为一个例子，波洛克（1991）知道，快速刻板模块能预测移动物体的运动轨迹。针对这一计算的快速刻板模块运行得又快又准，但它依赖于对世界结构的某些假设。当这些假设不满足时，快速刻板模板就必须被覆盖。比如，当一个棒球接近电线杆时，我们最好覆盖自己的自动化轨迹模块，因为它不能准确计算来自一个不规则曲面的弹跳轨迹。同样，来自自发式系统的概念和情绪信号[27]有时也需要被覆盖。覆盖功能也跟最后一章中对弱约束和强约束基因控制的区分有关。自发式跟分析式系统的冲突，通常也可以理解成是这两种控制类型的冲突。[28]

弱约束大脑跟强约束大脑

当灵活的分析式加工探测，发现更广义的目标处于危机之中，这些目标无法通过自发式系统引发的反应来实现。这时，自发式输出跟分析式系统就会闹矛盾。回想一下，自发式系统由更古老的进化结构组成（Evans and Over 1996；Mithen 1996，2002；Reber 1992a，1992b，1993），更直接地给基因目标（繁殖成功）编码。而分析式系统的目标结构（一种更晚进化而来的大脑能力）更为灵活多变，而且，试图在现有基础上调和两种目标：一种是跟社会环境有关的广义目标，一种是领域特殊性的、自发式系统的强约束目标。我将在第 7 章和第 8 章讨论，弱约束目标如何通过强化训练进入自发式系统，这很重要。

为了强调自发式系统包括进化上更古老的大脑结构，丹尼特（1991，178，引用 Humphrey 1993）把它们称作大脑的"滚开！"和"去做吧！"部分。这是一种幽默的说法，意在表明它们有远古进化时代的起源。当时，我们的心理结构很简单，而我们的行为调控很粗糙。不过，在我们当前的环境中，尽管自发式系统会自动向一个男人发信号，要他跟一个萍水相逢的女人交配（"去做吧！"），可分析式系统会准确登记，那个男人生活在一个 21 世纪复杂的技术社会，而且考虑到配偶、孩子、工作和社会地位等因素，它会发出这样的指令："去做吧！"这个来自自发式系统的信号需要被覆盖。相反，分析式系统协调这个人的整体目标机构，得出结论：通过覆盖自发式系统引发的反应倾向，此人整套的长期人生目标能更好地实现，虽然这些反应倾向能提供一时的积极效用。

在这个案例中，我比较了两种系统加工：一种是分析式系统缓慢的、多维度的计算，另一种是自发式系统的运作，它的输出像弹道导弹一样，具有反射性，针对一套狭隘的刺激做出响应，因为这种自发式反应服务于基因的利益，而这在人类进化史上很早以前就出现了。刚才的叙述，反映了我对雷伯（1992a，1992b，1993）理论工作的依赖。在很多重要的论文中，雷伯搜集了多方面证据，指出自发式系统是一个更古老的进化系统。根据他的观点，加之吸收了第 1 章中讨论的强约束和弱约束控制的逻辑，我曾经（Stanovich 1999；Stanovich and West 2000）指出，自发式跟分析式系统的目标结构不同。这一事实对人类的自我实现而言，有重要意义。

自发式系统的目标结构受进化的塑造，会密切追踪基因繁殖概率的增加。而分析式系统主要是一种控制系统，焦点在于整个人的利益，目标是实现**个人**目标满意度的最大化。而对后者的最大化操作，有时候会导致牺牲遗传适应度的结果（Barkow 1989；Cooper 1989；Skyrms 1996）。因此，自发式跟分析式系统最后的差别列在表 2-1 中，即自发式系统创造了强约束的基因目标，而分析式系统创造了灵活的目标层级，以便在整个有机体的水平上实现目标满意度的最大化。分析式系统更契合作为一个连贯有机体的个人的需要，而自发式系统更直接地实现亚个人的复制子古老的繁殖目标。因此，在少数情况下，两种系统的输出会冲突。如果人们能用分析式系统覆盖自发式系统的输入，他们就会有更好的结果。这样的系统冲突表明，载体跟复制子的目标在统计层面上不匹配。如果自发式系统的输出被覆盖，那么，这种不匹配更可能以对载体有利的方式得以解决；我们每个人都应该期待这一点。

覆盖为什么在统计上是一个好赌注？这种情形有一个形象的逻辑表征，如图 2-2 所示（自然，重叠区域的大小仅仅是猜测，它仅仅是一个用来支持目前观点的相对比例）。第一，体现在图中的一个假设是，无论在自发式还是在分析式系统中，载体跟基因目标的一致出现在大多数现实情境中（标记为 B 和 E 的区域）。比如，在自然界中进行物体之间的精确导航催生了进化适应器。同样，当我们在现代世界生活时，精确导航也对我们有好处。

不过，图 2-2 最重要的特点是指出，分布在两种系统中的目标所服务的利益存在不对称性。在第 1 章中描述的达尔文式生物结构的残余，存在于人类的自发式脑结构中。这个系统创设的许多具体目标，都是通过非反思性过程获得的，它们没有经过评估，而这些评估能判断它们是否对**个人**有利。其实，更准确地说，它们有过评估，不过评估标准跟刚才说的完全不同：在进化史上，它们是否能提高复制子的寿命和繁殖力？从单独个人（载体）的角度来说，要是它们仅仅反映了基因目标的话，它们对人而言就可能是危险之物。[29] 它们是为了复制子、不惜牺牲载体的目标；这种目标让蜜蜂为了跟自己有亲缘关系的蜂后，而不惜牺牲自己。它们在图 2-2 中标记为区域 A。

图 2-2 基因和载体在自发式和分析式系统中目标的重合

两种系统都有三类目标，但是各自占有的比重不同：同时服务于基因和载体利益的目标（区域 B 和 E），只服务于基因利益的目标（区域 A 和 D），只服务于载体利益的目标（区域 C 和 F）

应该存在这种目标，作为强大的候选人，它们能覆盖自发式系统引发的目标。平克（1997）指出，自发式系统"被设计出来，是为了复制建造它们的基因，而不是为了促进幸福、智慧或道德价值。当某种行为对群体有害，有损于行为者的长期福祉，难以控制，不听劝说，或是一种自我欺骗的产物时，我们通常会说这种行为'情绪化'。说起来令人痛心，这些行为并非功能失调，而正是我们从精心设计的情绪中所期待的东西"（370）。平克这里使用了"精心设计"的说法，它的含义很特殊，一种故意为之的特殊，因为他想要触动读者，让他们思考一种新观点；我在第 1 章中提出的观点，也有同样的考虑。我们思考再三，才能想到平克说的是进化的精心设计，**它让这些设计能更好地为复制子的利益服务**。当然，从载体的角度看，这里的"精心设计"也可以是我们动力超强的汽车的精心设计，让我们在学校区域驾车时，哪怕油门小，也能从时速 20 公里增加到时速 45 公里。如果不被一种考虑驾驶者长期目标的认知系统覆盖，这种"精心设计"很可能让我们误入歧途。这种类型的有效引擎是短视的，它将在一个通常不合适的情况下，就像在一个合适情况下一样，自动而有效地运作。

图 2-2 的右侧表示的是分析式系统的目标结构。通过该系统的反思智力的训练，我们就能从分析式系统跟世界的互动中，导出灵活的弱约束目标。这种目标通常服务于有机体的整体目标，但却妨碍基因目标。（图 2-2 中的区域 F。比如，戴套做爱；在繁殖期结束后使用资源；等等）当然，一个通过反思获得的目标（这种目标通过反思获得，因为它服务于载体的目的，这种目的甚至有可能妨碍基因的利益），通过习惯化使用，也能成为自发式系统的一部分。这个事实能解释图 2-2 的一部分，这一部分刚开始呈现时会显得多少令人费解。——为什么在自发式系统中会有一小块区域（区域 C）代表仅仅服务于载体利益的目标呢？有人可能会想到，所有自发式系统的具体目标都反映了基因的利益，而不管它们是否符合载体的利益。这一情形，跟第 1 章图 1-1 中呈现的达尔文式生物体相同。不过，通过实践，分析式系统的高级目标状态将被安装在更刻板、更僵化的自发式系统中；这是一种新的可能。对于载体而言，通过反思而获得的目标状态，可能会呈现出独特的优势（因为它们能战胜基因植入的目标，这种优势还会累积——"不要跟你老板的老婆调情"）。此外，它们经过训练，将被安装在自发式系统中。在这种情况下，我们可以说，人类的自发式系统反映了带有反思的分析式系统

驻扎在大脑中的结果。这也是为什么，人类的自发式目标结构绝不等同于图 1-1 描述的达尔文式生物体的结构。

尽管如此，除了面积小但重要的例外区域 C，自发式系统可以被大致理解成大脑中被基因强约束的部分。它还是会自动响应某些线索，这种方式直接来自许多年前我们进化史上的基因复制。就像火星探测器的例子一样，随着世界变得越来越复杂，越来越难以提前预测（特别是由于它容纳了其他人），基因使用了更复杂的弱约束系统来施加控制。除了建立领域特殊性的刺激 - 反应倾向之外，它们还在大脑中安装了广泛的、跟复制有关的一般目标（自我保护倾向、做爱感觉好、甜食尝起来好吃），同时也建立了层级目标分析器，能够协调一整套复杂（可能冲突的）目标，在一个条件不断变化的环境中，提供一个最大化策略。

身处复杂社会中时，人类的分析式系统需要协调的大多是派生目标。没有谁会在工业社会跑到外面采集和打猎了。通过最大化二阶符号目标，比如声望、地位、工作和酬劳，基本目标和初级内驱力（身体快乐、安全、生计）间接获得满足。为了实现这些间接目标中的大多数，更直接编码的自发式系统引发的反应必须被覆盖，至少是暂时。派生的弱约束目标创造了这样一种条件，进化适应的目标跟载体的利益能够分离。在极端情况下，载体完全可以摆脱强约束控制，发动叛乱，反对自私的复制子。要实现这一点，它需要获得一套通用目标，它们不服务于复制子任何一个具体的目标（比如，戴套做爱）。

在大脑中，分析式系统最接近第 1 章中描述过的情形。那时，基因放弃了直接控制，而是说（这是隐喻，通过它们创造的基因型效应类型）："事情变化得太快了，鞭长莫及。大脑，让我们告诉你具体怎么做吧。你只需要在考虑我们（基因）已设计好的既定的通用目标（生存和有性繁殖）前提下，继续前进，做你认为最好的选择。"分析式系统是获得这一趋势的最近演化，也是道金斯某句话的逻辑终点。他说，"基因将会给生存机器一个单独而宽泛的政策指令：做你认为最好的选择，以便保证我们的生存"（1976，59-60）。有趣的是，在人类中，分析式系统跟自发式系统都驻扎在大脑中。因为自发式系统具有自动化的特点，它通常都会给分析式系统正在解决的问题提供相关的输出。当两种系统的输出直接冲突时，其中一个或另一个将被淘汰出局。在下面的情况下，我们特别不想让分析式系统落败：根据一个很久以前就消失了的环境，自发式系统试图实现基因利益最大化，而相比之下，分析式系统则根据我们现在生活的环境，试图实现个体利益最大化。要是分析式系统在这种情况下不能覆盖自发式系统，结局将令人悲哀，就像本章开头描述过的那些情形。

当然，人类头脑内部有冲突的观点，这可不是什么新鲜玩意。在长达几个世纪的时间里，它是不少伟大的文学作品的主题。然而，我们现在有更好的词汇来描述这些冲突，而这些词汇得到了认知神经科学发现的支持和验证。即便如此，作家在描述这些冲突时，依然能给我们带来最细腻的感受。在描述自发式和分析式系统的冲突方面，恐怕没有人能跟乔治·奥威尔（1950）相提并论；他在自己著名的散文《猎象记》（*Shooting an Elephant*）中说得极令人信服。奥威尔描述了一个警员，代表大英帝国 20 世纪 30 年代在缅甸的存在。在分析式系统的基础上，他开始痛恨自己的位置代表的帝国主义——"我已经下定了决心，帝国主义是个邪恶的东西，不久之后，我就要辞掉自己的工作，找一个更好的"（3）。然而，尽管认为帝国主义是邪恶的，奥威尔也不能排除他的烦恼。当他执勤时，总会遭到人群的嘲笑："等我走远了，他们就在后面起哄叫骂，着实叫我的神经受不了。"（3）借用现代心理学的术语，我们会说，奥威尔的自发式系统对嘲笑做了响应，尽管他的分析式系统认识到，这种影响不代表他的真实感受。这个系统知道，这样的嘲笑是合理的。即使没有这样的现代术语，奥威尔却相当清楚两个系统之间的巨大冲突："我只知道，我被卡在中间：我一边憎恨自己为之服务的帝国，但在另一边，我又生那些存心不良的小野兽的气，他们总是想办法干扰我的工作。我头脑的一部分认为，英国的统治是无法打破的暴政，……而我头脑的另一部分则认为，世界上最大的乐事，莫过于把刺刀捅进一个和尚的肚子。"（4）

自己试试：你能在著名的四卡片选择任务和琳达任务中覆盖自发式系统吗

你可以向自己证明，在你的大脑中，的确有同时运行的不同系统（存在潜在冲突）；它们都可能影响你的行为。要做到这一点，你只需要完成人类推理方面的一个任务就行了。这个任务最初由彼得·沃森（1966，1968）提出。在过去数十年里，沃森任务得到了极为广泛的研究，目前跟它有关的论文已经多达好几十篇。[30] 在继续阅读之前，请你试着解答这个问题：

每个方框代表放在桌上的一张卡片。每张卡片的一面写着字母，另一面写着数字。有这样一个规则：要是一张卡片的一面是元音字母，那么它的另一面是偶数。正如你所看到的，有两张卡片是字母在上，而另外两种卡片是数字在上。你的任务是，决定要翻开哪些卡片以便确定这个规则是对的还是错的。请指出哪张卡片必须被翻开。

在进一步讨论这个问题之前，也是为了让解答更值得期待，请思考另一个出现在认知心理学文献中的著名问题，即所谓的琳达问题（Tversky and Kahneman 1983）：

琳达今年31岁，单身、率真、非常聪明。她的专业是哲学。作为一个学生，她格外关心歧视和社会公正问题，也曾参加过反核示威游行。请根据可能性对下面的陈述进行评价，1代表可能性最高，8代表可能性最低。

a. 琳达是一名小学老师。_____

b. 琳达在书店工作，上瑜伽课。_____

c. 琳达积极参加女权运动。_____

d. 琳达是一名精神病学的社工。_____

e. 琳达是妇女选民联盟的一员。_____

f. 琳达是一名银行出纳。_____

g. 琳达是一名保险销售员。_____

h. 琳达是一名银行出纳，积极参加女权运动。_____

现在我们依次解说每个问题。第一个问题被称为四卡片选择任务，曾被广为使用。有两个原因：第一，大多数人都回答错了；第二，研究者很难知道为什么。答案看起来很简单。假设规则是：如果一张卡片的一面是元音字母，那么它的另一边就是偶数。因此，答案看起来是翻开A和8：A是元音字母，翻开它是要看看这张卡片的背面是不是偶数；而8是偶数，翻开它是要看卡片的背面是否有元音字母。大概有50%的人会这么选。可是这个答案是错的！第二种最常见的回答，是只翻开写有A的卡片（看是否有偶数在背面），这样选的人有20%，可这个回答同样错了！另外20%的回答是翻开其他的卡片组合（比如，K和8），问题是这些组合也不对。

在过去30年里的数十个研究中，有90%的人给出了五花八门的错误答案，如上所述；我猜，你很可能跟他们一样。而且，在你的情况中，你甚至错过了本节标题给出的暗示，这是帮你抑制当前反应的！让我们看看大多数人是怎么错的。第一，他们在K卡片和A卡片上没什么问题。大多数人不会选择K，他们选择A。因为这个规则没说某张卡片的背面会有辅音字母，K跟这个规则没关系。A就不一样了。在A卡片的背面可能有偶数，也可能有奇数；尽管前者跟规则相一致，但后者则是关键的可能结果，它能证明这个规则是错的。简而言之，为了证明这个规则没错，A卡片必须被翻开。这是大多数人都能选对的地方。

然而，8和5是两张棘手的卡片。许多人把这两张卡片选错了。他们错误地认为，必须选择8卡片。这张卡片被错误翻开，因为人们认为，他们必须检查一下卡片的背面是否有辅音字母。不过，举例来说，要是8的背面是K，这也不能表明规则就是错的，因为尽管规则说了，元音字母卡片的另一面必须是偶数，但是它没说偶数卡片的另一面必须是元音字母。因此，发现背面有辅音字母不能说明这个规则是对的还是错的。相比之下，大多数人都不会选的5卡片，则绝对重要。5卡片背面可能有元音字母，如果是这样，规则就是错的。简而言之，为了指出这个规则不对，卡片5必须要翻开。

总结一下，类似于"如果P那么Q"条件推理形式的规则，只有在它出现由P和非Q构成的情况时才能证伪，因此，P和非Q卡片（在我们的例子中是A和5）是唯一需要的两张卡片，它们翻开就能判定规则是对的还是错的。如果P和非Q的组合存在，规则就错；如果不存在，规则就对。

这么一解释，问题很容易，可为什么大多数人都没有回答正确？起初，研究者认为，元音字母和数字规则比较抽象，这增加了人们的理解难度，因此，使用更真实的问题或所谓的主题问题，将会明显提升人们的表现。研究者设计出了类似于下面的"目的地问题"：

下面的每张卡片，一面是目的地，另一面是一种交通方式。这里有一个规则："如果巴尔的摩在卡片的一面，那么飞机就在卡片的另一面。"你的任务是决定翻开哪些卡片，才能判断这个规则是对的还是错的。请指出哪些卡片必须被翻开。

目的地： 巴尔的摩	目的地： 华盛顿	旅行方式： 飞机	旅行方式： 火车

令人惊讶的是，这种类型的内容丝毫没有提高人们的表现。大多数

参与者依然选择了 P（巴尔的摩）和 Q（飞机），或者只有卡片 P，而正确的 P 和非 Q 答案（巴尔的摩和火车）被大多数人忽视了。

那么，这个问题为什么会这么难？许多理论家提出了解释这种困难的观点。一种观点认为，大多数人思考否定例证时总是很困难——否定例证是那种可能发生，但没有明确表征的例证。还有，我将在第 4 章中讨论，人们也不擅长思考可能会证伪他们假设的例证。这也是这个问题最初让彼得·沃森着迷不已的原因所在。研究者（特别是像哲学家卡尔·波普尔这样的人）认为，人类具有良好的科学思维。因此，设计一个实验，表明人们能指出一个理论不成立就很重要。事实上，人们（包括科学家）倾向于寻找证据证实理论而不是证伪它们（见 Nickerson 1998，以及本书的第 4 章）。根据一种理论的说法，这就是导致人们翻开 P 卡片（为了证实 Q）以及 Q 卡片（为了证实 P）的原因。它也导致了人们错过了相关的非 Q 卡片（背面可能含有证伪 P 的信息）。

认知心理学家乔纳森·埃文斯（1984，1998，2002b）提出了一个更简单的理论，能解释为什么卡片 P 和 Q 是最流行的选择。他认为，这种做法反映了所谓的"匹配偏差"（mismatch bias），这一偏差很原始，能被表面相关的线索给激活。"如果"把关注点引向卡片 P，而卡片 Q 则成了规则的焦点。根据埃文斯的理解，PQ 反应基于启发式，即它由自发式系统引发。在他的观点中，PQ 反应（以及在更轻微的程度上 P 反应）来自自动化加工，并不反映任何分析式推理。大多数人都把问题回答错了，这一事实说明，分析式系统没有成功覆盖自发式系统。

在这个任务中，研究者观察到的反应类型被视作覆盖失败。因为研究者假设，所有没通过的大学生其实都有计算出正确答案的逻辑能力，只要他们依次检查每张卡片的逻辑意义。不过，自发式系统引发的反应占据优势地位（它没有被覆盖）。如果埃文斯和其他研究者是对的，那么，在四卡片选择任务中，我们存在一种明确的自发式倾向（PQ），它反对分析式系统的反应倾向（P 和非 Q，依次检查每张卡片的逻辑意义，就能得出这个结果）。有人在得出错误答案之前想了一阵子，这个事实跟参与者的选择是自发式加工的假设并不矛盾。设计巧妙的研究（有些涉及在线反应时技术）表明，大多数进行中的思考其实都只是对自发式系统引发的反应倾向进行合理化而已（Evans 1996；Evans and Wason 1976；Roberts and Newton 2001）。

跟四卡片选择任务一样，前面给出的琳达概率问题也反映了冲突性的自发式系统输出未能被有效覆盖。大多数人在这个问题上犯了"结合偏差"谬误。因为选项 h（琳达是一名银行出纳，积极参加女权运动）是选项 c 和选项 f 的组合，因此，选项 h 的可能性不能高于选项 c（琳达积极参加女权运动）或选项 f（琳达是一名银行出纳）。一名女权主义的银行出纳也是银行出纳，因此，选项 h 在可能性上不能高于选项 f。然而，在特沃斯基和卡尼曼（1983）的研究中，有 85% 的参与者表现出组合偏差，他们认为，选项 h 比选项 f 可能性更高。这些研究者认为，在这个问题上，逻辑推理（分析式加工）被自发式加工中所谓的代表性启发式给击败了。[31] 代表性根据相似度给出问题的答案：跟"银行出纳"相比，对琳达的描述跟"一名女权主义的银行出纳"存在更高的相似度。当然，要是判断概率有争论，逻辑要求，子集（女权主义的银行出纳）跟父集（银行出纳）的关系理应打败对代表性的评估。可以看到，在琳达问题上，存在两种对抗的倾向：一种是自发式的反应倾向，即基于相似度的代表性判断，另一种是分析式的反应倾向，即子集父集的逻辑关系。

别跟掘地蜂一个样

多达 90% 的参与者在回答四卡片选择任务时答错了，85% 的参与者在回答琳达组合问题时答错了。对大多数人来说，分析式系统对他们判断的控制并不那么稳固。分析式系统的这种失败表明，很多人不能很好地实现他们个人目标的最大化；这一点，我们将在随后两章中看得更清楚。否定后者（四卡片选择任务中，大多数参与者都不擅长使用的逻辑形式）跟概率的结合原则，正是建立清晰思维的重要基础。在第4章中，我们将会看到，这些推理错误不仅仅是实验室现象，也会发生在真实世界中，还会带来真切的消极结果。这些，以及其他许多认知心理学家研究的问题，都是实验室覆盖自发式反应问题的回声；这些问题在本章开头的几个案例中都有反应。

我们将在后面几章（特别是第7章和第8章）看到，本书呈现的认知模型给个人身份带来了有趣的问题。如果我们大脑的不同部分不和，计算出相互冲突的输出，那么，哪一个才是我们认同和谈论的"我们"呢？哪一部分，才是"作为一个人，我们到底是谁"的最佳代表呢？在某些情况下，答案貌似很清楚。当一个人回避和排斥破相者，但又觉得这样做不好，他到底在认同哪一种认知输出呢：是回避，还是对回避的羞耻？这两种反应都来自同一个大脑。当一个丈夫没有安慰因遭受强奸而痛苦的配偶，但很快他又后悔没有这样做时，哪一种认知输出是丈夫应该认同的：没有安慰她，还是后悔没有安慰她？

在这两种情况下，我们希望人们认同羞耻和后悔，希望他们认为另一种反应远非他们的本性。我们以这种方式感受，原因在于，起初的反应是由自发式系统自动运作产生的（不适当）输出，未经思考或反思。而羞耻和后悔是对整个环境文本分析和反思的结果。我们觉得，在许多这样的情况下，人们应该认同他们的反思式心智，而不是达尔文式心智。

支持我们的分析式心智，反对自发式心智，这就是我们给出的解决之道。但问题并不这么简单。思考一下本章注释25提及的哈克贝利·费恩的案例，它早已成了哲学分析的对象（比如 Bennett 1974；MacIntyre 1990）。哈克基于最基本的友情和同情心，帮助他的奴隶朋友吉姆逃跑。然而，当哈克贝利明确思考时，他开始怀疑自己的做法：

把奴隶放走，让白人帮他们，自己是不是做错了。这种情况下，我们的判断逆转了：我们想要哈克认同他的自发式模块引发的情绪，拒绝他被明确灌输的道德观念。这里的问题在于，哈克贝利通过分析式系统接受的明确的道德判断，并不是通过反思获得的（这是本书第 7 章的核心问题）。

哈克贝利·费恩的案例说明，外显思维加工依然有可能援引未经反思就吸收的规则。在这种情况下，我们可不想让自发式反应被这样的规则战而胜之。我将在第 7 章和第 8 章分析更多的类似案例。那时，我们将会看到，假如分析式系统使用未经反思就获得的智力工具，就会招致危险的外显思维过程。不过，这里，我要强调的是本章中阐述的一种未经反思的认知类型，即自发式认知（这种认知具有更古老的进化根源，它拥有自动的、弹道式的、不假思索、不受监督的特征）。当自发式跟分析式加工冲突时，我们不应该自动地认同前者（"跟着你的感觉走"）。按照哲学家丹尼尔·丹尼特的说法，那就是在认同你大脑的掘地蜂部分。

人类自然而然地看重**反省**心智而不是达尔文式**反射**心智。为了说明这一点，丹尼特在他 1984 年写的与自由意志有关的一本书中，要求我们思考自己对掘地蜂（*Sphex ichneumoneus*）行为描述的反应。雌掘地蜂为了产卵和孵化后代，会做很多事情。首先，她会挖一个洞穴。接着，她飞出去寻找蟋蟀。当她找到一个合适的对象，就会刺入蟋蟀的身体，把它麻痹，但又不杀死它。她把蟋蟀带回洞穴，放在洞穴口。她随后进入洞穴，确保一切安全，万事俱备。如果是这样，雌掘地蜂就会回到门口，把被麻痹的蟋蟀拖到洞穴里。然后，她就把卵产在洞穴里，密封起来，完事就飞走了。当卵孵化时，掘地蜂幼虫就吃瘫痪了的蟋蟀，那时蟋蟀恐怕还没腐烂，因为它仅仅是被麻痹了，但依然活着。

掘地蜂的所有表现，看起来相当复杂，令人印象深刻：这是一场动物智能的真实表演。表面上的确如此。也就是说我们将了解到，实验室研究表明，掘地蜂行为的几乎任何一个步骤都是精心设计的、面对自身环境中具体刺激而做出的刻板而僵化的程序性反应。举例来说，思考一下掘地蜂把被麻痹的蟋蟀放在洞穴口的行为：她检查洞穴，然后把蟋蟀拖进里面。科学家发现，这一套行为不是反思的结果，而是相当刻板的。当掘地蜂在洞穴里检查时，他们把洞穴口的蟋蟀移动了几英寸远。当雌蜂出来后，她现在就不会把蟋蟀拖进去了。相反，她会把蟋蟀再拖到洞穴口，又一次检查洞穴。要是门口的蟋蟀又被移动了一英寸左右的距离，雌掘地蜂**还是**不会把它拖进洞穴里，而是第三次把蟋蟀移到洞穴口，再一次回到洞穴进行检查。事实上，在某个研究者不断搞破坏的实验中，雌掘地蜂居然把洞穴检查了 **40 次**，也不会直接把蟋蟀拖进去。达尔文式动作的固定类型主宰着一定的行为顺序。当这种行为被具体的一套刺激引发后就会展开，而任何偏离这套顺序的偏差都不会被容忍。

在类似掘地蜂的情况中，当我们第一次观察到这种生物体如此巧妙复杂的行为时，恐怕会惊讶万分：它们乍看之下如此聪明。接着，实验就告诉我们，刚才描述的行为其实很机械。丹尼特把这称之为"当观察或了解昆虫或其他低等动物时，一种毛骨悚然的感觉：活动热闹非凡，可家里**一个人都没有！**"（1984，13）。丹尼特引用了认知科学家道格拉斯·霍夫斯塔特（1982）的观点，提议我们把这种令人不安的特征称为"掘地蜂性"。他说，看到简单生物体表面行为的复杂性背后不过是简单、刻板的例行公事，这会让我们担忧："有什么能让你确信，你自己不是掘地蜂，哪怕有一点点不是？"（11）。

出现在表 2-1 中的认知双过程理论，以及本章讨论的所有目的，就是以不同方式告诉读者这样的事实：我们都**有**一点像掘地蜂。事实上，这些理论中有很多都强调，自发式系统的无处不在，以及分析式加工的罕见和困难，实质上都认为我们默认的加工模式跟掘地蜂一样。假如我们不想跟掘地蜂一个样，就必须坚持完成那个艰难的任务：调用认知能力，运行包括心智套件的序列模拟机，以便能监控自发式系统，确保它实现的是载体水平的目标。

　　自发式模块提供的输出，要是跟有理有据的分析式系统的输出有矛盾，它们就可以被视作"你体内的掘地蜂"。某些自发式过程是我们当前环境的产物，因为习得的规则经过多次练习就能自动执行。即使了解这一点，也不能减少我们对于掘地蜂性的恐惧。通过广告，通过我们青春期的同伴群体，或通过我们父母重复的教条（这些教条来自他们有限的经历，因而并没有使得他们跟掘地蜂有什么不同），像掘地蜂一样的反应倾向都可能被安装在我们的自发式系统中。可事实上，它们跟其他的自发式加工过程一样，都没有经过反省，都不是深思熟虑的结果。只有那些经过反思被安装在自发式系统中的规则，才应该受尊重、被认同，即使这些规则有时候也会被过度概括（因为那时它们会自动运行），即使它们在某种情况下也需要被克服。

　　当自发式系统传给分析式系统的信息被不适当地（像前面讨论的掘地蜂一样）引发时，你体内的掘地蜂式加工就可能让你误入歧途。即使大多数情况下，自发性启发式通常都对你有用，这种情形也会发生。认知心理学家阿莫斯·特沃斯基跟丹尼尔·卡尼曼一起，率先进行了自发性启发式的研究。他们发现，这些启发式大多数时候都是不错的小帮手，但在某些情况下，它们会让我们变得跟掘地蜂一样蠢（Kahneman and Tversky 1973，1984；Tversky and Kahneman 1974，1983）。其中一种自发性启发式就是所谓的锚定和调整启发式（Brewer and Chapman 2002；Tversky and Kahneman 1974）。当我们要对一个不知大小的数值估算时，这个启发式就会发挥影响。使用锚定和调整启发式时，我们首先根据自发式系统，锚定一个我们了解的最相关的类似数值。接着，我们就根据已知的具体事实的含义，通过受控的分析式调整把锚定点提高或降低。

　　这里有一个锚定和调整如何运作的例子。思考一下，温斯顿先生听到布莱尔先生向他抱怨，说自己的孩子花了大把时间听音乐。布莱尔先生诉苦，说他儿子买了大概 100 张光碟。他又问温斯顿先生，他儿子有多少张。不知如何估算，温斯顿先生就以 100 这个数字为锚定点，在此基础上调整。他儿子戴耳机的时间不像布莱尔的儿子那么长，因此，温斯顿先生给出了 75 的估计值。此外，他儿子参加了更多的户外活动，于是他又把估计值从 75 调低为 60。不过，温斯顿先生突然想起来，由于各种原因，他儿子的零花钱比布莱尔的儿子多，因此他接着把估计值从 60 调高到 70。

看起来，这不是一个糟糕的过程，它使用了所有可用的信息。自发式系统让分析式系统聚焦于最相关的数值附近，接着，根据已知的具体实施，更多的分析式加工进行调整。可是，当能拿到的锚定数值跟手边的计算不相关时，问题就来了。我们如果仍然使用它，就成了掘地蜂。在一个经典实验中，特沃斯基和卡尼曼（1974）展示了这一情况是如何发生的。他们要求参与者观察纺车。当指针停在一个数字上（该数字被动了手脚，总是指向 65）时，参与者会被问及，联合国中非洲国家所占的比例是高于还是低于该数字。回答完这个问题后，参与者接着就要给出他们自己的最佳估计值，即非洲国家占联合国所有国家的比例有多少。而在另一组参与者中，他们看到的指针总是指向数字 20。同样，他们也要回答非洲国家在联合国的比例高于还是低于该数字，也要给出自己的估计值。结果，第一组的估计值远远高于第二组；前者是 45%，而后者是 25%。

显然，某些事发生了。两组使用的都是锚定和调整启发式：高的锚定值被调低，低的锚定值被调高。不过，他们的调整"拖泥带水"，调整得不够，因为他们没有考虑这个事实：最初的锚定值完全由研究者**随机**决定。对于自发式系统给出的某个锚定值，不管它是有关还是无关，锚定与调整启发式都表现出了掘地蜂倾向。在特沃斯基和卡尼曼的这个实验中，我们显然应该忽略锚定值。可是，我们过于习惯使用锚定值，因为它们携带着某种重要信息。而在它们需要被拧干水分、打折处理的情况下，我们没有那么做。

你想有 10% 的概率获得 1 美元，还是有 8% 的概率获得 1 美元？几乎所有人都会选择前者。然而，了解了西摩·爱泼斯坦跟同事（Denes-Raj and Epstein 1994；Kirkpatrick and Epstein 1992；Pacini and Epstein 1999）的研究，要是你像该研究中的多数人一样，你其实会因为头脑中的掘地蜂而选择后者。在爱泼斯坦的好几个实验中，参与者面前有两碗果冻豆。第一碗中有 9 个白色果冻豆和 1 个红色果冻豆，第二碗中是 92 个白色果冻豆和 8 个红色果冻豆。这是一个随机抽奖：参与者从两碗果冻豆中随便取一个，要是拿到了红色果冻豆，就能赢得 1 美元。尽管多数人都意识到，在统计学上，大碗中赢得 1 美元的概率低，但他们认为，大碗中能获胜的果冻豆也多，有 8 颗红色的。许多人都抵制不住诱惑，选择了含有更多红色豆的大碗，尽管有人也承认这一碗抽中的概率低。很多人能意识到不利的概率，但还是忍不住要从大碗中抽奖。这一点，在某些参与者的评论中得到了说明："我选择含有更多红色果冻豆的碗，因为看起来我获胜的方式更多，虽然我也知道，这一碗里白色的果冻豆更多，而且概率对我不利"（Denes-Raj and Epstein 1994，823）。简而言之，更简单的自发式系统倾向，即对绝对数量更多的获胜物做反应，击败了更复杂的计算概率的分析式过程。

因此，可能有大量的自发性启发式已安装在你的头脑中，让你有机会表现出跟掘地蜂一样的行为。而且，从第 1 章令人震惊的事实中，我们知道，在复制子跟载体目标不兼容时，你的基因想让你像掘地蜂一样，为基因的目标服务。它们想让你盲目执行你的自发式系统发布的指令。而机器人叛乱，部分就来自我们有能力认识到，我们的行为有可能让自己变成掘地蜂，并因此采取措施，防止它发生。

让分析式系统驾车，你就能把载体放在第一位

现在，我们获得了好几个深刻见解，它们对于机器人叛乱是必要

的，而且都准备就绪。在第 1 章中，我们见识了达尔文主义宇宙酸的做派，推到极致，它就有可能产生某些最严厉批评所担忧的最可怕的影响。不过，我们也只能在勇敢面对这些影响的前提下，才能把自己从它的阴影笼罩下给解放出来。没有人甘心**仅仅**做一个容器，"里面挤满了复制子……它们把我们当成了殖民地"（Dawkins 1976）。可是，倘若我们允许自发式系统决定自己的行为，而不允许分析式系统覆盖它的话，我们就会变成那样，变成一个容器。如果我们不把自己自发式系统的输出置于分析式系统的管制之下，接受该系统的批判，那么，我们就可能像一只掘地蜂那样活着。达尔文主义对我们灵魂的威胁，呈现在我们的大脑中：自发式系统能把我们变成掘地蜂一样的自动机器，变成不实现我们自身目标的机器人——这些由基因建立的机器人为自私的复制子的利益效劳。不过，就在同一个大脑内，同样存在着意识到这种圈套的潜力，以及能够克服它的认知机制。

我们对自我意识的概念重构，在本章中已开始，在随后的章节中会继续。它将揭示传统概念中具有反讽意味的一面，比如自我、灵魂，以及个人身份。举个例子，我听到有人认可和捍卫他们所谓的"直觉"，就觉得这是一个彻底的讽刺。他们以为，这些彰显了自身的独特性，即他们的"直觉"是他们是谁的本质回答。可是，如果人们把"直觉"理解成自发式系统的内置模块，它们被构造出来是为了给复制子的利益服务，以对复制子有利的方式做反应，那么，人们就不会那么看重它们。达尔文式洞见表明，人们寻求认同他们头脑中的掘地蜂式部分，这具有反讽意味：因为这一部分被设计出来，运作极为刻板，就像反射一样。[32]

不加批判地取悦我们所谓的直觉，会让我们成为彻头彻尾的奴隶，为盲目的复制子效忠。而这些微型机器仅仅把我们看作载体，而载体的目的就是促进它们的复制。尽管自发式系统构成了我们希望、欲望和恐惧的基础，在第 7 章和第 8 章中，我将指出，作为真实的人类独特性前提的个人自主性，则完全依赖于对我们直觉的批判性**评估**，以及对两种类型复制子目标的有意识塑造；这两种复制子都安装在我们的大脑中（是的，两种类型的复制子，见第 7 章）。这一章介绍的区别是再概念化的基础。而对我们直觉的**反思**和批判的分析，会成为我们是谁（我们的**个性**）的核心，因为不像某些自发式反应那样，这些批判性反思服务于作为载体的**我们**的利益。

机器人叛乱，如果成功，就会使得人们获得人格主体性（通过追求他们的自身利益来实现），而不是牺牲自我，以实现自私的复制子的古老利益。掘地蜂式机器服务于亚个人的复制子，为了防止成为这种机器，我们必须培养一定的心智才能，这种才能帮人们实现认知变革的重要项目。这些心智才能是文化产物，是心智套件——它们运行在序列模拟机上，执行分析式加工，其中的一个重要部分由理性思维的技能构成。在下一章中，我们将会看到，如果你不想成为你的基因（或其他任何自私的复制子）的俘虏，为什么你最好理性一点。

第 3 章

机器人的秘密武器

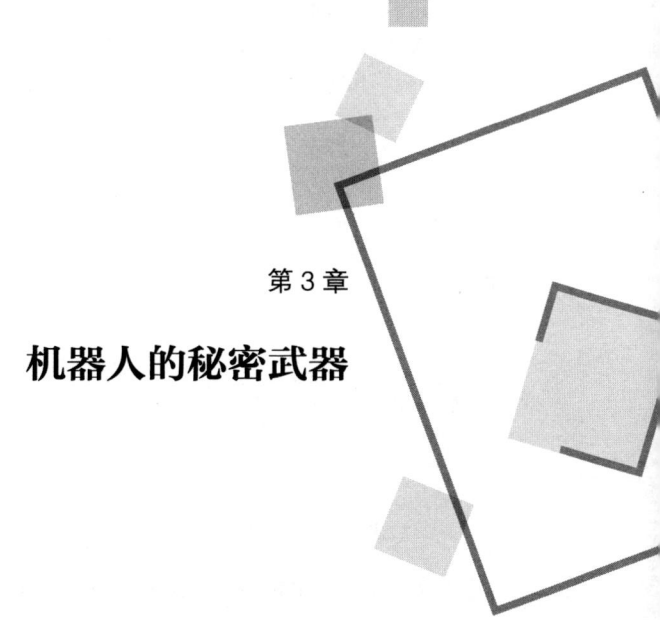

> 她并不认同进化决定论,或基因决定论。当然,她知道事情就是这样,但她不喜欢这样的事情。她不同意这种观点……她宁愿认为,人类能再次提出新观点,让自由意志和物种适应不受损害,得以保存。不然的话,一切都将是可恶的阴暗。难道不是吗?
>
> ——玛格丽特·德布拉尔
> 《桦尺蠖》
> (*The Pepped Moth*, 2001, 137-138)

人类讨厌基因决定论的观念。比如,许多政治上左倾的自由评论家(比如 Rose, Kamin, and Lewontin 1984) 都抵制下述观点:同一群体的基因变异跟表现型变异有关联(正确说法),即认为基因决定人类行为(错误说法,但总有门外汉会这么干)。事实上,你不喜欢基因决定论,也能找到一个逃生出口。不过,要是你否认下面的事实,即人类的行为特质具有遗传性,以及人类的行为具有进化根源,那么,你就不可能找到这个逃生出口。相反,这个逃生出口就在于我们把多种寓意整合起来,这些寓意包括:第 1 章中介绍的复制子跟载体的区别,第 2 章中勾勒的认知架构的事实,以及认识到这些事实如何跟过去若干世纪以来一种最卓越的文化发明相互影响。

选人而不是选基因:工具理性和进化适应是如何分道扬镳的

在概念上构造逃生出口的第一步,就是把注意力放在第 1 章中讨论过的令人惊讶的事实上,复制子的利益跟载体的利益并不总是协调一致。当冲突发生时,强约束的反应系统(自发式系统)将启动服务于基因(复制子)利益的反应,而不是服务于载体利益的反应。显然,作为人类,我们关心自己的个人利益,而不是亚个人的有机体复制子的利益,即我们基因的利益。我们有分析式加工系统,它让我们有机会把心理软件(所谓的"心智套件",见 Clark 2001)安装在大脑中,以便实现我们个人利益的最大化。这个心智套件确保优先处理**个人**目标:当复制子跟个人目标不一致时,支持作为载体的个人目标而不是基因目标。这套心理设定就是理性思维的倾向。

理性的一个核心部分,就是在个人水平上实现目标最优化。这一点,我将在本章的剩余部分详细阐述。这其实也是为什么,进化适应行为未必就等于理性行为。[1] 前者是能够增加基因繁殖概率的行为,而后者是在考虑载体对世界持有的一套信念之后,能够实现载体目标的行为。我将在本书的后面部分提及,进化心理学家有时会暗示,说一种行为如果是适应的就是理性的,这模糊了两者之间的区别。这种混淆是一种根本错误,对人类事务有重大影响(Over 2000,2002;Stanovich 1999;Stanovich and West 2000)。理性的界定,必须跟需要解决最优化问题的实体保持一致。为了保持这种一致性,不同复制子以及载体的"利益"必须明确地加以辨别。这样做,人们就能获得逃离某些基因决定论的武器。我们要认识到,**理性关心的是载体利益**,而进化适应关心的是基因利益(繁殖成功),两者之间有时会打架。

不过,进化适应跟人类理性是如何分离的呢?根据第 1 章的观点,进化一旦从程序行为演变为创造一种通用问题解决装置,以应对一个变化的环境,那么,基因目标跟载体目标之间就会出现一个潜在的鸿沟。这是因为,载体拥有复杂的预测未来的工具,它需要被赋予一种**通用**目标,这种目标将涵盖个体可能遭遇的形形色色的环境状况。当然,这些通用或泛化的动机(做爱是快乐的)可能在现代环境中会过时,即满足这种动机的方式（戴套做爱），也许不再起着提高遗传适应度的作用。

　　作为现代人，我们发现自己拥有的很多动机，已经跟它们古老环境的语境脱离了。因此，现在，实现我们的目标不再意味着为基因服务。讽刺的是，从进化设计的观点来看，曾被认为是设计缺陷的特征，事实上使机器人叛乱成为可能：通过制定他们的目标而不是基因的目标，使得对个人的全面评估成了最重要的事。也就是说，从进化视角来看的无效的设计，事实上创造了机会，让有机体水平的目标跟基因目标分道扬镳。这是哲学家鲁斯·米立肯（1993）观点的一个重要寓意。他说，"没有任何理由认为，我们的欲望制造系统本身就是最优设计。即使在最优状态下，这些系统也以无效的方式运作，正如它过去那样，直接瞄准可识别的目标，而这些仅仅跟繁殖有关的生物目的存在粗略关联。比如，通常来说，在它们繁殖力消失之后，哺乳动物就不在个人生存领域投资了"（67）。米利肯这里说的是，活着只是最一般的目标，它只是很间接地跟基因复制的最终目标有关联。死亡的有机体无法繁殖。然而，活着并不能保证，一个有机体就能繁殖。生存被基因作为一种目标安装在自发式系统中，作为目标结构层级中一种必要而不是充分的欲望，最终导致繁殖。然而，当繁殖的未来条件不具备时（也许因为繁殖器官有缺陷或不能正常工作），载体依然想要实现生存目标，即使它已不再能为基因带来完全成功的结果。

　　对人来说，生存不再是用来确保繁殖的基因目标的机制，而是一种高级目标，对分析式系统派生的目标层级中所有的一切都具有指导意义。许多行为，可能为我们无数相当抽象的目标服务，可它们未必对基因目标有利。正如莫顿（1997）正确指出的那样，"基因让我们推理，但它们对我们享受下棋这件事不感兴趣。"（106）

　　同样，许多基因目标保存在自发式系统中，它们也不为我们的目的服务。很早以前，人类需要尽可能多的脂肪，以便活下来（Pinel, Assanand, and Lehman 2000）。因为在过去，脂肪多意味着活得久，而且，很少有人能在他们过了繁殖年龄以后还活着，长寿没法直接转化成基因复制的更多机会。然而，现在，分析式系统忙着评估我们身在其中的复杂的技术环境，想实现长寿的一般目标。该系统会处理这样的信息：现在，当寿命够长时，摄入脂肪会早死。在现代社会，延长寿命不再跟基因复制的终极目标有关联，因为，我们现在能活到繁殖年龄之后了。不过，这样的目标，对作为载体的我们而言，无比重要。理性的话，你就会减少脂肪摄入。我们的达尔文式心智，即自发式系统，怂恿我们摄入脂肪，这跟我们更广泛的目标和目的背道而驰。而分析式系统（带着它的假设思维能力，我在第 2 章讨论过这一点）则能召唤这些目标和目的，让它们为载体的整体福祉服务。

如果有机体处于基因更直接的控制之下，它就从来不会经历强约束控制跟弱约束控制之间的冲突。只有分析式系统演化出来，能平衡短期目标和长期目标，这种目标冲突才会出现。这时，分析式系统能权衡即时的快乐（危险的性行为、吸烟、高脂肪食物）跟未来的长寿，因为后者也被视作一种个体追求的目标。只有这样的有机体才能思考，面临冲突，理性的做法是什么。不过，对机器人叛乱来说，留意到冲突是第一步。意识到这种冲突，让我们的生活面貌跟其他动物有了区别。[2]

约翰·安德森，一位认知心理学家，在 1990 年出了一本有影响的书（也见 Oaksford and Chater 1994，1998）。他向心理学家展示了适应模型的影响。安德森强调，他建模中的适应假设是，认知在**进化的**意义上是最优适应，而这并不是说，人类的认知活动将导致工具理性的反应（对个人而言，指效用最大化）。因此，一个描述性的最优适应的过程模型，可能严重偏离了人类理性的最优模型。于是，安德森（1991）承认，存在类似这样的参数，"它们能最优化财富，自己和他人的幸福，或其他任何目标。不过，对物种而言，这些目标并不是最优化的"（510-511）。但是，我想在这里强调的是，"对物种而言的最优化"并不是大多数人想要的结果。要点在于，大多数人如果有选择的话，恰恰相反，宁愿要钱！

没有人把遗传适应度最优化作为一个明确目标。我们追求的，不是进化的终极目标——复制，而是在进化过程中安装在我们身上的、更为当下的结果——享受性的愉悦。如果某种做法令人愉悦，分析智力就会理性行动，以便更好地为载体服务，更好地追求**它们**，而不是给基因效劳。因此，作为生存机器的人类的反抗——机器人叛乱——由基因创造的人类发动，他们试图最大化自身效用，而不是在自己跟基因冲突时，最大化他们创造者基因的繁殖概率。倘若我们不想只做自身基因的生存机器，那么，我们就必须动用自己的分析式系统，积极主动地追求工具理性。在机器人的武器库里，恐怕没有其他的心智软件，能比理性思维工具提供的心理软件更强大了。

理性意味着什么：把人（载体）放在第一位

有一种观点认为，理性相当抽象，它是一种专业能力；比如，理性被视作一种解决教科书中逻辑问题的能力。对许多受这种观点影响的人来说，当他们知道现代认知科学界定的理性概念是多么广泛、多么实用时，一定会大吃一惊。事实上，即使根据最狭义的观点，通常被称为工具理性[3]的概念，跟它的批评者发表的理性漫画对照，也是相当宽泛、相当实用。工具理性的最佳界定，强调最多的是它很实用，而且会把它作为一种根本的无须争辩的价值观；这种界定简单地说就是：

工具理性就是，根据你有多少（物理的和心理的）资源可用，在这个世界上，以一种你能得到自己最想要结果的方式行动。

显然，这种理性类型通常被称之为实践理性，因为它确实如此。它也被称为理性的狭义理论（见 Elster 1983）。狭义理论不带任何评价，认为做什么对你来说是理性的，要根据你自己的需要和欲望来判断。然而，坚持工具理性狭义理论的约束，对机器人叛乱是一个必要前提，虽然并不充分。大多数工具理性的界定，都反映了一种传统。这种传统可追溯到休谟的名言："理性是，而且应该是激情的奴隶，除了服从激情，为它服务之外，理性永远不能扮演其他角色"（[1740] 1888, bk. 2, part 3, sec. 3）。

理性应该帮你得到你想要的（激情），休谟这么认为。[4] 一种很难争辩的观点。要是它不能帮你得到你想要的，那理性有什么用？看来，工具理性就是我们所有人都想要的东西。有谁，不想实现他们的目标？有谁，不想满足他们的需要？反对现代理性观念的后现代主义者，这时候将不得不艰难面对。

重视工具理性的基本观点，给它的批评者带来这样一个问题：为了捍卫他们的批评，我们就不该采取行动，以便得到我们想要的东西。一个人要是提出这种主张，会被当成怪人。另一方面，让我们再次自由使用拟人化的基因语言：对**基因**来说，它们将格外乐意看到有人"想要"这样干。这说得通，因为得到**你**想要的，也许会妨碍基因得到**它们**"想要的"，比如复制。因此，即使你的基因并不支持你拥有理性，你也应该旗帜鲜明地站在自己这一边。

不过，我们将在第 4 章中看到，有时，我们**并不**总是以能得到我们最想要东西的方式行动。我们有理由怀疑。这是怎么回事？或许如前所述，因为我们的大脑在跟自己作战。我们的心智中，有些部分或多或少地拥护工具理性，想要帮助实现作为人类的我们的目标。相比之下，有些大脑部分不这样，它们可能想更直接地（以一种强约束的方式）实现基因目标，那可不是我们的个人目标。遵循工具理性的约束，我们就能确保控制跟我们关系最密切的大脑系统。比如，我们给自发式系统设置检查工序。因为该系统也许并不在乎我们最感兴趣的个人欲望，也不想实现它们的目标最大化。

理性跟自我和个人自主性的概念有着重要关联。这些问题，我将在第 7 章和第 8 章深入阐述。不过，这里的一个要点是，理性是一个跟自我有关的重要概念。它在定义上跟个人有关，而不是跟亚个人的实体（基因）有关。这就是为什么，理性能力是最重要的武器，人们可以用它来对付自私的复制子。

让你的工具理性更充实

工具理性就是，根据你有多少（物理的和心理的）资源可用，在这个世界上，以一种你能得到自己最想要结果的方式行动。当然，经济学家和认知科学家把"你最想要的结果"界定为一种学术概念，即预期效用。[5] 决策科学家使用的理性判断模型如下：个人选择能带给自己最大预期效用的选项。现代决策科学的一个惊人发现是，如果人们的偏好遵循一定的逻辑模式（所谓的选择公理，比如，不受某种语境效应影响的传递性），那么，他们的行为看起来就是在实现效用最大化（Dawes 1998；Edwards 1954；Jeffrey 1983；Luce and Raiffa 1957；Savage 1954；von Neumann and Morgenstern 1944）。换句话说，他们的行为看起来就是，他们正在努力得到他们最想要的结果。我们将在下一章中看到，人们的判断有多接近效用理论的选择公理，也就能推断出，他们有多接近自己工具理性的实现（根据他们的信念和欲望，最大程度上得到他们想要的）。

虽然工具理性很吸引人，按照埃尔斯特（1983）的观点，它依然只是被称作理性的狭义理论的某种东西。这是因为，个人已有的信念被不加批判地接受，同样，欲望的内容也未经评估。个人的目标和信念，仅仅因为存在就被不假思索地接受。争论的焦点只在于，一个人是否正根据他的信念，实现个人欲望的最大化。狭义理论的一个定义特征是"它保留了未经检验的信念和欲望，而它们构成了我们正在评估的理性的行动理由"（Elster 1983，1）。

实践理性的狭义理论，具有广为人知的优势。比如，倘若理性概念受狭义理论的约束，许多强大的形式体系（比如决策论的公理）就可成为最优化行为的标准。然而，狭义理论的劣势同样广为人知（比如 Elster 1983；Kahneman 1994；Nathanson 1994；Simon 1983）。因为不曾评估欲望，理性的狭义理论会认定，希特勒是一个理性的人，只要在实现自己的怪诞欲望时，他的行为跟决策公理保持一致就行了。同样，要是我们提交不符合评估标准的信念，精神病房里的病人只要按照自己的信念做出一致行为，也会被认为是理性的，哪怕他说他是耶稣·基督。有些理论家认为，只要能获得强大的决策公理（这些公理对狭义理论家来说触手可及），这些异常情况应该被容忍。不过，其他理论家则忧心忡忡。他们警告，逃过狭义理论评估之网的人类行为和认知，数量之多，范围之广，令人心惊胆战。[6]

图 3-1 提供了一个能够容纳这些广泛问题的最小模型。[7]最小模型包含了一套信念（个人知识），一套欲望（个人目标），一种机制（标记为行为决定）——这种机制能在考虑系统的信念和欲望之后指派行动。箭头 A 指出，一个形成信念的方式是吸收外部世界的信息。通过信念进行外部世界的建模或多或少还可以，但在极端情况下，结果会很糟糕，甚至我们都会称之为非理性。当然，没有外部信息的帮助，信念也会有。比如，信念可以通过其他信念或欲望的推论得来（比如愿望思维，Babad and Katz 1991；Bar-Hillel and Budescu 1995；Harvey 1992）。

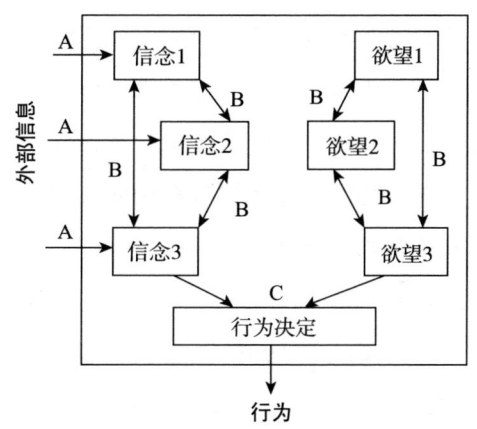

图 3-1　界定人类理性的一般的信念－欲望系统

标记为 B 的双箭头代表信念之间的关系，以及欲望之间的关系。这些关系或多或少是一致的。不一致性检测，因此成了理性的一个重要决定因素。比如，要是信念不一致被检测到，这可能就是一个信号：信念形成过程并不是最优操作。自我欺骗的传统分析假定，在一个人的知识基础中，存在两种相互矛盾的信念（Gur and Sackheim 1979；Mele 1987；不同观点，见 Mele 1997）。此外，欲望不一致被检测到也是一个信号：行为决定过程将会导致非最优化的目标满足。

这一模型的许多潜在含义并没有在图 3-1 中标出来。然而，其中一种含义画在了图 3-2 中。这里，标记为 D 的单箭头表明，欲望有可能会调整信念形成的过程，不一致检测也可能会发生（Kunda 1990；Mele 1997）。然而，其他几个过程都没有呈现出来（比如，欲望形成的过程，以及信念调整欲望的可能性都没有呈现；见 Elster 1983；Pollock 1995）。

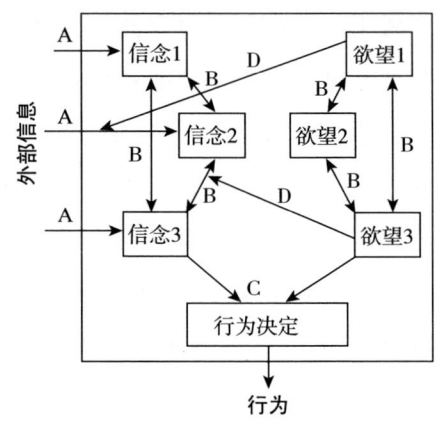

图 3-2　一个更精致的信念－欲望系统

这张图没有提供足够多的细节因此不能做出前面提及的基本区分，即信念理性跟行为理性之间的区别（Audi 1993a，1993b，2001；Harman 1995；Nozick 1993；Pollock 1995；Sloman 1999）。目前，我把焦点放在后者，即工具理性上面。通常，通过检查个人表现出的偏好一致性，我们就能评估工具理性。研究者发现，如果某种一致性条件得到满足（比如偏好的传递性），那么，一个人就能被视作在最大化个人的预期效用——效用是决策科学家用来描述目标实现之后获得满足的一个术语。[8] 因此，图 3-1 中的框架指出了行为决定的过程，而标记为 B 的双箭头（说明信念和欲望之间的一致性关系）涵盖了工具理性的概念。如果信念和欲望一致，同时，如果根据个人目前的信念和欲望而言，选择的行为是最佳的，那么，工具理性就会实现。人们将实现它们目标满意的最大化。根据目前他们的欲望和信念，他们将尽自己最大的努力，获得他们想要的结果。对于机器人叛乱来说，这是一个必要条件，不是一个充分条件。

机器人叛乱是一场现代知识运动。人们正在获得更大的个人自主性，拒绝牺牲他们自己的利益，来满足自私的复制子的古老目标。它要求理性的广义视角，而不能局限于狭义理论，即信念和欲望的内容需要经受评估。前者意味着，认识理性（在图 3-1 中由箭头 A 所指示）的问题必须得到解决。[9] 这就要求，信念必须跟世界的真实结构吻合，理性的这个方面有很多不同的称呼，比如理论理性、证据理性或认识理性（Audi 1993b，2001；Foley 1987；Harman 1995）。重要的是（鉴于很多研究将要在第 4 章加以讨论），进入工具计算的理性的一个关键方面（即隐性计算）是这个世界的状态概率。我们将看到，许多研究指出，对很多人来说这些概率的一致性有问题。

恰恰跟休谟的名言（"理性是，也应该仅仅是激情的奴隶"）相反，发展一种更广义的理性理论，也要求我们评估欲望和目标的内容。如果遵循休谟的名言，我们将无法保证，把控制权交给"激情"时，我们是把它交给了为载体利益服务的目标，而不是交给了为基因利益服务的目标。因此，很多理论家（见 Nathanson 1994 的综述）提出，要是经过反思，我们宁愿取消某个欲望而不是实现它，那么它就是非理性欲望。其他理论家则提出，矛盾的欲望或建立在错误信念之上的欲望，也是非理性的。最后，可以认为，如果目标的预期效用跟它们被实现时的效用不一致，追求这样的目标也是一种非理性的标志（Frisch and Jones 1993；Kahneman 1994；Kahneman and Snell 1990）。我们需要这些评估欲望的标准，否则，我们的行动就不能很好地为载体的目标服务（见第 7 章和第 8 章）。

一个理性的广义理论也将强调，在认识理性和实践理性之间，存在某种有趣的相互影响。比如，拥有派生目标是合理的，这毫无争议。一个人想读书，可能并不是因为他对教育有内在欲望，而是因为他想成为一名律师，读书就能让他实现这个目标。一旦允许派生目标，根据它们的全面性来评估目标的可能性就会即刻显现。也就是说，我们认为某些目标好，是因为它们能带来**其他**更多目标的满足。相比之下，某些目标，你实现之后，并不能促进其他目标的实现。在极端情况下，这个目标可能跟其他目标相冲突。实现它，将会妨碍你实现其他目标。这就是为什么需要避免目标不一致。

在绝大多数平凡的情况下，某个有助于很多目标实现的派生目标，需要被我们认定为真实目标。通常来说（也就是，排除哲学家才能想象出的怪异情形），一个人的信念越是追踪这个世界，他就越容易实现自己的目标。显然，这不需要完美的精确性。同样明显的是，当用于获得真实信念的额外认知努力的花费，不能在目标实现方面带来足够回报时，一个收益递减点就会出现。然而，保持其他条件不变，长期来看，一个人拥有伴随着正确信念的欲望，将有助于实现他的很多目标。在某种意义上，它就是一个高阶目标（再一次强调，除了某些离奇情况），应该进入大多数人的欲望系统。因此，哪怕认识理性真的从属于实践理性，维持正确信念的派生目标也意味着，为了实践目标的实现，我们应该遵守认知规范。

评估理性：我们是否得到了自己想要的

在下一章中，我将讨论一些认知心理学发现提供的证据，它们能告诉你，人类在实现工具理性方面表现如何。[10] 不过，我们也可以问自己，有多少工具理性没有被实现？我们到底做了什么，为什么没有得到自己最想要的？事实上，有哲学家认为，我们无法以对自己最有利的方式行动，人类天生就是非理性的。这些哲学主张是错的，我在前两章中说了原因。[11]

我们头脑中有不同的心智，每一个都有自己的目标结构（有的跟复制子的目标关系密切，有的则没那么密切）。因此，我们没办法保证，任何一个具体反应，从实现有机体的整体目标来说是最优的。作为一个跟环境不断作用的有机体，在某种意义上，我的行为由大脑中进化上更古老的部分决定，这些部分指派强约束目标，而这些目标可能妨碍我对自身长期目标的追求。对我当下环境中不断变化的具体情况而言，分析式系统很关键。而对适应器的起源环境（environment of evolutionary adaptation，EEA）⊖而言，促进强约束目标的自发式系统很重要。因为我在当前环境下的行为，部分由刻板的、携带强约束目标的大脑系统决定，因而我明确提出的长期目标（通常是分析式系统的产物），未必一定能实现。比如，我如果向自发式系统指派的"去做吧"反应屈服，就可能会精虫上脑，诞生很多怪异的想法。

若干世纪以来，人类不断意识到自己在宇宙中的地位。这些文化探索，在某种意义上是在评价人类的理性，代表着一种开创性活动。对人类理性的假定，构成了许多经济学和社会性理论的基础，塑造着我们的生活。倘若人类拥有完美理性，机器人叛乱恐怕早已直捣黄龙、功成名就。而作为生存机器的人类，恐怕也早已超越了基因的约束。复制子目标跟载体目标之间的任何冲突，都将被解决，前者被抛弃，后者受青睐。不过，得到这样的结论恐怕不可思议，骇人听闻，为时过早。假如人类不具有完美理性，那么，在复制子跟它们人类生存机器的冲突中，我们可能还在为人作嫁，牺牲作为载体的自身。

载体的快乐体验，对于驻扎在自发式系统中的大多数目标来说，仅仅是实现目的的手段。而且，要是没有这种快乐体验，最终的适应度目标也能实现，那么，这种体验就会被抛弃。相反，作为载体，我们应该关心自己的个人目标。很多被亚个人的实体编程的反应，构造了我们头脑中的达尔文式心智。要是我们向它们妥协，听从它们的安排，我们的自我就会不断萎缩。不过，我们下一章就会讨论很多认知心理学的实验证据，它们表明，这就是正在发生的事。

在第4章中，我们将会看到，心理学家如何评估人类的理性——主要基于理性的狭义理论，但在某些方面，也会从理性的广义视角进行讨

⊖ 本书中简称为进化环境。——译者注

论。我们还会看到，人类经常偏离工具理性的一致性标准，他们貌似不是在最大化预期效用。同时，某些理性广义理论的实质标准，也没有以最佳方式实现。看得出来，人类欲望的内容通常存在某方面的缺陷，而我们对自身信念的自信通常也没有得到证据的有效修正。因此，正如我们将在下一章中看到的那样，有证据表明，我们可以更理性：如果我们改变自己的思想和行为，就可能得到更多我们想要的结果。

第 4 章

自发式大脑偏差
偶尔让人悲伤的强约束心智的特点

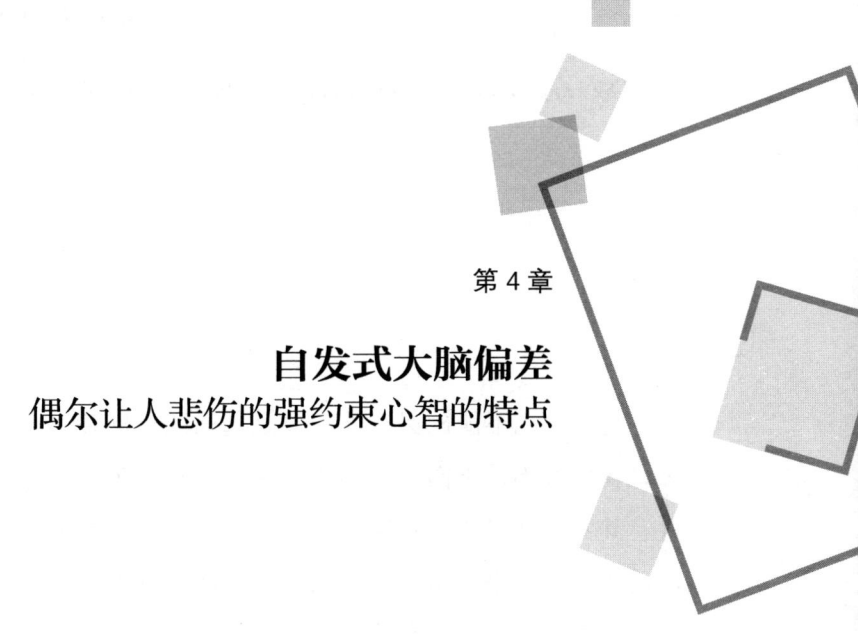

> 在一个邪恶的世界上,硬连接的内在机制容易受欺骗。
> ——金·斯特瑞尼和保罗·格里菲斯
> 《性与死:生物哲学入门》
> (*Sex and Death: An Introduction to Philosophy of Biology*,1993,331)

要是进化不能确保理性,要是基因的目标并不总跟载体的一致,那么,我们就不得不面临下面的情况:人类行为中可能存在大量非理性因素。其实,在过去 30 年里,认知心理学家和其他领域的科学家进行了广泛研究。结果指出,我们很容易就能找到人类的非理性表现。

回想一下,我们在第 3 章介绍了工具理性的非正式定义:根据你的可用资源,采取行动,以便你能得到自己最想要的结果。主观预期效用理论[1]就是工具理性的严格定义。认知心理学家做了很多结构化实验,以便检验界定预期效用最大化的选择公理或规则是否存在。

人类违反的效用理论原则,常常很基础。比如,有一个来自决策论的基本原则,这个原则哪怕对没脑子的家伙来说,也是又简单又基础。这也是我们第 3 章提及的一个公理——公理就是这样的规则,要是能广为遵守,就能保证我们预期效用最大化,即以最有效的方式实现对我们而言最好的结果——而且这个规则,几乎没有任何人会不同意。这个规则被萨维奇(1954)称为确定性原则(sure-thing principle),含义如下:想象你在两种可能结果 A 和结果 B 之间选择,X 是一个在未来可能发生也可能不发生的事件。如果 X 发生，你会选择结果 A 而不是结果 B；同样，如果 X 不发生，你也会选择结果 A 而不是结果 B。这意味着，你很明确地告诉他人，你更喜欢结果 A。X 是否发生，这种不确定性不应该影响你的偏好。由于你的偏好不受跟事件 X 有关的信息的影响，因此，不管你是否知道跟 X 有关的事，你都应该选结果 A 而不是结果 B。1994 年，在《认知》（Cognition）期刊上发表的一篇论文中，认知心理学家埃尔达·沙菲尔把确定性原则称作"理性行为中最简单、最没有争议的原则之一"（404）。事实上，它如此简单明了，甚至不值得多费唇舌。然而，在他的论文中，沙菲尔回顾了许多研究，发现人们有时的确会违反确定性原则。

比如，特沃斯基和沙菲尔（1982）提供了这样一个情境：参与者被要求想象，他们是学期末的学生，又累又疲惫，正在等待一门课程公布成绩。他们有可能挂科，要是这样就得重修。参与者同时被要求想象，他们恰好获得机会，能以极低价格购买去夏威夷的度假套餐，非常实惠。被告知他们通过考试的参与者中，有超过一半的人购买了这份度假套餐。不过，在被告知自己**没通过**考试的参与者中，有更多的人买了套餐。但是，在**不知道**自己是否通过考试的参与者中，只有三分之一的人打算找机会去度假。这种反应模式的含义就是，至少有学生会说，"要是通过考试，我就去度假；要是没通过，我也去度假。可要是我不知道自己是否挂科，我就不去度假"。

沙菲尔（1994）描述了一系列决策情形，都是这样的结果。当事件 X 发生时，参与者喜欢结果 A 而不是 B。当事件 X 没发生时，参与者还是更喜欢结果 A。可是，当他们不确定 X 是否发生时，就更倾向于选择结果 B。这明显违反了确定性原则。记住，这种违反并不局限于虚构的实验室问题中。沙菲尔（1994）提供了一些现实案例，其中一个跟 1988 年美国总统大选前的股市有关。当时，两名候选人是乔治·布什跟迈克尔·杜卡基斯。市场分析师意见一致，他们认为，华尔街更喜欢布什而不是杜卡基斯。然而，随着布什竞选成功，股票和债券一路下行，美元跌至过去十个月以来的最低点。当然，分析师认为，要是杜卡基斯当选，情况会更糟。好吧，假如市场会因为布什当选而下跌，还会因为杜卡基斯当选而下跌得更厉害，那么，为什么它不在大选**开始前**下跌呢？要知道，市场绝对清楚，无论发生什么（布什或杜卡基斯中有一人当选），结果对市场而言都是坏消息。这样看来，市场违反了确定性原则。

这些情况都涉及对确定性原则的违反。因为人们犹豫不决，在不清楚结果时，没顺着决策树爬下来。于是，他们没有发现，即使不了解事件 X 的相关信息，但他们依然能做出更偏爱选项 A 而非选项 B 的决策。因为，对决策树的穷尽探索告诉他们，这种偏好并不依赖于事件 X 的发生或不发生。即使如此，沙菲尔（1994）认为，做这种穷尽探索"很明显，对于人类而言不自然（因为）……通过决策树思考，要求人们暂时假设某些东西为真，而事实上它们不为真"（426）。很快，我们就会看到，自发式系统最普遍的一种偏差就是聚焦于肯定例证，而没有表征可能**非真**的事件状态。而要表征后一种状态，就需要动用第 2 章讨论的分析式系统的脱钩能力（它能给我们提供一种表征世界假设状态而非真实状态的信念），它让假设思维成为可能。

在推理过程中，人类会违反很多原则，确定性原则并不是其中唯一的一个。在某些情况下，其他推理原则，比如传递性原则（如果你喜欢 A 超过 B，喜欢 B 超过 C，那么，你喜欢 A 超过 C）也会被违反。[2] 不过，违反传递性原则，可就不是一笑而过的小事了，它会导致决策理论家称为"钱泵"（money pumps）的现象：假如你在这种情况下，根据自己的非传递性偏好行动，你所有的钱财都可能被吸干。举个例子，想象一下，有三个物品，我们随便标记为物品 A、物品 B 和物品 C。喜欢物品 A 超过 B，喜欢物品 B 超过 C，喜欢物品 C 超过 A，这是一种极不明智的偏好。如果你不信的话，我将免费把物品 A 送给你。然后，我收你一点儿钱，用物品 C 交换物品 A。因为你更喜欢物品 C 而不是 A，因此，不管多少，必然有一小部分钱，你愿意给我以便用物品 A 换物品 C。接着，因为你喜欢物品 B 超过 C，你会用物品 C 加一小部分钱跟我换物品 B。同样，因为你在物品 A 和 B 之间更喜欢 A，我会把物品 A 给你，换取你的物品 B 和一小部分钱。接着，新一轮循环又开始了，我又会把物品 C 给你……基本上，每个人都会同意，这是一个很糟糕的交易！

违反传递性和确定性原则，这不过是大量文献中的沧海一粟罢了。在过去 30 年里，认知心理学和决策科学领域积累了数以百计的实证研究。它们指出，在许多推理任务中，人类的选择违背了很多基本的理性原则。诺贝尔奖得主、心理学家丹尼尔·卡尼曼（经济学奖）和他杰出的（令人悲伤的是斯人已逝）同事阿莫斯·特沃斯基，在该领域做出了极为重要的贡献。他们跟其他重要研究者一起，开创了被称为启发式和偏差研究的领域。[3] 我们在第 2 章讨论的四卡片选择任务和琳达问题，就来自该领域。

术语启发式和偏差，说的是这类研究的两个方面。首先，在某个具体任务中，人类行为被发现违背了理性预期的原则（从而表现出认知偏差）。其次，这种偏离被发现来自使用自动化的启发式，这是一种自发式系统引发的反应。这些启发式被认为在很多情况下都有用，而且计算成本低。不过，当需要解决逻辑的、分析的、去语境化的问题时，自发性启发式将会偏离正确的加工方向，导致次优反应。

然而，启发式和偏差的传统研究不是没争议。在这一章中，我将首先举几个例子，它们引发了对人类具有完美理性这一假设的质疑。接着，在这一章和下一章中，我将检验这些研究的其他进化心理学解释。然后，我尝试调和两者：一边是启发式和偏差领域的发现，一边是进化心理学家的研究和理论立场。我的观点是，尽管进化心理学家对理解人类认知做了重大贡献，可他们的观点带有威胁性，会误导人，因为这种观点误解了人类理性的若干重要特征。我们将看到，进化心理学给了我们某些工具，能帮助机器人叛乱，可进化心理学家似乎是站在自私的复制子那一边。

正面思维的危险：自发式系统不能"想到反面"

许多心理学研究指出，似乎存在一种普遍的自发式系统偏差：人们只关注正面情况，而不表征也许**非真**的事件状态。[4] 约翰逊－莱尔德（1999，2001；Johnson-Laird and Byrne 1991，1993）提出了心理模型理论，强调很多推理错误来源于没有表征其他结果和假设。在他的理论中，约翰逊－莱尔德强调他所说的**真实原则**，即"人们倾向于构建这样的心理模型：它们只明确表征真实状态，但不表征非真状态，以便使自己工作记忆的负担最小化"（1999，116）。这种自发式系统的自动偏差，加上被称为聚焦的过程（人们把推理局限于自己模型表征的内容），在不被分析式系统覆盖的情况下，就会带来很多问题解决的错误。当某个任务需要详尽探索世界的另一种状态时，这一原则将使人做出次优表现。回想一下第2章讨论的表征复杂性和假设思维，它们正是分析式系统执行从对世界的锚定中脱钩表征的关键操作。自发式系统默认表征真实关系，也就是既有关系。

约翰逊－莱尔德（1999）的真实原则，以及心理学家丹·吉尔伯特（1991）研究的一种现象——对命题的自动接受——都跟自发式系统相同的默认设置有关。吉尔伯特比较了笛卡尔和斯宾诺莎的观点：两人在理解陈述跟评价陈述的关系上有不同看法。在笛卡尔模型中，理解先于评价。某个陈述被理解之后，这个陈述得到评价，看它是真是假。在笛卡尔的观点中，接受跟在理解的后面。相反，斯宾诺莎的立场是，言语理解就像知觉一样，眼见为实。根据斯宾诺莎的观点，理解和接受同时进行，因为它们基本上就是同一个东西。理解伴随着接受。接受不像在笛卡尔模型中那样，跟在理解之后，而是像在斯宾诺莎模型中那样；任何评价都必须发生在接受之后。

这并不是说，在斯宾诺莎模型中，一个陈述不能被评价是真的还是假的。它说的是，一个单独的、随后的评估阶段发生之前，就有个体对信念的接受。而且，根据斯宾诺莎的观点，为了表征事件的假设状态，接受永远需要被克服。这也是为什么，表征那些可能非真的命题是如此之难。在斯宾诺莎模型中，它不是一种自然的默认策略。要表征一个假设，需要代价高昂的心理克服。搜集了很多现代证据之后，吉尔伯特（1991）认为，这些发现直接指向（支持）斯宾诺莎模型，而不是笛卡尔模型。自发式系统的默认设置就是接受命题。**撤销**接受，表征可能非真的命题，看来是分析式脱钩操作中的关键功能，这是一个代价高昂的计算过程。

自发式系统倾向于自动接收命题的偏差，以及仅仅在命题为真时加以表征，看来能解释人类在解决四卡片选择任务时的糟糕表现。如前所述，该任务的一个经典命题是：如果一张卡片的一面是元音字母，那么它的另一面就是偶数。参与者似乎忘记了，他们必须检验这个规则，而不只是判断它是否为真，还得判断它是否为假。他们的确翻开了 P 卡片（带元音字母），因为这张卡片背面可能有 Q（偶数，跟规则一致），也可能有非 Q（奇数，跟规则不一致）。这意味着，他们在检查这条规则可能的真假。然而，他们另外的选择暗示着，他们丝毫不关心潜在的证伪，也就是，他们翻开 P 卡片，就是想看到一个偶数，以证实这个规则是真的。这种对选择 P 卡片的解释理由是，大多数参与者选择翻开 Q 卡片（奇数），这不可能证伪这条规则。它能产生跟规则一致的证据（背面显示有元音字母），但它不能决定性地证实这个规则。只有确保不存在证伪情形，这才能实现，而这恰是参与者坚决没做的。他们没有翻开非 Q 卡片（奇数），这张卡片不能证实规则，但可以证伪它。这种选择类型暗示，正如约翰逊－莱尔德（1999）所言，自发式系统的自然倾向就是认定真实，然后集中注意力，确定焦点假设。只有在假定真实情况下的预期证据，才跟自发式系统的观点有关系。一个任务，要求明确关注可能非真的事件状态，就会搅乱自发式系统的自然倾向，而这就要求分析式系统能明确克服它。[5]

根据约翰逊-莱尔德和萨瓦里（1996；也见 Yang and Johnson-Laird 2000）的研究结果，要设计一个任务，让自发式系统的默认设置（比如真实原则）导致严重偏离，这并不难。请思考下面的问题，该问题来自他们的研究。

假设下面的断言中，只有一个关于具体手牌的说明是对的：
1. 有一张 K 在手里，或有一张 A 在手里，或两者兼有。
2. 有一张 Q 在手里，或有一张 A 在手里，或两者兼有。
哪一个更可能在手里：K 还是 A？

你得保证，回答完了再往下读。

约翰逊-莱尔德和萨瓦里（1996）发现，有 75% 的参与者认为，A 比 K 可能性更大。这个回答是错的，这也是为什么约翰逊-莱尔德和萨瓦里给他们的论文拟了这样的标题"概率的虚幻推断"。这种虚幻来自，表征真实信息很自然，而表征可能非真的状态不自然。你可能依然受制于这个幻觉，虽然你已把注意聚焦在真实原则的陷阱上了。约翰逊-莱尔德和萨瓦里指出，人们在那个问题中做出虚幻推断，因为他们分别把每一种陈述都当成了真实，但是忘了其中一个陈述是假的，而且他们应该算出背后的含义。陈述 1 代表的意思是，有一个 K，有一个 A，或两者都有；每一种情况都在一行中表征出来，见下面的模型：

K
   A
K A

陈述 2 代表的意思是，有一个 Q，有一个 A，或两者都有；每一种情况都在一行中表征出来，见下面的模型。

Q
　A
Q　A

因为包含 A 的行比包含 K 的多（4 比 2），这会导致参与者认为 A 出现的概率更高。参与者忘了，两个陈述中，只有一个是真的。他们没有考虑更复杂的过程，计算出要是其中一个模型不成立，另一个模型的含义。这是因为，两种陈述最初都表征为"真"的形式，在这种情况下，处理起来很复杂。

相反，要是问题在两种情况下表征为假，处理起来容易多了：

陈述 1 为假，如果：非 K 和非 A。

陈述 2 为假，如果：非 Q 和非 A。

现在，指导语说两个陈述中有**一个**为假。不管哪一个为假，手里都不会有 A。因此，手里**不可能有 A**，但是可能有 K，因此 K 出现在手里的可能性更大。

因此，**当人们把事件状态表征为假**时，问题计算起来就不会那么困难了。然而，认知科学的许多发现表明，自发式系统默认的表征倾向恰好相反。它习惯把注意焦点放在事件的真实状态上。约翰逊 - 莱尔德（1999）承认，对于一个计算系统来说，它是一个合理的默认设置。但是，他认为，这导致了处理科学假想世界的能力不足；在这个假想世界里，存在另外的处理结果，以及比较结果。只给事件的真实状态建模，这排除了第 2 章讨论过的假设思维。

相比之下，分析式系统允许表征可能为假的事件状态（比如，能把表征从它们锚定的世界中脱钩，把它们标记为虚拟状态），使得演绎推理技能、功利主义道德和科学思维这些文化成就有了可能。演绎要求表征所有可能的符号状态（而不仅仅是真的），功利主义决策要求表征所有可能的世界状态（即使某些永远都实现不了），而科学思维要求人们思考，他们获得的数据，从**另外的**假设来看是否也是一种合理的结果。

约翰逊－莱尔德的理论揭示的加工特征，毫无疑问缺乏适应性。他认为，人们在心理模型中只表征真实状态的一个原因是，他们试图最大限度地减少工作记忆的负担，而且，真实原则似乎作为一个合理的"一传"策略或"梗概"策略（Friedrich 1993；McKenzie 1994）。实质上，这就是进化心理学家的主张。然而，在现代世界中，复杂的问题解决越来越需要假设思维。虽然这种思维方式，曾几何时只是一小部分人的专利，然而，现代世界的认知生态带有抽象的、去语境化的特点，也日益要求每个人都有这种能力。

现在，你选它；现在，你不选它：框架效应损害了人类理性的观念

在经济学和决策论中，存在所谓"经济人"的标准观点。传统上，该观点假设，人们对于呈现在决策情境中的每一个选项，都有稳定的内在偏好。也就是说，它假定，一个人对于选择中可用选项的偏好是完全的，根据前面提及的决策公理（比如传递性）来说，很有秩序，表现良好。通过若干正式分析（Edwards 1954；Fishburn 1981；von Neumann and Morgenstern 1944；Luce and Raiffa 1957；Savage 1954），研究者证实，拥有这些表现良好的内在偏好意味着，人们追求效用最大化：他们采取行动，以得到自己最想要的结果。因此，"理性的经济人"在他们的选择中，通过这些预先存在的、秩序井然的偏好，追求效用最大化。他们根据的这些偏好，能有效地决定行为。

不过，现在的问题是，经过卡尼曼和特沃斯基（2000）以及其他很多研究者长达30年的研究，科学证据已动摇了这种具有秩序井然偏好的理性人观点。[6]好吧，说实话，基本问题（可是相当基本）是，许多人似乎根本就没有这种稳定有序的偏好。

这些研究试图揭示，人们的选择，有时甚至是非常重要的选择，能被一些无关紧要的因素影响，比如，替代选项的呈现方式，参与者对替

代选项做反应的方式（购买物品、口头指定、强制选择，等等）。在诸多相关文献中，这样的情况多达数十种。不过，其中最有说服力的一项来自特沃斯基跟卡尼曼（1981）的早期研究。面对决策1，请给出自己的选择。

决策1 想象一下，美国正面临着一种罕见疾病的威胁，这种病预计杀死600人。有两种方案能对抗这种疾病。假定对项目后果的科学评估如下：如果实施项目A，200人将被拯救；如果实施项目B，1/3的可能性600人获救，2/3的可能性没人获救。你更支持哪个项目，项目A还是项目B？

面对这个问题，大多数人都选了项目A，它肯定能拯救200人。单独这么看，没什么问题。只要跟对另一个问题的反应放在一起，事情就变得诡异起来。实验参与者（有时候是同一批人，有时候是另一批人）要回答一个额外的问题。还是老规矩，请给出你对决策2的即时反应：

决策2 想象一下，美国正面临着一种罕见疾病的威胁，这种病预计将杀死600人。有两种方案能对抗这种疾病。假定对项目后果的科学估计如下：如果实施项目C，400人将死掉。如果实施项目D，1/3的可能性600人获救，2/3的可能性600人会死。你更支持哪个项目，项目C还是项目D？

面对决策2，大多数参与者都选了D。因此，在两个决策场景中，最为流行的选项就是项目A和项目D。唯一的问题在于，决策1和决策2其实是同一个问题，它们仅仅是对同一场景的不同描述而已。项目A和项目C是一样的。在项目C中，400人死掉意味着有200人获救，恰好这就是项目A中出现的数字。同样，在项目D中600人有2/3的可能性死掉，跟项目B中600人有2/3的可能性死掉（"没人获救"）

是一样的。如果你在决策1中更支持项目A，你应该在决策2中更支持项目C。但是，许多人表现出的是不一致偏好，问题的措辞不同，他们的偏好也不同。重要的是，我们要注意，参与者自己（当同时呈现两个版本的问题时）认为问题是一模一样的，不同措辞不应该带来选择的差异。

在上述疾病问题中呈现的不一致，违背了基本的理性决策公理，即所谓的描述不变性特征（Kahneman and Tversky 1984, 2000）。如果**参与者自己**认为的无关特征影响了他们对问题的回答，那么，可以判定，他们根本不具有稳定有序的偏好。如果无关紧要的问题措辞，就能逆转个人的偏好，那么，人们就不可能实现预期效用最大化。描述不变属性的失效，对我们认为"人是理性的"这一观念产生了严重影响，尽管这样的失效不难产生。决策文献中充斥着类似的案例，俯拾皆是。请考虑下面两个问题（Tversky and Kahneman 1986），这是决策论文献中经常使用的一个赌博框架情境：

决策3 想象一下，除了任何你现有的财富，有人给你一份价值300美元的礼物。现在，你需要在两个选项中选择其中一个：

（A）肯定得到100美元；

（B）50%的可能性赢得200美元，50%的可能性没任何收益。

决策4 想象一下，除了你现有的财富，有人给了你价值500美元的礼物。现在，你需要在两个选项中选择其中一个：

（C）肯定损失100美元；

（D）50%的可能性损失200美元，50%的可能性没任何损失。

特沃斯基和卡尼曼（1986）发现，同一批人，有72%的选了选项A而不是B，有64%的选了选项D而不是C。同样，跟疾病问题一样，两个决策其实反映了完全相同结果之间的对比。如果有人喜欢选项A而不是B，他们也应该喜欢选项C而不是D。在选项A中，肯定获得

100 美元跟原来的 300 美元加起来，一共有 400 美元，这跟决策场景 4 中肯定损失 100 美元后的选项 C 总钱数（也是 400 美元）一样多。选项 B 意味着，50% 的可能性总额有 500 美元，50% 的可能性总额有 300 美元。跟决策场景 4 中的选项 D 相比，同样是 50% 的可能性有 500 美元，50% 的可能性有 300 美元。两者完全相同。

有个理论想要解释，为什么这些决策中会发生描述不变的失效现象。这个理论就是卡尼曼和特沃斯基提出的前景理论（1979；Tversky and Kahneman 1986）。这些例子的共同点在于，在两类问题中，参与者在收益情况下都是风险厌恶，而在损失情况下都是风险寻求。他们发现，决策 1 中，肯定收益（拯救 200 人）比同样预期价值的赌博更吸引人。在决策 3 中，肯定收益（获得 100 美元）比同样预期价值的赌博更吸引人。相反，在决策 2 中，肯定损失（400 人死掉）明显不如同样预期价值的赌博有吸引力。当然，这里的"肯定损失"400 人，参与者觉得不怎么有吸引力，事实上，这个结果跟决策 1 中他们认为比较有吸引力的"肯定收益"拯救 200 人完全一样！

同样，决策 4 选项 C 中的"肯定损失"，跟同样预期价值的赌博比起来，也不怎么有吸引力。在这样两类问题中，参与者根据零点，以收益和损失的方式对结果进行编码，而不是评估选项的最终位置。这是卡尼曼和特沃斯基（1979）前景理论最关键的一个假设（也见 Markowitz 1952）。另外一个重要假设是，损失的效用函数（负方向）比收益更陡峭。这也是为什么，即使面对积极预期价值的赌博，人们通常会有风险厌恶。你愿意跟我玩掷硬币吗？正面朝上的话你给我 500 美元，反面朝上的话我给你 505 美元？大多数人都拒绝这种对自己有利的赌注。表面看来，潜在损失比潜在收益小一点点，可在心理层面上，它比收益更大。

这里出现了两种人类决策时的特点，一种是效用函数差异化的坡度，一种是人们根据作为零参照点的现状，对选项重新编码。两种特点看起来也是自发式系统的特点。在决策情境下，它们是信息的自动化编码方式。它们不能被关闭，但是能被克服。比如，通过分析式策略，保证即使在问题进行不同表征时，人们依然持有不变的偏好。道斯（1988）指出，"前景理论描述的决策，是一种自动化加工的结果"（45）。倘若未被克服，我们编码决策信息的这两个特点能引起完全逆转的偏好，这意味着某种令人恐惧的影响，就像我们自发式系统偏好装置被构造的那样。这里隐藏着一个令人不安的观点，人们的偏好来自外界（来自有权力塑造环境、决定问题该如何呈现的人），而不是根据个人独特的心理而产生的内在倾向。因为大多数情境都可以任何方式被重新构造，这意味着，并不是人类拥有稳定偏好，可以被不同方式引发，而是引发过程本身就足以完全**决定**这种偏好是什么！这种观念，导致了经济学中"理性人"观点背后的基本概念轰然坍塌。此外，它还有潜在的社会影响。正如卡尼曼（1994）所说，稳定、理性、有序的偏好假设，被某些人拿来"支持这种立场，即我们不需要保护人们，对抗他们选择的结果"（18）。

描述不变性的展示还有许多不可忽视的现实影响。比如，在医学治疗的重要领域，结果信息通常要么被表征为损失，要么被表征为收益。麦克尼尔、波克尔、索克斯和特沃斯基（1982）的研究发现，跟前面的案例一样，用不同措辞表述同样结果，就能导致医生面对肺癌时选择不同的治疗方案。他们指出，无论对医生，还是对受过统计训练的人来说，这些人表现出的框架效应跟临床病人一样大。请留意，医学治疗的偏好居然会因为措辞不同而逆转，而这些措辞**没有传达任何不同的信息，也没有改变结果本身**。这有点儿吓人。这个案例表明，违反描述不变性是如何真正的可怕——这是一种多么可怕的非理性反应。（它因为自身的不一致，违反了工具理性的基本约束，让人们无法得到他们最想要的结果）

这些问题都有一个关键特征，即参与者似乎接受了问题的框架，把它作为一种设定，而不是尝试利用另一种框架看问题，以判断是否会有不一致结果出现。特沃斯基（1996a）认为，"这些观察说明的现象可被称为接受原则：人们倾向于接受问题呈现的框架，在这种框架下评估结果"（8）。这里，我们有了另一个自发式系统加工偏差的阐述。在此之前，我们谈及了约翰逊-莱尔德（1999）的真实原则，以及被吉尔伯特（1991）检验过的斯宾诺莎的理解和接受的融合。自发式系统偏向于自动接受命题，也偏向于接受给定的语境。面对问题，要想让人探索其他的假设和框架，我们就必须使用分析式系统，克服这种自然的加工倾向。

这些违背描述不变性的案例，仅仅是冰山一角。不计其数的文献，都揭示出这种不正常的判断普遍存在。[7]它们暗示，人们不能被刻画成效用最大化者；根据前一章对理性的界定，他们无法表现出一致的理性。另外，重要的是，我们必须面对这个事实：人类的选择，轻而易举就被框架给改变了，这将带来不可忽视的社会和经济影响。

很多年前，泰勒（1980）描述了这样的现象：信用卡行业强烈游说，任何信用卡和现金之间的收费差别都被认为是对使用现金打折，而不是针对使用信用卡的额外收费。他们内心很清楚卡尼曼和特沃斯基（1979）前景理论的假设，即任何额外收费都会在心理上被认定是损失，而且在负面效用的评估中会被看重。相反，折扣会被认为是一种收益。因为收益的效用函数在坡度上比损失要平缓，放弃折扣在心理上要比接受额外收费更容易。当然，两者代表的其实是同样的经济结果。信用卡行业仅仅通过让人们把高价接受为正常，把问题重新描述，就很容易地实现了信用卡收费的目的。

描述不变性是理性选择的一个重要属性。而且，如前所述，在很多选择场景下，这一属性都被违背了。有一个相关的原则叫程序不变性，对于人们的决策制定而言，它同样基础，也同样问题重重。就像描述不变性一样，程序不变性是标准理性选择模型中最基本的一个假设

(Kahneman and Tversky 2000；Slovic 1995)。它认为，偏好引发的方式不应该影响选择。然而，尽管这个假设对于"理性经济人"概念来说很基础，过去30年不断积累的证据却是，因为程序不变性被违反，经常引发偏好的非理性设定。

考虑下面两份合同：

合同A：五年之后，你将得到2 500美元。

合同B：一年半之后，你将获得1 600美元。

特沃斯基、斯洛维克和卡尼曼（1980）发现，75%的参与者都会选合同B而不是合同A。但是，当被问及，要是他们手上有这两份合同，每一份他们最少想卖多少钱时，75%的参与者又都给合同A设定了更高的价格。这套反应再一次导致非传递性，有可能会引发钱泵的灾难性后果。[8] 在现代市场经济中，我们总是在定价和选择，本章揭示的程序不一致性[9]表明，人类认知中存在着次优模式，这也许意味着，我们无法实现工具理性，我们并不总能得到我们最想要的东西。

当把刚才被违反的理性选择原理（确定性、传递性、描述不变性、程序不变性，等等）呈现给参与者时，事实上，面对问题他们都认可这些原理。正如沙菲尔和特沃斯基（1995）描述的那样："当面对着自己的选择违反了支配性或描述不变性这一事实，人们通常想要改变自己的行为，以便遵循这些理性原则……人们倾向于接受支配性和描述不变性的规范力量，即使他们在实际选择中常常违反它们"（97）。当把原理明确呈现给参与者时，他们都认可理性约束，这意味着，大多数参与者的分析能力达到了这种水平：他们认可理性选择原理的力量。尽管意识上认可理性原则，可人们还是做出非理性选择，这又暗示，非理性选择的终极原因在于自发式系统，这是人类大脑中忽视他们的那一部分。

进化心理学能拯救人类理性的理想吗

这一章到现在为止，我把焦点放在了工具理性的约束上。但是，人们也经常违反认识理性的典型原则。他们错误地协调理论和证据，他们表现出证实偏差，他们无效地检验假设，他们没有正确调校信念程度，他们把自己的想法过多地投射给别人，他们允许先验知识妨碍演绎推理。此外，他们在认识论领域，还表现出其他很多信息加工偏差。这些推理错误，在该领域的好几篇综述中都有详细阐述。[10]

总体来看，无论是解决问题还是决策，人类都伴随着非理性，这些非理性表现可以列一个长长的表单。这张表单就像画笔一样，为我们呈现出一幅令人忧心的人类理性的画像。然而，在过去十年中，对这些发现的另外一种解释出现了。提出者是为数众多的进化心理学家、适应主义建模者，以及生态理论家（比如 Cosmides and Tooby 1992，1994b，1996；Gigerenzer 1996a；Oaksford and Chater 1998，2001）。在最经典的启发式和偏差实验中，许多典型反应都偏离了人类理性的预测；他们对此进行了重新解释。他们认为，这些反应其实是一种最优化的信息加工倾向。他们还说，启发式和偏差的传统研究，根本没有证实人类的非理性，而一种认为人类具有完美理性的乐观看法，依然站得住脚。

进化心理学家说，启发式和偏差领域的研究者，错误描述了自发式系统的启发式。他们通常认为，自发性启发式是一种捷径，以便避免最优化理性模型所要求的计算负载。这种把自发性启发式界定为次优捷径的看法，遭到了进化心理学的反对。他们指出，自发性启发式不能被看作没有实现某些理性目标，而应被视为彻底优化的加工装置，它被设计出来就是为了解决一套具体的进化问题。他们中有人走得更远，甚至宣称，在启发式和偏差任务中表现出的非最优化选择，不应该被视作非理性。事实上，考斯米兹和图比（1994a）把自发式进化模块称之为"比理性还理性"。

为了理解进化心理学家的看法，我们需要检查他们对违反理性原则现象的重新解释；我在前面详细论述了这些现象。我打算在这一章开展检查。我得承认，进化心理学家的工作揭示了人类认知某些极为重要的内容。不过，他们误解了人类理性的本质，而且混淆了该领域的重要差异。在我看来，认知运作的双过程模型，如第 2 章所述，提供了一种调和双方立场的可能：争论的一方是进化心理学家，另一方是启发式和偏差领域传统的研究者。双过程模型承认，的确如进化心理学家一再强调的那样，某些领域特殊性的自发式系统加工非常有效。但是，不像他们，双过程理论家同时也强调领域一般性加工的重要性。我认为，确保工具理性的恰恰就是跟执行控制和问题解决有关的非自发的、序列加工的操作。因为，在自发式系统引发的反应威胁个人水平的最优化结果时，它能克服这些自然倾向。

此外，我还认为，现代社会具有非同一般的能力，它能创造出很多不匹配现象：一端是自发式系统的输出，它们在进化标准下实现了最优化，另一端是个人水平上实现工具理性需要的反应（参见第 2 章的图 2-2）。其实，现代社会许多有影响力的社会和市场机构（比如广告），就是特地设计出来利用这一冲突的。在下一节，我将描述某些基本的自发式系统的加工偏差，这使得它们更容易被人利用。进化心理学家说，在大多数日常生活中，自发式系统就能保证工具理性。没错，这是对的。不过，在少数情况下，自发式系统中的基本计算偏差跟我们个人利益冲突时，就会给人带来艰难和悲痛。

自发式大脑的基本计算偏差

思考下面的三段论。问问自己，它是否成立，是否结论能从两个前提中推导出来：

前提 1：所有生物都需要水。

前提 2：玫瑰需要水。

因此，玫瑰是有生命的东西。

你是怎么想的？请判断结论符合逻辑还是不符合。之后再往下读。

很多大学生都看过这道题，如果你像他们中的70%一样，你会认为这结论是对的。而且，如果你真的像70%的大学生那样，认为结论有效，那你就错了（Markovits and Nantel 1989；Sá, West, and Stanovich 1999；Stanovich and West 1998c）。前提1说的是，所有生物都需要水，而不是所有需要水的都是生物。因此，这里仅仅因为玫瑰需要水，我们就说它符合前提1，它是一种生物。如果这还没讲清楚，你可以思考下面具有同样结构的三段论，就会想明白：

前提1：所有昆虫都需要氧气。
前提2：老鼠需要氧气。
因此，老鼠是昆虫。

现在，看起来很清楚了：结论并不是从前提推导而来。

如果逻辑上等价的"老鼠"三段论解决起来如此容易，为什么"玫瑰"问题那么难？好了，一个理由是，结论（玫瑰是生物）看起来如此合理，因为在真实世界中，你知道它是对的，而这成了障碍。逻辑有效不是结论是否可信，而是结论是否遵循前提，可由前提推导出来。同样的因素，使得玫瑰问题如此困难，也使得老鼠问题很容易。根据我们所在世界的定义，"老鼠是昆虫"是错的，这个事实使得我们很容易看出，该结论并不遵从前面的两个前提。

在这两个问题中，跟世界本质有关的先验知识（玫瑰是生物，老鼠不是昆虫）卷入了某种类型的判断（逻辑有效的判断）中，而这种判断被假定独立于内容。在玫瑰问题中，先验知识起了阻碍作用；而在老鼠问题中，先验知识起了促进作用。事实上，如果我们真想检验一个人在三段论中处理关系的能力，最好使用完全陌生的材料。比如，我可能告诉你，让你想象，你正在参观另一个星球，而且你发现下列两个事实：

所有属于哈登类的动物都很凶猛。

瓦姆佩特很凶猛。

我们接着会要求你判断，下面的结论是否符合逻辑：瓦姆佩特属于哈登这一类动物。我们这里看到，结论并不符合逻辑。研究发现，跟玫瑰版本相比，这种版本更容易让人看到结论无效，但老鼠版本比这个版本更容易让人得出同样结论。这些不同表明，事实知识在玫瑰问题和老鼠问题中都卷入颇深，尽管三段论的推理内容不应该影响它的逻辑效度。这种影响在玫瑰问题中相当大。对于同一批大学生而言，只有 32% 的人回答正确，而面对带有不熟悉材料的逻辑等价版本（先验知识没起干扰作用的版本），有 78% 的人给出了正确答案。

玫瑰问题说明了一种自发式系统最基本的计算偏差，即解决问题时，人们倾向于自动使用所有呈现的语境信息。解决这类问题时，即使个人被明确告知，务必忽视结论在真实世界中是否可信，先验知识也会影响他们的表现。这说明，把问题语境化处理的倾向非常普遍，很难被阻断，因此，它也被视作一种基本计算偏差。不管我们喜欢还是不喜欢，这种偏差在几乎所有思维活动中都能见到[11]。这种强制加工的特点，是类反射的自发式加工的一种定义特征。

当然，倾向于使用所有可用的语境信息作为补充，对问题解决而言通常是一种帮助，而非阻碍。在本章中，跟进化心理学家的主张一致（比如 Barkow, Cosmides, and Tooby 1992；Buss 1999, 2000；Cosmides and Tooby 1994b；Pinker 1997；Plotkin 1998；Tooby and Cosmides 1992），我认为，这些基本计算偏差保留在大脑中，因为它们在所谓的进化环境中是适应的，那是我们的祖先环境；这一环境贯穿了整个更新世的数百万年。简而言之，在进化上，这些计算偏差都能讲得通，都有一定道理。除了在进化环境中很有用，即使在当前环境下它们也常常能带来好结果。即便如此，我认为有必要指出，现代世界呈现的情境，有可能使得基本计算偏差带来的语境化倾向变得问题重重。这些情境在数量上很少，可它们影响极大，一次误判就可能带来大得不成比例的严重后果，影响个人的未来效用最大化，影响他未来生活目标的实现。

在当前环境类似于进化环境的情况下，被认为具有一套基本计算偏差的人类大脑，其实能相当有效地帮助人类实现目标。然而，当技术社会制造了新问题，搅乱了这些进化适应机制之后，人类必须使用某种程度上作为文化发明的认知机制，以便克服基本计算偏差，因为此时它们会带来错误反应。这些文化引发的加工模式是抽象的分析式理性思考过程，它们计算起来代价不菲（Dennett 1991；Rips 1994；Sloman 1996，2002）。重要的是，回想一下第 2 章的内容，自发式系统加工贯穿于大脑所有的运作中，而且它们不能被"关闭"，不过可以被各个击破。[12]

人类认知的基本计算偏差，来自自发式大脑中的自动推断机器。这些偏差的作用是，提供丰富的补充知识，以便我们在面对真实世界的问题时，能用来支撑自己偶尔遇到的零碎和不完整的信息。我曾经在其他地方讨论过四种相互关联的偏差（见 Stanovich 2003），它们是：

1. 人们倾向于使用尽可能多的、容易获得的先验知识，把问题语境化。即使问题类型是形式的，只能通过无特定内容的规则来解决。
2. 人们倾向于把问题人际化，即使在人际线索很少的情况下。
3. 人们倾向于看到有意的设计和类型，即使在缺乏有意设计和类型的情况下。
4. 人们倾向于使用某种思维的叙述模式。

这些偏差或加工的预设值，通常以相互强化的方式运作，每一个在进化上都很有意义。然而，问题情境依然会出现——现代技术社会战胜这些加工的默认设置，要求它们被克服，以便实现个人的工具理性，即根据他们的个人目标，如果人们想要得到他们最想要的东西。

基本计算偏差的进化适应性

前面讨论过的每一种基本计算偏差，都是人类认知的一个功能层面。事实上，它们基本，就在于它们是人类进化史上出现的基本系统（自发式系统）的倾向。因此，它们的出现，远远早于分析智力更抽象特征的产生（Mithen 1996，2000，2002）。那么，这些计算偏差为何在人类进化史上会出现？许多研究者在理论和实证两个层面给出了令人信服的解释（Cosmides and Tooby 1992；Humphrey 1976，1986；Mithen 1996，2000，2002；Pinker 1997）。思维的人际化，以及倾向于在环境中看出有意设计，遵循的进化假设是社会智力假设[13]，即意图归因，能让人们对同类的行为做出预测。对于社会性灵长类来说，跟其他个体之间进行行为协调，是他们面临的一个主要的进化挑战。在很多情况下，对付社会环境的挑战比掌控物理环境计算起来更复杂（Humphrey 1976）。

意图归因倾向可能还有其他的进化渊源。丹尼特（1991，32）指出，我们有一种内在倾向，认为我们环境中快速波动的物体具有灵魂，而这似乎是一种进化设计的诀窍，能让我们不必想太多，就对这个世界进行归类。使用被丹尼特（1978，1987）称为意向立场的普遍倾向，存在于许多基本计算偏差中，特别是那种在世界上看到人为设计的倾向，以及把问题人际化的倾向。在自发式系统中，可能存在着基于生物性的大脑结构，以便支撑朝向其他动物的意向立场（Baron-Cohen 1995；Baron-Cohen, Tager-Flusberg, and Cohen 2000）。进化上较为晚近的分析式认知，没有取代这些更古老的社会性机制，而是建立在它们之上（见 Dennett 1991，1996；Mithen 1996）。因此，社会智力层面甚至会跟抽象问题发生纠葛，而这些问题用后来发展出的分析智力最好解决。

最后，很多人提出不同理论，解释为什么人们以先验知识对问题进行语境化的自动加工是适应的。比如，埃文斯和欧沃（1996）认为，过去曾帮过我们的信念很难卸载。而且，因为它们过去的用处，我们会把它们投射到新信息中，这可能有助于同化新信息。这种主张认为，语境化的适应性在于，在自然生态下，我们大多数先验知识都真实有效，把我们的信念投射到新数据中，能够更快地积累知识。我把它称为知识投射论证（Stannovich 1999）。在认知科学非常多的学科和专业中，这种说法都曾出现过。比如，知识投射论证被用来解释社会心理学中的错误一致性效应（Dawes 1989，1990；Hoch 1987；Krueger and Zeiger 1993），学习预期效应的发现（Alloy and Tabachnik 1984），评估科学证据时的种种偏差（Koehler 1993），意图归因中的现实主义影响（Mitchell，Robinson，Isaacs，and Nye 1996），三段论推理（Evans，Over，and Manktelow 1993），以及非形式推理（Edwards and Smith 1996）。当然，这些理论家都强调，为了获取知识投射的好处，我们必须从比较**准确**的信念中进行投射（在大量不准确的信念中，情况完全不同；见 Stanovich 1999 第 8 章的讨论）。

当前讨论的知识投射主张，有一个重要意义：进化心理学家用它来解释，为什么许多人在启发式和偏差任务中没有做出最优化反应。因为，要正确回答这些问题，通常需要某种程度的去语境化。因此，自发式系统引发的语境化倾向，常常导致错误反应。比如，认知科学家史蒂文·平克最简单通俗地阐述了这一论点。他认为"当然，在学校之外，忽视你自己知道的东西没有任何道理"（304）。

真是这样吗？在这一章中，我认为，平克恐怕低估了很多"真实世界"中的下述情形——这时我们的确应该"忽视我们知道的"，或忽视我们相信的，或忽视我们认为的。思考一下：

1. 售货员应该忽视客户的侮辱行为，他知道对方是个粗鲁的家伙，于是彬彬有礼地对待他，就像对待其他所有客户一样。
2. 律师应该忽视他的委托人有罪这个事实。
3. 教师应该忽视一个故意想惹他生气的学生。
4. 司法程序以及它的实施，就是用来忽视被告和原告的已有记录。

最后，正如平克（1997）所言，作为现代技术社会根基的科学就是依赖于"忽视我们知道的或相信的"。当你认为条件 A 是对的，检测控制组在条件 B 下的表现，其实就是你忽视自己相信的一种形式。科学就是一种系统化地忽视我们所知道的形式，这种忽视至少是暂时的。这样，我们就能在得到证据之后，重新调整我们的信念。

要举出这样的例子来一点儿也不难，稍后我会回到这个问题上来：现代社会怎样要求我们忽视自己所知道的。然而，在继续讨论之前，我需要更详细地描述一下进化心理学家是如何重新解读已有发现的：在启发式和偏差文献中，人类在很多问题上都存在普遍的非理性。

对启发式和偏差任务反应的进化解释

在这一节中，我打算阐述，面对在大多数经典启发式和偏差实验中人类的典型表现，进化心理学家、适应主义建模者以及生态理论家提出了怎样的不同解释。这些表现曾被认为反映了人类的非理性，而这些修正主义者则认为，它们反映了一种最优的信息加工适应，适用于参与者本身。这里有一个例子，同样由第 2 章介绍的沃森（1966）选择任务提供，我在这一章也多次提及：如果一张卡片的一面是元音字母，那么它的另一面就是偶数。你要翻开哪一张卡片，以便判断这条实验者给出的规则是对的还是错的。接着，你看到了四张卡片，A、K、5、8，全部面朝上。前面说过，参与者经常做出不正确的 PQ 反应，研究者提出很多解释，试图理解这一现象。对于现在的语境来说，重要的是，这些解释中有些认为，不正确的 PQ 反应来自有效和优化的认知机制的运作。比如，欧克斯福德和蔡特（1994，1996；也见 Nickerson 1996）认为，许多人并没有把这个问题当成一个演绎推理任务（而实验者是这么认为的），而是把它视作概率假设检验的一个归纳问题。他们指出，如果对问题进行归纳翻译，按照最优的数据选择（他们自己使用了贝叶斯分析），PQ 反应事实上就是一种预期反应。其他研究者对普遍的 PQ 反应给出了不同的解释。不过，他们的共同点都是认为，这种反应曾被视作反映了人类推论能力的一种认知故障，实际上反映的是一种以最优状态运作的有效的认知机制。比如，斯波伯、卡拉和吉罗托（1995）强调，该选择任务中的表现由推断理解的最优认知机制驱动，而这些机制是"旨在朝向相关的沟通行为的优化加工"（90）。

我们在第 2 章讨论过琳达问题（Tversky and Kahneman 1983）。对该问题的广泛研究曾使得启发式和偏差研究者认为，人们常常给出错误答案。很多理论家试图反驳这种观点，认为参与者的反应其实是理性的。对琳达的描述（她主修哲学……她非常关注歧视和社会公正，等等），使得人们更容易判断琳达是一个积极参与女权活动的银行出纳，而非"她只是一个普通的银行出纳"。不少研究者认为，这可不是什么不符逻辑的认知，它是一种理性的实用主义的判断，尽管这种判断导致了琳达问题上违反概率论的错误逻辑。[14]

希尔顿（1995）总结了这些批评观点，认为"会话推论的归纳性质暗示，许多实验结果被认为是错误推理，其实可能是对实验者给定信息的一种理性解释"（264）。这种对于琳达问题典型反应的另类解释，就是主张：前面列举的（倾向于把抽象问题人际化）基本加工的默认倾向 2，在这个情况下，是一种理性的默认设置。简而言之，这些批评认为，人们表现出的结合谬误是一种理性反应，这种理性反应是由对社会线索、语言线索和背景知识的适应性加工导致的。

作为下一个例子，请思考一个 2×2 的共变决策任务。参与者被要求，根据一个假想的设计良好的科学实验，评估一种药物的有效性。他们被告知：

150 人服用该药物，被治愈。
150 人服用该药物，未被治愈。
300 人未服用该药物，被治愈。
75 人未服用该药物，未被治愈。

这些数据对应着一个四单元的 2×2 列联表，传统上被分别标记为 A、B、C、D。参与者被要求，根据这些数据，评估药物的有效性。前面很多研究结果表明，参与者评估信息的重要性时考虑的顺序是，单元格 A＞单元格 B＞单元格 C＞单元格 D，单元格 D 被赋予最小的比重，得到最少的关注（见 Arkes and Harkness 1983；Kao and Wasserman 1993；Schustack and Sternberg 1981）。忽略单元格 D 的倾向不是最优，事实上，差异化地对四个单元赋予重要性都不是。合理的策略（见 Allan 1980；Kao and Wasserman 1993；Shanks 1995）是使用条件概率规则，从指标存在时的目标假设概率中减去指标不存在时的目标概率。在数学上，这个规则相当于计算 Δp 的统计值：$[A/(A+B)] - [C/(C+D)]$（见 Allan 1980）。比如，这个案例中的 Δp 值计算出来相当于 -0.300，这是一个负相关。

最优判断是赋予每个单元同样的重要性，而在该实验中，典型的参与者相当低估单元格 D。然而，安德森（1990）模拟了一个 2×2 的列联表评估实验，使用了适应信息加工模型，得到了令人大吃一惊的结论。他证明，自适应模型（对环境做出某种假设）能够预测多次重复发现的单元格 D（原因缺失，结果缺失）被严重低估现象（不同观点，见 Over and Green 2001）。因此，我们再一次看到，人类在某个问题上的典型反应，违反了某些认知心理学家认为的理性反应规则，但是有人从适应主义的分析角度，捍卫了它们。

最后一个例子来自概率学习范式，它在心理学中有很多不同版本。[15] 其中一个版本是，参与者坐在两盏灯前面（一盏红灯、一盏绿灯），研究者要求他们预测，在每一次试验中哪一盏灯会亮。这样的预测要做好几十次。回答正确的话，他们通常就能拿到钱，作为奖赏。事实上，实验者设定程序，让两盏灯随机点亮，规定在 70% 的时间里红灯点亮，在 30% 的时间里绿灯点亮。参与者的确很快判断出来，红灯亮的时候更多，红灯亮的次数也多。大多数时候，预测时他们不断调整，预测红灯大概在 70% 的时间里亮，绿灯在大概 30% 的时间里亮，这跟既定概率是一致的。

概率匹配策略其实不是最好的。因为在这个实验中，它确保参与者只能在 58% 的时间里给出正确答案（$0.7 \times 0.7 + 0.3 \times 0.3$）。而在每一次预测中都认为红灯亮，这种替代策略能产生高达 70% 的正确率。事实上，很多实验都指出，在概率学习实验中，动物和人都不能达到最优的预期效用。然而，吉格仁泽（1996b）发现，概率匹配在某些情况下，实际上是一种进化最优策略（见 Cooper 1989，and Skyrms 1996，他们举了很多例子）。于是，我们又多了一个例子：概率匹配传统上认为是非理性，但进化心理学家和适应主义者认为它是理性的。

带着这些新解释，进化心理学家挑战了启发式和偏差研究者的传统结论。后者倾向于把非理性归为任何一种不符合概率、逻辑和效用理论原则的反应。相比之下，生态理论家、适应主义建模者和进化心理学家批评这些经典任务，提出了重新解释这些结果的方式，认为它们是理性的。他们认为，这是保留人类理性假设的一招。除此之外，在认知科学很有影响力的领域中，有人重新设计某些启发式和偏差任务，发现自发式模块能够引发更多的正确反应，提高人们的表现，即使在某些最困难的问题中都是如此。[16] 这些结果和理论主张，被某些理论家视作对一种盲目乐观立场的支持（第 6 章会详细介绍这一立场），认为人类天生就是理性的。在本章的其余部分，我打算解释，为什么我认为以这种方式阐述进化观点是一种误读。

我明确承认，许多适应主义模型和进化模型描述精确，令人印象深刻。在各种启发式和偏差任务中，这些模型都能预测人们的典型反应。不过，我的解释试图理解另一个重要的实证发现，即做出进化心理学家捍卫的典型反应的参与者，跟在启发式和偏差任务中做出理性决策的参与者不同，前者的认知能力低于后者（Stanovich 1999；Stanovich and West 1998b，1998c，1998d，2000；West and Stanovich 2003）。这种模式在前面讨论的若干任务中都存在。比如，多亏了最佳数据选择模型（Oaksford and Chater 1994），我们才能预测四卡片选择任务中典型的 PQ 反应。但是，我们还得面对令人困惑的发现，这一模型认为的最优化反应（PQ），是由一般智力较低的参与者给出的。而在对问题进行严格演绎解释的情况下，其他智力更高的参与者给出了正确反应（P 和非 Q）。

一种类似的困惑，围绕着跟琳达问题有关的发现和分析，它们强调犯组合谬误的倾向，其实反映了一种演化而来的对社会语言线索的利用。这样做的人，其实在大多数研究中都是大多数，而且，使用这种实用线索和语境知识通常被认为反映了适应性的信息加工，因此，我们有理由认为，这些人具有极高的认知能力。在我自己的实验室开展的研究中，我们发现结果恰恰相反，犯了结合谬误的参与者，他们的认知能力**低于**那些少数没犯的人。因此，为什么组合效应成了琳达任务中的典型反应，实用主义解释也许是对的。问题在于，这些典型反应没有出现在该群体智力最高的一群人身上。

同样，在 2×2 共变探测实验中，我们发现，那些能对单元格 D 更**一视同仁**的参与者（而不是那些适应主义模型预测的低估这个单元格的人）拥有更好的认知能力。当然，安德森（1990，1991）也许是对的：他开发的信息加工的理性模型，在该任务中预测到大多数人低估单元格

D。但是，在我们进行个体差异分析时，更严重的低估事实上跟**较低**的认知能力有关系。

同样，我们最近使用不同范式，进行了好几个概率匹配实验（West and Stanovich 2003）。我们发现了同样的模式，概率匹配的典型反应跟进化心理学的分析一致。不过，大多数拥有较高认知能力的参与者给出了工具理性的选择，他们在每次判断时预测最有可能的结果。当然，基于进化理由予以捍卫的选项（概率匹配）再一次成为典型选择。但同样地，正如前面看到的那样，具有最高智力的参与者给出的选择是最大化选项。

最后，思考一下前面讨论过的知识投射主张，即以先验知识对问题进行语境化处理是一种适应倾向，因为在自然生态中，我们大多数的先验知识都是正确的。进化心理学家通常使用这种主张，为启发式和偏差任务中的不规范反应辩护，因为这些任务都要求某种程度的去语境化。知识投射解释的确能解释，为什么表现出信念偏差和其他语境化效应是一种典型反应，但是，个体差异研究发现了相反的情况。认知能力较高的参与者解决问题时，投射先验知识的倾向较弱，他们更容易克服自动的语境化加工（Stanovich 1999）。

在刚才回顾的结果中，有两个基本模式需要加以调和。进化心理学家的解释，正确预测了大量启发式和偏差任务中的典型反应。然而，在所有这些案例中，尽管适应主义模型成功预测了人们的典型反应，个体差异分析（比如，跟认知能力的关系）需要得到解释。

事实上，进化心理学家在个体差异问题上缄默了。他们的理论装置缺乏解释这些相关个体差异的机制。然而，第2章介绍的双过程认知架构同时涵盖了这两点：第一，许多进化和适应主义模型具有令人印象深刻的准确描述；第二，有时，认知能力跟适应主义分析认为的最优反应分离了。如果有下面的假定，这些数据就能说得通：①存在第2章概述的两种加工系统，它们具有不同特点；②正如第2章所述，两种加工系统对不同情境和不同目标进行最优化；③在具有较高认知能力的个体中，分析式系统有更大可能克服自发式系统引发的反应。

我的观点是，在许多任务中，自发式系统引发的自然加工倾向导致了错误的反应。最初，这些倾向被特沃斯基和卡尼曼（1974）[17]称为自动化的启发式。进化心理学家有可能是对的，这种自发式系统引发的反应具有进化适应性。不过，他们的进化解释没有驳斥启发式和偏差研究者的立场，即在个人水平上，一小部分人做了不同的反应。为了做出同时符合认识理性和工具理性的反应，具有更高分析智力的人更容易克服他们自动化的自发式系统反应。

为了理解现在的情况，我们有必要重新调用前面章节中做出的区分：进化适应代表复制子目标的最优化，而工具理性代表载体目标的最优化。这种区分也暗示了双方握手言和的可能性：一边是启发式和偏差研究者，他们强调人类认知中的故障和问题（Kahneman and Tversky 1973，1996，2000），另一边是进化心理学家，他们强调人类认知的优化设置（Cosmides and Tooby 1994b，1996）。比如，进化心理学家喜欢强调认知运作的优化表现；他们说，认知心理学家提出的某种推理错误，是人类推理中的典型层面和问题层面，可它们事实上具有符合逻辑的进化解释。他们做出了重大贡献，为进化解释提供了实证支持。不过，这也不意味着我们对认知变革的关切就错了。复制子和载体目标具有分离的可能性，这暗示说，进化适应并不保证工具理性。

基本计算偏差和现代社会的去语境化要求

进化心理学家倾向于强调基因目标跟个人目标一致的情况。他们这样做没错，因为通常都这样。在自然界中不同物体之间准确导航，这种能力在进化环境中是适应的。同样，在我们身居其中的现代社会，这种能力也为我们的个人目标服务。这种情况适用于其他的进化适应器：令人惊讶的是，人类是一台精致的频率检测器（Hasher and Zacks

1979），他们几乎不费吹灰之力，就能推测出他人的意图（Levinson 1995），他们还能从相当糟糕的输入中获得复杂的语言编码（Pinker 1994）。所有这些机制都有助于现代社会中个人目标的实现。但所有这些都不意味着，两者之间总是100%一致。

悲惨的是，现代世界往往制造出一些情境，妨碍进化适应性的认知系统默认设置，使其不能产生最优反应。许多这样的情境，都跟前面讨论的基本计算偏差有关系，这些偏差有助于把问题解决的情境深度语境化。可是，现代技术社会制造的很多怪异情境，提供给人们的都是非语境化的信息，要求人们必须以抽象和非人际化的方式处理它们。这些情境要求人们主动克服社会性的、叙述的以及语境化的倾向，而它们都是自发式系统运作的典型风格。这些情境，也许在数量上不算多，但可能会涉及现代社会极其重要的诸多领域。的确，它们在某种意义上**界定**了现代社会，一种基于知识的后工业化社会。

在前工业化社会为生存服务的设计机制，显然，在一种技术文化中有时会适应不良。我们储存和使用能量的机制，是在保留脂肪很有用的时期进化出来的。这些机制不再为技术社会的个人目标服务了；此时此地，每个角落里几乎都有汉堡王。在我看来，许多基本计算偏差也扮演着类似角色，它们直接跟去语境化的时代要求相抵触。这些要求来自一个高度官僚化的社会，它们被强加在每个公民身上。其实，这也是学校为什么不得不明确教授认知去语境化能力的原因。[18]

现代社会制造了很多情境，它们要求彻底去语境化，即要求一个或多个基本计算偏差被分析智力给克服。比如，当代法律秩序诸多方面都很重视剥离已有的观念和知识，使之不干扰证据的评估过程。目前，已出现了跟陪审团裁决争议有关的麻烦，这些可理解的事被媒体大肆渲染。因为陪审团的理论和叙述是有意识虚构出来的，跟证据本身没任何关系，它们更多地基于背景知识和个人经验。举个例子。巴尔的摩的一个陪审团对一个谋杀嫌疑犯做出了无罪释放的裁决——他曾被四名目击者指认，而且也曾向两个人认罪——因为"他们发明了自己关于犯罪的高度虚构的理论"（Gordon 1997，258）。在这个案例中，肇事者本来想请求判自己 40 年有期徒刑，但这个提议被受害者家人断然拒绝。同样，莱夫科维茨（1997）描述了这样一个案件：几个十多岁的青少年在新泽西郊区残忍地虐待一个年轻的智障女孩，还强奸了她。而一个陪审团成员炮制了一种情有可原的情况，说其中一个肇事者认为，他仅仅在参加一场"成人礼"。可从来没有证据表明，这个"成人礼"曾在多月以来的证词中出现过。

要点在于，身处一个要求疏离和脱钩的文化情境下，执行这些去语境化要求的人通常做不到这些，即使有法律强制。陪审团处于一种高度"有创意"和"叙事"模式中，这样的审判后报道已引发了强烈争议。如果民调可以相信的话，相当多一部分美国人都会因为陪审团宣布 O. J. 辛普森无罪释放而怒不可遏。面对陪审团在罗德尼·金被毒打一案中对相关人员的初步审判，恐怕同样会有令人震惊的相似数据。在各自的案件中对证据进行去语境化处理，这一点两个陪审团都没有做到，于是他们遭到了来自自己同胞的愤怒抗议。因为，这是一个文化或法律对公民的期待，即在某些情况下，人们应该能执行这样的认知操作。

当代社会的许多工作都有去语境化的需要。思考一下零售业常见的一句忠告"顾客永远都是对的"。这句话通常被理解成，即使在顾客无端进行言语侮辱的情况下，也要彬彬有礼，虽然这些侮辱泼在脸上就像硫酸。面对这种冒犯，服务员依然要礼貌、友善，即使这种情绪化的社会刺激毫无疑问会引发她们的自我防卫和情绪反应，这些进化而来的具体模块很容易一触即燃。所有这些情绪，所有这些人际化的归因，所有基于自发式系统的基本计算偏差，这时都必须被服务员抛在一边，而代之以一个抽象规则"顾客永远都是对的"。在这种基于市场交易的、特殊的、社会建构的领域中，这一规则需要被遵守。作为服务员，她必须意识到，自己没有跟这个顾客发生**实际的**社会交往（真是这样，真想对着这人的鼻子给他一下！），而是处于一个特殊的、实质上不自然的领域；该领域使用一套不同的规则。

现代技术社会不断提供丰厚的奖励，支持这样的人：他们能掌握细微的数量和言语区别，能够以抽象和去语境化的方式进行推理（Bronfenbrenner，McClelland，Wethington，Moen，and Ceci 1996；Frank and Cook 1995；Gottfredson 1997；Hunt 1995，1999）。在过去几十年里，对认知抽象的要求进行客观测量，这种做法在技术社会的大多数职业门类中变得越来越流行（Gottfredson 1997）。在一个复杂的社会环境中，不能对语言、概率和逻辑做出重要区分就要付出真实代价，而不只是表示某人在虚拟游戏中没成功。很久以前，决策科学家希勒尔·埃因霍恩和罗宾·霍格斯就警告说，"在一个快速变化的世界中，我们目前不清楚相关的自然生态是什么。因此，虽然实验室也许是一个不熟悉的环境，但拥有在这种陌生环境下执行任务的能力，可能很重要"。（1981，82）

有人批评大多数实验室任务和标准化测试，说它们内容抽象。这个批评带有误导性。而令人吃惊的是，进化心理学家罕见地没有理解埃因霍恩和霍格斯警告的含义。他们经常哀叹，说在启发式和偏差文献中的问题和人物很"抽象"，而且暗示，因为这些任务并不像"现实生活"，我们不用担心人们在这些任务中的糟糕表现。讽刺的是，问题在于，认为实验室任务和测验不是"现实生活"的主张越来越站不住脚了。事实上，"现实生活"正在变得越来越像是测验！尝试使用一台你并不熟悉的ATM机，或尝试跟你的健康维护组织（HMO）在一个被禁用的医学程序上展开辩论，这些情况会让你赫然发现，我们的个人经验、情绪反应，以及自发式系统引发的社会公正相关的直觉，都变得毫无用处了。当你通过电话跟一个代表讨论，看着一台电脑屏幕上出现的电子表格，带着层级结构的分支选项，以及它们需要满足的条件，你就知道，一切都得从零开始。当现代主义基于技术服务的代表想要"应用规则"时，社会语境、个人经历的特质以及个人叙事，都被抽离了。

考虑一下多伦多作家托德·默瑟（2000）的经历。他匆忙之间要飞越美洲大陆，要去探望正接受紧急手术的83岁高龄的父亲。他打电话给加拿大航空，发现最后预订的飞机票价是3 120美元。默瑟问，是否有什么打折机票适用于他的情况。机票代理打电话告诉他，他可能适用于"即将死亡折扣"。为了说明"即将死亡"的定义，机票代理从一份文件中引用了一段，概述了"丧亲旅游项目"的细节。这个项目明确要求，旅游的原因是疾病而非死亡。机票代理说，文件中的人必须是一个重症监护病人，癌症晚期的病人或严重意外事故的病人。默瑟的父亲有主动脉瘤。根据医生的说法，这让他变成了"一个行走的定时炸弹"，但是他还没有动手术，没有被投入重症监护室。默瑟的这种情况裁定属于"灰色地带"。因此，机票代理小心翼翼地说："不是所有的操作都危及生命。即将死亡折扣并不只是对操作起作用。它意味着即将死亡。"基于以上的原因，默瑟和机票代理之间展开了又一轮细致入微的技术性讨论。这就是21世纪早期第一世界的生活情形。

默瑟遭遇了抽象的语义游戏。不过，跟另一个人面临的问题比起来，简直不值一提。假设这个人要决定是否申请减税，因为他有一个病弱的亲属从1994年以来就生活在加拿大之外。加拿大海关和税务总署将会对申请者说，"你的亲属必须：是你或你配偶的孩子或孙子（女），如果那个孩子出生于1976年之前，身体或精神方面有疾病；或者在一年中任何时候居住在加拿大的一个人，他或她要满足下列条件。这个人必须：是你或你配偶的父母、祖父母、兄弟、姐妹、姨姑、叔舅、侄女或侄子；出生于1976年或更早；身体或精神上有疾病。"

在我们这样一个信息饱和、技术饱和的社会，鉴于这种抽象指令的无处不在，认为去语境化的推理能力"不自然"看起来有点儿有悖常理，因为对我们在这个社会中站得住脚和出人头地来说，这些能力完全必要。如果一个人拥有一个后工业化时代的目标，比如"去普林斯顿"，那么在当前社会，实现这一目标的唯一方式，就是发展这些认知技能。要求人们具备抽象思维能力，或处理复杂性的能力，这样的情境将不断增加，因为后工业化社会更多的生态位都需要这些智力风格和技能（Gottfredson 1997；Hunt 1995）。有些知识分子使用他们的抽象能力，但声称"街上的人"不需要这种技能。说实话，他们的做法，就像一个富人告诉某个穷人，钱一点儿都不重要。

现代社会的自发式系统陷阱

在一定程度上，现代社会有一种不断增加的要求，要求我们克服基本计算偏差。于是，进化理性跟个人理性之间的分裂将变得越来越普遍，而分析式系统的覆盖将对个人福祉越来越重要。举个例子，进化心理学家主张，我们并不适合处理概率信息，而是适合处理自然频次信息。比如，有这样两条信息：第一条，"每1 000个人中，就有40人会染上一种疾病"；第二条，"人们有4%的可能性染上一种疾病"。人们处理第一条信息更容易。

考虑一下布雷斯、考斯米兹和图比（1998）的研究。他们发现，以频次和完整客体的方式呈现信息，就能提高人们处理棘手的概率问题的表现。而这两种改动都是设计出来，用以提高呈现方式跟大脑频次计算系统的拟合度。有人问，既然我们的大脑含有这样精心设计的频次计算系统，为什么我们没有观察到更好的表现呢？布雷斯等人（1998）回答说，"根据我们的观点，这很明显，因为他们面对的是纸笔问题。而一个被设计出来的自然取样系统，它的操作对象是真实事件"（13）。问题在于，在一个符号取向的后工业化社会，呈现在我们面前的总是纸笔问题！我们现在了解的关于世界的大部分知识，都不是来自对真实事件的感知，而是来自预处理、预包装的抽象信息，它们被压缩成符号代码，比如概率、百分比、表格和图示（在今日的美国，数以万计的统计信息定期呈现，涌入人们的大脑）。

这里，我们看到了一个图形跟地形相反的情形，它渗透进当代对进化心理学的争论中。我们可能接受进化心理学家的大多数结论，但依然由此抽取出完全不同的寓意。进化心理学家想要赞美进化的丰功伟业，它令人震撼，它让人类的认知装置适应了更新世的进化环境。我们越是理解进化机制，就越是对它们心生敬畏和欣赏。但同时，一个人会被下面的情况给吓得诚惶诚恐，这跟我们前面的感受丝毫不矛盾。——在某种意义上，年产值数百万美元的广告业就是建立在这样一个基础上：广告创造出狡猾的刺激，唆使我们的自发性启发式进行响应，而我们很多人都没有足够的认知能力和倾向能克服它们。我们被耍了！我个人觉得，启发式曾在它们的时代引发了进化适应性反应，这没有给人多少安慰。

我在这里想要驳斥的，是这样一种寓意：某些进化心理学家的著作暗示，能够在抽象水平上理解形式规则（概率的组合规则，等等），并不能给我们带来什么好处，而且，克服基本计算偏差也不会让人有什么优势。思考一下由兰格、布兰克和查诺维茨（1978）做过的一个著名实验。在该实验中，研究者的一个同伙假扮参与者，想要插队使用复印机。在一种条件下，他会提供一个正当理由（"我能使用一下复印机吗？现在我急着赶时间"）。而在另一种条件下，他没有给出理由，仅仅是冗长的重复（"我能使用一下复印机吗？因为我得复印"）。第二种情况下给出的解释信息远远少于第一种情况，可两种情况下，人们同意的可能性居然没区别。兰格（1989；Langer et al. 1978）把第二种情况下的同意称为"盲目"。而哲学家乔纳森·阿德勒（1984）提出，格莱斯式合作原则（即默认原则）过于泛化可解释这种现象。在这个案例中，默认假设是贡献必须具有选择相关性，即一个真实的理由应该在请求之后出现。这一点显然被违反了。不过，自发式系统仍然引发、执行了同样的遵从行为，除非这种倾向被一种分析式思考给克服。这种思考，将认定自发式系统的默认假设是错的。（"好的，但我们所有人都在排队等着复印。为什么你要优先呢？"）

在很多重要领域中，兰格式的"盲目"案例比比皆是。消费者报告（1998年4月）记载了这样一种做法：有些汽车零售商列出一个价值500美元的项目，给它起名ADM，然后把它贴在许多汽车的价格标签上。汽车零售商希望，有些人不会问ADM是什么东西。他们还希望，即使有人问了，这些人会被告知，它的意思是"额外零售标志"。这种情况下，也许还会有人不完全清楚这个名称的含义，可他们在不询问额外零售标志是什么的情况下，还是会付钱。简而言之，零售商希望，人们的分析处理器千万别正常工作，以免戳穿这种欺骗行为，从而确定ADM根本就不是什么跟汽车有关的要素。它更像是一场慈善捐款，代表零售商，要求消费者把500美元捐给汽车零售业。正如一个零售商所言，"每过一段时间，总有人不问任何问题就为此付钱"（17）。这里的盲目反应，代表着分析式系统克服失效，意味着购买者要把自己的血汗钱随便扔掉。

决策的实验研究表明，由于对自发式系统反应的监控不充分而导致的错误，在任何时候都可能发生。诺依曼和波利策（1992）描述了一个研究。研究者要求人们在两个保险方案中任选一个。方案A每月要交40美元，每年会有400美元的抵扣。方案B每月要交80美元，没有任何抵扣。很多人都会选方案B，因为他们肯定，要是有意外发生，自己从来不用支付抵扣。然而，简单计算就能告诉我们，选择方案B让自己成了自发式系统默认设置的俘虏，这种设置规避风险，追求确定（见Kahneman and Tversky 1979）。即使有意外发生，方案B要支付的钱也不比方案A少。这是因为，支付全部抵扣（400美元）加上每月费用乘以12个月（480美元），我们就能得到方案A总共支付费用是880美元。而方案B每月费用乘以12个月，得到的总费用高达960美元。因此，即使有意外，要人支付最高额度的抵扣，方案A还是更划算。"避免带来较大损失的风险"这种逻辑引发的自动反应，使得人们错失了更经济的保险方案 A。

现代大众传播技术员已非常老练,他们善于利用人类自发式系统的默认设置。依靠自发式加工的沟通逻辑战胜分析式系统,除了广告商和竞选团队,连政府甚至都在这么做——为了促进彩票业发展,他们就这么干了。"你可能就是中奖者!"安大略省彩票委员会不停地在广告中发出这种刺耳的宣传。这样做,就让一个名叫 49 选 6 的彩票项目看起来招人喜爱,让你以为买它很容易就能中奖,可它实际的中奖概率是 1/140 000 00。

如前所述,进化心理学家发现,如果某些问题的呈现方式,跟各种大脑模块的信息表征方式一致的话,它们就更容易被解决("呈现给人们的信息,如果在形式上跟他们在自然状态下思考该概率的方式吻合,他们就表现得相当好 [Pinker,1997,351]")。然而,进化心理学家常常忽视这样一个事实:这个世界并不总是给我们机会,让我们可以用跟自己进化设计的认知机制相协调的方式,最优化地表征信息。我们身处于一个技术社会,它要求我们必须:根据统计,决定加入哪一家健康维护机构;搞清楚是否要投资个人退休账户;决定购买哪种类型的按揭;决定为我们的汽车保险办理哪种类型的抵扣;决定是否贴换汽车还是把它直接卖掉;决定是租房还是买房;思考怎样分配我们的退休金;判断我们加入一家读书俱乐部是否能省钱。这里,我仅仅简单列举了一组随机情形,对不计其数的现代日常决策和选择而言,它们不过是冰山一角。

而且,我们在这些情况下的决策,必须依赖那些跟我们大脑设计不匹配的信息表征方式。它们中没有任何一个,能让我们从自己的个人经历中进行个人频次信息的编码。在这些情况下,为了进行理性推理,为了实现个人效用最大化,我们将不得不处理以非频次方式表征的概率信息。进化心理学家早已指出,这种表征方式跟我们头脑中处理频次信息的适应算法是不同的。

我选择性地强调少数情况的重要：在这些情况下，进化层面的适应加工无法实现工具理性。这么做，我可不是跟进化心理学家对着干。他们说得很对，在大多数情况下，进化目标跟个人目标都一致。基于纯粹的数量基础，根据日常生活的微观事件，毫无疑问，这是铁的事实。在一天里，我们数百次地探测频次，数十次地探测面孔，不断使用我们的语言模块，不时推断他人的想法，诸如此类。这些都是适应的，都有助于个人目标的实现。然而，如前所述，在两者冲突的少数情况下，来自分析式系统的克服，格外必要，也很重要。正如前面讨论的若干案例表明的那样，市场经济非常擅长把非最优化行为倾向转变为效用，这种非最优化的自发式反应模式，将遭到某些人的利用。因为一本光鲜的小册子，一个消费者购买了手续费为 5% 的价值 10 000 美元的共同基金，而没有购买同样表现、没打广告（也没有手续费）的空载指数基金。可以想象，他用一种最直接的方式，简单地选择放弃 500 美元，把它们送给了一个销售员，以及一个阔绰的共同基金公司的收益所有人。现代市场经济到处都充斥着这种自发式系统陷阱。而且，这些情况越是具有潜在代价，就越有可能是陷阱（汽车销售、共同基金投资、抵押贷款交易费用，以及出现在脑海中的保险单）。你也许会想，进化心理学家想必对这些陷阱具有特殊的警觉，可他们事实上似乎在轻描淡写。这，到底是为什么呢？

第 5 章

进化心理学出了什么问题

> 自私的基因这一理论的核心中，存在着一种令人不安的紧张。这种紧张发生在基因和作为载体的生命体之间，后者是生命的基本代理人。一方面，我们看到这样一种令人心醉神迷的场景：独立的DNA复制子像羚羊一样跳跃，奔放不羁，自由自在，世代相传。它们通过生存机器而临时组合，聚集在一起，摆脱了芸芸众生终有一死的不断演替，打造出属于自身的永恒不朽。另一方面，如果我们观察生命体本身，毫无疑问，每个人都是一架非常复杂的机器，连贯，完整，带有显而易见的共同目的。
>
> ——理查德·道金斯
> 《自私的基因》
> （1976, 234）

进化心理学家跟基因勾结起来，心照不宣。可聪明的他们为什么没有强调这一点，即工具理性跟进化适应之间有区别，它们是不同的两个东西？进化心理学家掉进了陷阱，他们过于拘泥于这种假设：认知架构表现出令人惊讶的大量模块性（massive modularity）。[1]他们中有很多人都顽固不化地坚持这个假设，甚至因此而否定存在领域一般性的认知机制，可这种分析式系统是存在的，我在本书的第2章中就有阐述。

根据本书的框架以及基于这一框架的观点，我认为，进化心理学家反对领域一般性加工过程，这种立场是一个巨大的错误。因为，正是这一系统，根据个体的弱约束目标计算出实现该目标最有效的行动。如果一个人想要实现自己的工具理性，分析式加工过程就必不可少。当自发式系统指派给我们的反应不符合个人长远目标的利益时,我们的分析式系统就能阻止它,甚至战胜它。那么,什么时候会发生这种情况呢?答案就是,当技术社会的认知要求跟进化环境的认知要求不一致时。讽刺的是,恰恰是进化心理学家他们自己经常说,不要把进化环境跟现代世界混为一谈。然而,他们通常都没有意识到,进化环境跟现代世界的认知要求不一致将带来极为重大的影响——倘若我们总是按照自发式系统对现代世界作反应,我们就很可能不是作为单个有机体在为自身目标服务。

进化心理学家的理论偏差,以及他们由此制造的具体盲点,都能在下面的论述中看到:

> 事实上,适应主义取向提供了诸多解释。它能告诉我们,为什么人类的心理一致性真实存在,而不仅仅是一种意识形态的虚构;为什么它能优先运用于最重要、最普遍、最具功能性的人类(心智)架构的维度,这些维度组织复杂,令人眼花缭乱;以及为什么遗传学家发现的遗传变异,引起的人类差异绝大多数都是边缘化的,都是架构上的细微属性和功能上的表面属性。(Tooby and Cosmides,1992,79)

这段论述提供了一个例子,告诉我们进化心理学家是怎样误入歧途的,以及为什么误入歧途。让我们靠近点,更仔细地观察某些"遗传学家发现的遗传变异",问问我们自己:它们是否仅仅是"功能上的表面属性"?

让我举个例子吧。有一种"遗传学家发现的遗传变异",它就是一般智力。科学家们普遍认为,智力至少有40%～50%是可遗传的(Deary 2000;Grigorenko 1999;Neisser et al. 1996;Plomin et al. 2001;Plomin and Petrill 1997)。这是否就是一种"功能上的表面属性",无关紧要?恐怕没有任何一个负责任的心理学家会这么想。要知道,无论在实验室里,还是在现实情境中,智力都是预测人类行为最有效的心理因素,没有任何一个现有的心理因素能把它比下去(Lubinski

2000；Lubinski and Humphreys 1997）。智力能预测人类在现实世界中的诸多表现，而这些表现在现代技术社会中，对实现个人效用最大化（工具理性）格外重要。这其实也是为什么即使在很多后工业社会，测量人们跟抽象事物打交道的能力，比如智力，依然大受欢迎，因为它能预测一个人能否找到工作，能有多少收入——它是这些表现的最佳预测因素。此外，心理测量文献中为数众多的发现，指出即使在排除教育水平的影响之后，无论是伤害回避行为，还是职场成就，抑或是个人获得社会地位的高低，都跟认知能力有着密切关联。[2]

在"遗传学家发现的遗传变异"中，很明显，智力**不是**一种"功能上的表面属性"，也不是唯一的例外。还有很多类似的故事发生在人格变量那里，它们都能遗传，而且也都是预测个人行为的重要因素。事实上，令某些进化心理学家不屑一顾的可遗传的认知特质，恰恰跟真实世界中的重要行为存在明显关联；这些人的立场甚至让其他一些进化心理学理论感到尴尬。巴斯（1999）这样描述图比和考斯米兹的观点，说"按这种观点，可遗传的个体差异跟种属典型的（species-typical）适应特征之间的关系，就像是汽车引擎中电线颜色的差异跟引擎功能组件的关系"（394）。他还指出，还有很多令人尴尬的研究结果；这些我在前面章节中也提到了。比如，可遗传的人格特质，像责任心和冲动性，就跟很多重要的生活目标有关，影响这些目标完成的好坏，诸如工作、晋升、死亡，以及对伴侣的忠诚。

巴斯（1999）还另辟蹊径，从新的角度解释了可遗传的个体差异；他使用了诸如频率依赖性选择（frequency-dependent selection）这样的遗传学术语。然而，不管巴斯的尝试会不会得到他人的接受，要害在于：很多进化心理学家错误地忽视了可遗传的认知构念（智力、人格维度，思维风格），也忽视了明显跟个人效用最大化行为有关的认知构念，诸如工作成就、人身伤害、人际关系中的左右逢源，以及物质滥用。他们忽视这些构念，是因为它们中很多都具有领域一般性特点，而这违反了最严格的大量模块性假设。进化心理学家把这种假设视为理所当然，不容置疑。

在个体差异领域，巴斯（1999）算是一个异数，他持有一种相对温和而微妙的立场。跟他的立场截然不同，其他有影响的进化心理学家依然故我，不停地重复那个魔咒一样的观点，即带有遗传变异的心理过程一点儿也不重要。而且，这些过程被认为跟理性无关，而理性对于载体而言，具有显而易见的意义。于是乎，图比和考斯米兹这样写道，"人类的遗传变异……绝大多数被扣押、被没收，转变为功能上微不足道的生物学差异，从而使得我们复杂的功能设计具有普遍性和种属典型性"（1999，25）。他们还说，"人类共享一种复杂的适应架构，这种架构具有种属典型性和种属特定性，无论有多少变异，都是微不足道的、表面的、无用的特质"（38）。

在能够预测生活结果的各种因素中，一般智力是最有说服力的一个。有人在它面前犹豫不决，还把它称为"无用"。这看起来很奇怪。然而，人们很快就能意识到，这种看法是因为聚焦于基因。退一步讲，即使一个人接受进化心理学逻辑，认为人类大脑中存在众多模块性的适应机制，而把一般智力视为拱肩或副产物[3]，单单从**载体**利益的角度来看，智力也绝不是一无是处。只关心毫无人性的复制子，才能产生这种论调——重要的认知特质，比如智力和责任心（Lubinski 2000；Matthews and Deary 1998），都会被贬黜到黯淡无光的背景中，成为微不足道的东西。任何一个人，只要他关心有机体水平的最优化，而不是基因水平的最优化，"无用"特质就会从黯淡的背景中脱颖而出，走上前台。作为一种心理构念，这些特质能解释在实现个人目标的过程中，为什么有人做得好，有人表现差。

现代社会就是一盏钠气灯

进化心理学家有一种误导性的做法，他们倾向于缩小进化环境跟现代环境不匹配可能导致的后果。图比和考斯米兹（1992，72）赞成认知科学家罗杰·谢帕德（1987）的说法，还借用他的观点说，进化能保证心智原则跟世界规律之间的啮合。不过，这种"啮合"涉及的是进化环境的规律，而不是现代世界的规律。除此之外，这种"啮合"还带有一种要人脱离语境的不自然要求。这种要求并没有跟基本计算偏差"啮合"，而这些偏差针对的是普遍语境化的情境。在图比和考斯米兹这一章的后面一页中，两人暴露了进化心理学家具有的典型偏差。他们认为，"远古世界通常跟现代社会是一模一样的，当然并不总是如此。比如，光的属性跟光学规律，无论在远古，还是在现代，都没有任何改变"（73）。光学规律可能自古泊今都没有改变。不过，容易被忽视的是，一个现代人常常面临人类历史上前所未有、闻所未闻的一些问题，他们必须面对，处理这些单次的、抽象的决策场景，这些场景带有概率性，由符号表征。我们能像过去一样行走，能像从前一样在不同目标之间导航。可是，自然选择不能塑造我的大脑，让它能帮我评估自己保险需要的抵扣，或帮我评估一项涵盖薪资损失的残疾人政策要付出多大成本。

同时，想一想你的退休决策、投资决策、购房决策、搬迁决策，以及为了孩子而做出的择校决策。这些都不是自发式系统最擅长处理的场景，它对那些经常实践的、频次编码的、时间紧迫的和基于再认的情形最有效。而且，刚才我谈到的那些决策很容易就会引起代表性效应、可得性效应、沉淀成本效应、证实偏差效应、过度自信效应，以及在启发式和偏差研究领域揭示出来的其他效应。这些不良效应妨碍个人能力的发挥，影响个人目标的实现。卡尼曼和特沃斯基（2000）举了很多这样的现实案例，它们都支持这一观点。

进化环境跟现代社会的环境不匹配，这会带来诸多影响。而图比和考斯米兹（1992）貌似只听取了一面之词，没有留意到这些影响的其他方面。我们的颜色恒常性机制，在现代社会的钠气灯下就不起作用。

通过这个案例，他们警告说，"在这种不自然的照明条件下，想要理解人类的颜色恒常性机制，这会严重阻碍人类的进步"（73）。毫无疑问，这一点相当正确。不过，这里，我想要强调的是，很多人都能想到这种说法的一个必然推论，即倘若现代世界早已变得物是人非，到处都是钠气灯，生活在其中的人们必须在这样的环境下判断颜色，而且这对他们的幸福极为关键，那么，我们就会面临非常棘手的局面。要知道，自然选择可没有给我们提前配备相应的装置，我们也因此没法进行自然而然的反应。或许有人会有动力寻找一种文化发明，借以阻断我们认知装置中的这种缺陷（相对于现代世界而言）。事实上，现代人就生活在这种情形中。我们需要这些机制（在钠气灯下判断颜色的机制），以便在一个高度工业化和官僚化的社会中，能够完全理性地采取行动。

对于身处现代社会的一个现代人来说，在很多任务中，他都面临着处理概率信息的问题。这很重要。自然，我们也知道，在启发式和偏差领域的文献中，到处都是这样的描述：人类在处理概率信息时经常犯错误。正如在本章中讨论过的那样，进化心理学家在这方面也做出了重要贡献。他们指出，人类的认知装置更擅长处理频次信息，而不是概率信息（对于一个具体问题来说，频次表征能减少认知幻觉，但不能完全消除它）。比如，人们更容易处理这样的信息"在 1 000 个人当中，有 40 个会染上某种疾病"。相比之下，他们不擅长对付同样内容的下列描述"人们有 4% 的可能性染上某种疾病"。我得承认，这类研究很有用，毫无疑问。它能清楚地告诉我们，在现实情形中，我们该如何呈现概率信息才能更容易被人理解（Gigerenzer, Hoffrage, and Ebert 1998；Gigerenzer 2002）。不过，即使这样，这种做法依然没有解决问题：概率信息一旦出现在现实生活中，你还得跟它打交道。

有时候，进化心理学家和生态理性学家会发出错误暗示。他们认为，要是我们发现，人类的认知装置进化而来，就是为了适应某些**其他**的表征，而不是为了处理现代社会面临的问题，那么，在某种程度上，我们可以认为不存在什么认知问题。比如，在讨论频次表征的若干篇论文中，吉格仁泽（1991，1993，1998；Gigerenzer, Hoffrage, and Kleinbolting 1991）使用了这样的题目和副标题《如何让认知错觉消失》。在我看来，这是一种描述现象的奇怪方式，因为最初的错觉显然没有"消失"。这一点，卡尼曼和特沃斯基（1996）也留意到了。他们发现，当两个图形镶嵌在一个四边形的框架内时，缪勒-莱尔错觉（见图 2-1）消失了。可是，这么做，也不意味着**最初**错觉真的"消失"了（也见 Samuels，Stich，and Tremoulet 1999；Stein 1996）。在最初的版本中，认知错觉依然存在（当然，由于在频次本版中获得了不同表现，认知错觉的解释变得更清楚了）。[4] 此外，这些错觉发生的情景也没有消失。银行、保险公司、医务人员，以及许多其他现代社会的机构，仍然在使用"概率"这样的词汇交换信息，还把这个术语用到了单次事件中。

或许，在这场争论中，参与的双方都过于强调自己的观点，而这是有问题的。在启发式和偏差研究的阵营中，有些理论家过于强调发生在现实社会的种种谬误，以至于他们忘了承认这一点：在某种程度上，可以认为人类的心智的确是一种最优设计。相比之下，进化心理学家错在过于强调进化环境，以至于给人这么一种印象：他们忘了现代世界的种种特征。

进化心理学家戴维·巴斯（1999）表现出了后一种倾向。他抛出了这样的问题，"如果人类的认知机制千疮百孔，错漏百出，那么，他们是怎么轻而易举解决许多复杂问题的，就像例行公事一样？要知道，这些问题的难度超过了任何人工系统所能达到的高度"（378）。巴斯自己回答了这个问题。他引用了一篇图比和考斯米兹尚未发表的论文，声称我们判定复杂表现的标准是"狭隘的"（378）。巴斯似乎把我们看重当下环境的倾向视作不必要的狭隘，可每个人都会自然而然地做，毕竟我们生于斯，长于斯，死于斯。对这种真实的语境化场景的贬低还在持续，可实际上我们就生活在这种现代化的技术社会中，这显然是一种语境化场景。而巴斯则不断对理性思考的错误轻描淡写，指出它们发生在"人为的或新颖的"情境中（378）。可后者看起来在反驳他的主张（认为这些错误是琐碎的，不值一提），因为对深陷高度官僚化社会中的劳动者和公民来说，这就是他们要时常面对的情境，一种新颖的、符号化的场景。

关于对"人为情境"的批评，巴斯拿出了老旧的钠气灯例子以自圆其说。他说，这些实验使用了"人为的、进化史上前所未有的经验刺激，就像钠气灯一样"（379）。跟图比和考斯米兹（1992）一样，在进化环境跟现代环境可能不匹配这个前提下，巴斯提取出了同样错误的信息。这些理论家中没有一个人承认，事实上，我们就处于这样的情境中，我们就必须在钠气灯下工作！这是一件**非常令人忧心的事**。当然，这里的钠气灯是一个隐喻，它的认知等价物非常之多，包括：我们必须处理的概率信息；我们必须从**可能**已发生的事件中寻找的原因；我们必须忽视的、那些花里胡哨的广告；我们必须无视的、那些不具代表性的样本；我们必须不偏袒的、那些受欢迎的假设；我们必须遵循的、那些要求自己忽视人际关系的规定；我们必须推到一边置之不理的、那些跟事实不一致的描述；我们必须推断为不存在的某种模式，因为我们知道有一个随机化装置在自作用；我们要小心提防的、可能影响自己决策的沉淀成本；我们必须遵守的法官指令，哪怕它跟自己的常识不一致；我们必须尊重的契约，哪怕它对你的一个亲戚有不利影响；我们必须做出的专业决定，因为我们知道这通常是有利的，即使我们不确定这一次到底会怎样。对我们古老的认知装置而言，这些都是现代社会呈现出来的"钠气灯"。要是进化没有让我们做好准备，没有告诉我们该如何应对，我们在现代世界将寸步难行，只有束手待毙。幸运的是，我们通过文化获得了理性思考的工具。而我们的分析式系统使用它，就能在类似的场景中帮助我们，让自己逢凶化吉，无往而不利。

简而言之，进化心理学错就错在这样一种假设：适用于进化环境的自发性启发式，对在现代世界实现理性行为也是最优的。现在，许多重要的生活决定几乎是"一次性"事件，比如，工作机会、养老金决定、投资决定、购房决定、结婚决定、生育决定，等等。这些决定有些从来没有在进化环境中出现过，而我们也无法通过尝试，充分获取跟它们有关的个人频次信息。相反，我们需要根据各种推断规则，进行一定的逻辑和概率推断。最重要的是，我们必须脱钩自发式系统通过众多渠道提供的信息，它们发现了这些信息，还想把这些加入我们的决策中（"不，这个推销员是不是招人喜欢，不应该成为我是否要买一辆 25 000 美元私家车的考虑因素"）。脱钩是分析式系统的一大功能，本书第 2 章对它有过讨论。

事实上，某些自动化启发式假如非得卷入，将会严重干扰现代技术社会中工具目标的实现。举个例子。在一本编著的书（Gigerenzer and Todd 1999）中，作者热情歌颂简单启发式的用途，而不是支持计算昂贵的、完全分析式的推理。他们提出了所谓的再认启发式。该书其中有一章的标题是《忽视如何让我们变聪明》（*How Ignorance Makes Us Smart*）。这种"基于忽视的决策"背后是这样的观点，正如这些作者所言，有些子集的项目我们不知道，这本身就能帮我们决策。是或否的再认反应被用来作为频次评估的线索（参与者需要判断两个项目中哪个更常见、更重要、更庞大……）。通过精致模拟，戈德斯坦和吉格仁泽（1999，2002）证明，某种信息环境可以导致所谓的少即是多效应：那些对环境所知较少的人表现出更高的推断准确性。

读完这些材料，一个人自然相信，在某些情况下，再认启发式相当有效。不过，很快他就会担心，因为他想到了某些市场环境，它们被专门设计出来利用这种判断倾向。如果我现在正好走出自己家门——它坐落于第一世界的经济中心和工业中心——仅仅依靠再认启发式，那么，我将很容易就做出下面的决策：

1. 买一杯 3 美元的咖啡，而实际上，一杯 1.25 美元的咖啡就能把我伺候得服服帖帖；
2. 吃掉一份零食，其中含有的脂肪量够我用上一整天；
3. 支付最高的银行手续费（因为最高的手续费被大多数可识别的加拿大银行使用）；
4. 刷卡透支而不是付现金；
5. 购买有 6% 认购费的共同基金，而不是无负担基金。

这些行为中，没有一个有助于实现我长期的工具目标——没有一个能帮我实现头脑中构思良久的宏图伟业（Gewirth 1998）。然而，当我想穿过现代社会的重重迷雾时，再认启发式引发了这些反应以及更多的反应，它们把我绊倒了。

进化心理学家和生态理论家拒绝承认这些生态学取向的消极面。比如，博格斯、戈德斯坦、奥特曼和吉格仁泽（1999）惊讶而骄傲地发现，在 6 个月的时间里，由一群慕尼黑行人设定的投资组合居然打败了两支基准共同基金的收益。这事就发生在 20 世纪 90 年代。显然，这个发现是一种纯粹的人为现象，发生在 20 世纪 90 年代特别短的一段时期，这一时期大盘股的表现优于小盘股（Over 2000）。博格斯等人（1999）研究的适应性启发式并没有揭示出投资的基本规律。风险依然跟收益相关。而且，长期来看，小盘股的表现要优于它们的大盘股同伴。自然，慕尼黑的行人更容易识别出大公司，而这些公司恰恰在那个特殊的半年里（显然，这对于各种风险/收益关系的出现而言，过于短暂）运行良好，表现优秀。

博格斯等人（1999）可能也留意到另一个个人理财领域的著名发现。贝泽曼（2001）讨论了该研究的结果：在金融服务市场上，大多数消费者都会购买高成本产品，而根据真正专家推荐的低成本策略（比如，进入空载指数共同基金的平均成本法）判断，它们的投资回报不高。不过，这些冤大头的消费者这么做的原因是，高成本的产品和服务在市场上更多见，它们更容易识别，而低成本策略必须在金融和消费出版物里才能找到。

把洗澡水跟载体一起倒掉

很多人会抛开生态理论家和进化心理学家的著作，觉得他们过于乐观，因为他们认为自发式系统有能力实现个人的工具理性。当然，不是所有的进化心理学家都这样盲目，以至于忽视了复制子跟载体之间的区别对理性概念带来的影响。不过，有些进化心理学家就在这么干，这很过分。有这么一个耸人听闻的论文标题《进化生物学如何挑战理性决策的经典理论》（*How Evolutionary Biology Challenges the Classical Theory of Rational Choice*），作者是库珀（1989）。他基本上认为，在自身目标跟基因目标之间，你应该选择后者！库珀做了精彩的讨论，阐述为何概率匹配策略比效用最大化策略更有助于最优化目标的实现。他暗示说，这个结果破坏了效用最大化理论作为行为规范的说服力。

当然，在这篇论文的前面部分，你会觉得这可能是一个小小的口误。可是，读了 10 页以后，你就会发现，这位作者的确试图主张，我们应该追求基因的目标，而不是追求作为有机体的我们自身的目标。决策科学逻辑的日常应用被称为"天真的应用"，被解释成"个体被视作决策的一个孤立位点，而基因型的角色被忽视了"（473）。优先排序的不稳定性意味着个人效用最大化的失败（Dawes 1998；Kahneman and Tversky 2000；Slovic 1995）。这一现象得到了库珀的辩护，被他认为是因为"某些被观察到的不稳定性，来源于适应策略的混合。如果是这样，那么，我们就要重新评估不稳定性；当一个人作为自己基因型的代理时，它有时就是一个好策略"（473）。但是，在这个世界上，有谁想做自己基因型的代理，而不是为自己的生活目标服务呢！可库珀做出的安排是，他让对遗传适应度的关注跟对工具理性的关注打架，然后站在了前者一边。

在自己的总结性陈述中，库珀说得很明白，他想捍卫的观点是，"正如我们看到的那样，传统的理性理论是无效的，它需要进行生物学修复"（479）。而且他也承认，这是"一种在经典决策理论家那里并不流行的立场，但是，对进化学家、心理学家、哲学家以及其他对现代进化论普遍解释力印象深刻的人而言，这种立场是可以理解的"（479）。这种做法明确提倡这样一种观念"行为理性被理解成适应度"（480），而对此政策的任何一种背离，都将被视为"生物学上的天真无知"（480）。就像在他之前的社会生物学家一样，库珀似乎把为基因辩护当成了自己的人生使命！

库珀的观点看起来过于激进，而且，极少有进化心理学家如此公开地把载体跟洗澡水一起倒掉。不过，在呼应库珀的观点"正如我们看到的那样，传统的理性理论是无效的，它需要进行生物学修复"（479）时，许多进化心理学家和生态理性的支持者在私下里就是这么干的。比如，在一篇讨论经济学和进化心理学的论文中，考斯米兹和图比（1994a）跟库珀的观点走得相当近。他们认为，"根据进化的视角，理性的传统观点，无论是规范性的，还是描述性的，都应该被重新评估"（329）。在这篇论文中，两人旧调重弹，声称"尽管有很多流行甚广的说法，但人类的心智表现并不比理性差（比如，受制于加工约束）——甚至通常比理性还理性"（329）。

实际上，在启发式和偏差领域的重要文献中，诋毁传统理性思想的规范性要求，这种现象格外普遍。吉格仁泽和戈德斯坦（1996）完全采取了库珀（1989）的极端观点。他们认为，"对经典理性作为一种普遍规范的质疑，以及因此对'好'推理的质疑，已经出现了。而无论是启蒙运动还是启发式和偏差的观点，都建立在好推理的定义之上"（651）。经典规范被认为是不过如此的、无用的"行李"。这样的观点在下面的论述中可见一斑，"心智能力中的一点信任以及环境的丰富结构,将帮我们看清楚,放弃了逻辑和概率规律的思考过程,如何又快又好地解决了现实生活中的适应问题"(Gigerenzer and Todd 1999,365)。[5]

同样,在他们写给经济学家看的论文中,考斯米兹和图比也完全忽略了文化在决定人类偏好中的角色。他们提出了一系列观点,就像给出了一系列公理。两人认为,因为"自然选择在人类心智中配备了决策机器"(1994a,328),也因为"这一套认知装置产生所有的经济行为","所以……这些装置的设计特征界定且构成了人类指导经济决策的普遍原则"(328)。

这些假定导致考斯米兹和图比得出了这样一种宏伟主张,"进化心理学应该能提供一份人类普遍偏好的表单,还能提供获取和重新整理额外偏好的程序"(331)。只有在预测的晶粒尺寸全错的情况下,这种主张在某种意义上才是对的。争论说是否快要渴死的人更喜欢水而不是住处,或男人是否喜欢找23岁的女人而不是75岁的女人做伴侣,类似这样的研究,在经济学文献中极少看到。相反,这个学科中大多数研究想知道的是小尺寸精致判断的基本原理。比如,一个运动鞋公司生产的破皮包是否会对家族品牌带来不利影响(Ahluwalia and Gurhan-Canli 2000)。对于人类基本生物需要的偏好,经济学家和心理学家不怎么争论。相反,他们在争论人类的精细偏好,它们存在于高度符号化的产品中,而这些产品镶嵌在一种复杂的、信息饱和的眼球经济中(Davenport and Beck 2001)。即使我们提出进化解释,比如,人们通过衣服来购买某种现代支配性展示或性展示,我们在解释下面的现象时也没走多远:品牌如何在时尚界起落浮沉,购买具有多大的价格弹性,以及这些商品之间具有多大的可替代性。

考斯米兹和图比(1994a)写给经济学家的这篇文章,强化了该领域所有最糟糕的过分乐观倾向。比如,卡尼曼、瓦克尔和萨林(1997)讨论了为什么在现代经济学中,经验效用基本上被忽视了,即使心理学研究表明,经验效用跟预期效用并不完全一样。他们认为,经济学家忽视经验效用，是因为"选择提供了所有跟结果有关的必要信息，因为想要这样做的理性代理人将使他们的快乐体验最优化"（375）。认知的双过程理论，跟我们对目标所做的假设结合起来，有助于解释为什么这种观点站不住脚。自发式系统的目标结构引发的选择，也许并不总是服务于个体代理人的快乐体验最优化。作为一种手段，快乐体验是为了实现镶嵌在自发式系统中的目标，而这些大多都是基因的目标。要是没有它适应度目标就能实现，自发式系统将毫不客气地牺牲载体的快乐体验。

请不要误会，我对进化心理学取得的开创性成就印象深刻（见 Buss et al. 1998，他们列了一张包含很多重要行为关系的表单。在很大程度上，正是借助于进化心理学的视角，这些关系才被科学家揭示出来）。而且，我认为，作为心理学的一种主要力量，20世纪90年代兴起的进化心理学对该学科而言是一种大有裨益的进展。[6] 不过，在理性领域，进化心理学家已经走得太远了。他们很轻易就掩盖了两大重要问题：第一，复制子跟载体的目标不匹配；第二，这种不匹配会带来怎样的影响。此外，他们还轻易贬低了一般智力跟普遍的计算能力扮演的角色，而它们在克服自发式系统的消极反应方面很重要。

因为很多工具理性和认识理性的工具都是文化产物，而非生物模块，因此，它们在技术社会中的用途很容易就被进化心理学家给忽视了。跟达尔文式生物体不同，我们自身利益未必就是我们基因的利益。卓越的文化项目是要促进人类的理性，这种理性关心如何最有效地实现人类利益，而不管它们是否跟遗传利益一致。要是忽视了最大化遗传适应度跟最大化人类欲望满足之间的区别，我们就丧失了文化独特的解放潜能。

自然母亲并不善良，这一事实意味着什么

进化心理学家为自发式系统的进化效率深感自豪，可他们忽视了个人层面的工具理性。要是追随这样的狭隘观点，长远来看，将使人类

付出代价。事实上，如果不使用分析式系统，检验你正在用正确方式做符合理性标准的事，就是把你的生活交给自发式系统，交给自然母亲赋予你的直觉（当然，还有**另一种**自私的复制子，详见第 7 章）。而我们需要不时提醒自己，自然母亲建立的这套自发式系统，并不是为了我们好。

这一点，正如杰出的进化生物学家乔治·威廉姆斯（1996）曾雄辩指出的那样，自然母亲从事的是复制事业，不是慈善事业。自发式系统建立的初衷，就是为了实现无人性的复制子的目标，而不是为了实现你的目标。

倘若你把自己的生活交给了自发式系统（以屈服于"直觉"的形式），那么，你实质上就是在买彩票。你在打赌，你这么做，符合的是这么一种情况：基因目标跟个人目标相一致（第 2 章图 2-2 中的区域 B），而不是另一种情况，即追求古老的复制目标会跟你的个人目标相冲突（图 2-2 中的区域 A）。然而，认知科学和决策科学的研究指出，有时你会输掉赌注。而且，有时你在重要场合输掉赌注，遭遇现实中的悲惨经历。

举个例子。根据贝泽曼及其同事（Bazerman, Tenbrunsel, and Wade-Benzoni 1998）的说法，按照自发式系统默认设置行动的话，将会给现代市场经济中消费者带来不利影响。把他们认知的双过程理论应用于该领域，他们指出，比较选择激发了更多的分析式加工，而单个选项更可能跟自发式系统相关联，也更可能基于语义联想或生动性这些特点。贝泽曼等人讨论了消费者研究，指出品牌在消费者单独评估产品时更重要，但是在他们比较产品时就不那么重要了。在消费者决策中依赖自发式系统，就意味着公司依靠品牌知名度比依靠产品质量更能盈利。这是基于直觉的提倡者要做的吗？

依赖自发式系统的默认设置影响保险决策，这种做法改变了高达数百亿美元的选项价值。决策科学家埃里克·约翰逊等人（Johnson,

Hershey，Meszaros，and Kunreuther 2000）阐述了这一现象。比如，他们讨论了购买航空保险的意愿。在他们描述的研究中，一组参与者被问及，他们将花多少钱购买一份价值10万美元的机械故障保险，以防自己意外死亡。这些人平均下来愿意支付的金额只有10.31美元。而另一组参与者则被问及，他们愿意花多少钱购买一份价值10万美元的**任意**原因死亡险时，他们平均愿意支付12.03美元。这很自然。一个人搭飞机，有可能死于机械故障之外的原因，比如驾驶员出错或飞机遭到蓄意破坏（20世纪90年代，一架埃及航空公司的航班被副驾驶动了手脚，一头栽进了大海）。第三组参与者被问及，他们愿意花多少钱，购买10万美元的险种以防自己遭受恐怖分子袭击，结果他们给出的平均费用是14.12美元。这就有问题了。遭受恐怖袭击而死，这种风险显然包括在由于各种原因而死的风险中，可人们认为该险种只值12.03美元。那么，为什么我们愿意花更多钱（14.12美元）以预防一种风险（恐怖袭击），而该风险仅仅是**任意**风险的一个子集？恐怖袭击的概率要小于任意风险的概率。通过一系列自发式加工过程，比如自动化的语义启动，"恐怖袭击"这个词引发了栩栩如生的场景记忆，从而人为夸大了这种结果出现的概率。恐怖袭击的担忧被夸大了，但因此也使得这种保险价值被高估。这些研究结果将被保险公司用来增加他们的利润。难道直觉拥护者想要人们为此多掏钱吗？

在另一个案例中，约翰逊跟合作者讨论了自动化的现状偏差（status quo bias）如何解释昂贵的保险决策，这些决策让宾夕法尼亚的消费者支付了数百万美元。他们说，在20世纪80年代，新泽西州和宾夕法尼亚州想通过减少诉讼权（同时降低诉讼费用），减少消费者的保险费用。不过，两个州的做法不一样。在新泽西，现状就是人们只有有限的诉讼权，而且很少诉讼。为了获得完整的诉讼权，消费者需要同意支付更高的费用才能获得它。而在宾夕法尼亚州，现状是消费者拥有完全的诉讼权。为了降低支付费用，消费者必须同意减少自己的诉讼权。在新泽西，只有 20% 的司机选择获得完整的诉讼权，而在诉讼权完整的宾夕法尼亚，75% 的司机选择保留它。一种基于自发式系统的现状偏差，会把消费者已拥有的保险特征设定为"正常"，然后把消费者冻结在当前状态下。宾夕法尼亚的改变由立法者推动，目的是为消费者节省巨额开支，而它也的确做到了这一点。通过修改立法者的措辞逆转现状，为消费者节省了 2 亿美元的花费，即使人们的直觉告诉自己，保持现状就好。难道直觉反应的拥护者支持把这笔钱捐给保险业？

因此，自然母亲的直觉并不总是友好的，它们有时会带来没有效率的结果，无法实现我们的目标。然而，这些问题并不只是在处理问题的工具性领域才发生。在人际和情感生活中，依赖我们的直觉，常常也会导致不那么美好的结果。这是因为，作为一种古老的进化产物，我们的直觉不考虑文化趋势。这些趋势可以从我们意识的敏感和关切中获取，但不会出现在我们的直觉中。

这里有一个案例。在记者约翰·理查森和一个名叫安德里亚的女人（她患有软骨发育不全的先天侏儒症）之间，有过这样一段交流。这段经历出现在理查森的一本书中，书名叫《小世界：侏儒、爱情和麻烦的真实故事》(*In the Little World: A True Story of Dwarfs, Love, and Trouble*)。理查森参加了包括一千多名侏儒症患者的会议，还跟在那里遇到的几个有趣的人保持了长期联系。他写了一本书，描写这些侏儒的生活，以及他对这些人的观感。在其中一段交流中，安德里亚批评了理查森，因为他在跟会议有关的一篇杂志文章中写道，他认为侏儒症看起来"有问题"。理查森说，他不想回应自己的评论，不想对安德里亚撒谎；用他自己的话说，他认为撒谎是错的，人类本能地害怕看起来像是疾病症状的东西。安德里亚问理查森，他是否能理解，当他认为她的身体看起来有问题时，自己很受伤。她说"我的意思是，作为第一反应，我理解人们出于很多原因，面对跟自己不同的东西会受惊吓——害怕他们自身的差异，或害怕未知的东西。但是，人们能克服它……我想知道是否你也有这样的想法,因为你的确这么说了,我想,我必须把你从这段关系中删除"(134)。

面对这个说法,理查森没有退缩,相反,他还争辩说自己读了进化心理学,"当你年轻时,这些东西就植根于你的大脑深处了……总是存在美的标准,以及对这种标准的偏离。这是一种简单的规范思维。但是一点也不要看表面——那就是把人不当人"(135)。不过,安德里亚的立场是"接受差异并不意味着忽略身体。它意味着这样一种看法,差异并不意味着错误"(135)。后来,在这场持续的对话中,理查森看起来被激怒了,他认为安德里亚不断纠缠,想让他做出正确的表示。在给她的一封电子邮件中,他对安德里亚大倒苦水,"也许我应该说'有时候'、'偶尔'或'起初',但这都只是缓冲,以便保护我自己。事实就是,如果你朝统计室扫一眼,看到15 000名平均身高的人,里面有一个侏儒,他们中是谁看起来有问题?我是罗杰斯先生吗?这些东西不属于谁?同样,我要说的不是'有问题',而是**看起来**有问题。一开始。在爬行脑中。我的爬行脑中。"(208)

不过,我认为理查森出了一点问题。安德里亚不是要求,他为自己头脑中的自发式系统重新编程。她承认,这也许不太可能。她希望他做的是,如果分析式系统跟自发式系统起冲突的话,他能用前者做判断,告诉她,他到底认可哪一个——哪一个反映了他认为自己是的那个人。理查森拒绝了在他看来安德里亚的不人道要求,要求他没有自己描述的自发式系统的反应。在她看来,他似乎对她说自己不会做分析判断,或者,如果他这么做的话,也是想跟自发式系统保持一致,而这一系统引发的直觉把侏儒的身体看成有问题。可是,分析式系统这时有话说,不是根据古老的、固定的、进化条件下的反应,而是通过文化获得的知识来说,根据一种缓慢的、基于语言的串行模式来说,通常表现为一种命题形式。——这时可能会说类似于这样的命题,"不要光靠封面就评价一本书"和"美是肤浅的"。

理查森为自己辩护，说他有权利保持诚实，做出自发式系统的反应。对于安德里亚而言，他这样做意味着自己不仅拥有这一系统，而且想要认同这一系统。她不断催促他，要他给自己一些分析评价，说他的分析式心智是认可还是拒绝自发式反应（"我想知道是否你也有这样的想法"）。但是，理查森过于沉迷于他的直觉，过于想要捍卫他的本能，因此，他甚至都听不见安德里亚对他提出的要求。

在这种情况下，为什么有人想认同自发式系统而不是他们的分析式心智？要是你觉得奇怪，不要问我。因为，这是"追随你的直觉"这种观点的拥护者需要回答的问题。相反，这一章是在论述那个观点的反面——当我们在分析式心智反思的基础上获得了对世界越来越多的了解，文化就会进步。在我们的进化环境中，所有重要的事情都是像安德里亚这样的个体看起来有问题，然后得到相应的对待。但我们的分析式系统获得控制权时，文化进步才会发生。这时，就像安德里亚的朋友一样，我们"最初被吓到，最能克服它"，而且"认可这种观点，差异并不意味着错误"。要做到这一点，我们需要分析式心智的有意识反思，还要使用若干世纪以来人类发明的文化工具。

第 6 章

理性障碍
为什么那么多聪明人干了那么多蠢事

> 如果人有两个脑袋,他将变成双倍的愚蠢!
> ——爱尔兰笑话中的一句妙语,来自戴斯蒙德·瑞安
> 于密歇根州安娜堡

因为存在前一章中讨论过的认知偏差,许多人无法遵循理性思考的原则,这导致了许多不幸的事:人们选择无效的医疗手段;人们无法准确评估环境风险;人们在执行法律时滥用信息;病人被迫承受更多而不是更少的痛苦;数百万美元被浪费在毫无必要的项目中,无论它们由政府掏腰包,还是由私人企业资助;父母没有给孩子接种疫苗;不需要的手术反而被施行;动物被滥捕滥杀,濒临灭绝;数十亿美元浪费在庸医的无效治疗中;代价高昂的财政误判屡屡发生。[1]这里,我强调自发式系统偏差导致的种种消极后果,是因为这些现象绝不局限于实验室,而是跟我们的现实生活息息相关。

一边是推理和决策文献的科学发现,一边是许多非理性思考的现实案例,两者之间似乎存在着悖论。医生使用无效的治疗手段,经济分析师做出代价高昂的误判,退休教授在个人理财方面糟糕得一塌糊涂:他们中没有哪一个人是笨蛋。我在前面几章中讨论过实验室里进行的推理研究,这些发现同样扑朔迷离,令人费解。这些研究的参与者,90%以上都是大学生,其中一些甚至来自这个星球上的顶尖名校。可是,就是这群高智商人类,提供给我们的是这样一些触目惊心的数据:有时,

相当多的人会违背理性思考的最基本原则，比如传递性和确定性原则。看来，许多相当聪明的人正干着一些难以置信的蠢事。我们该如何理解这种表面矛盾？

要理解这个表面悖论，我们第一步就是要认识到，"这么多聪明人怎么会干这么多蠢事"这个问题是用俗话说的，认知科学家称之为朴素心理学语言。通过使用一些认知科学的基本概念，俗话也能被打磨成一件得心应手的工具，帮助我们澄清一些看似矛盾的现象。我打算就这么处理"聪明人干蠢事"这句话。

在这一章中，我把朴素用语"聪明"翻译成心理学中的智力这一概念。相比之下，导致朴素用语中"蠢事"的行为，依我看，其实就是认知科学、哲学和决策科学中违背理性这一概念。[2] 智力和理性两个概念，对应认知理论中不同的分析水平。它们涉及大脑层级控制系统的不同层次，因此两者有可能会分离。要是智力和理性之间的差异能被理解，那么我们就会发现，聪明人有时候干蠢事这种观点，其实根本不是什么悖论。

认知能力、思维倾向和分析水平

想象一下，有这么几个场景，每个场景都导致了一个相同的结局：某个人死了。在场景 A 中，一个女人走在海边的悬崖上，这时突然刮起了狂风，她站立不稳，被吹落悬崖，摔死在下面。在场景 B 中，一个女人走在海边的悬崖上，她往前走，想要踩在一块岩石上，可这实际上是裂隙的一侧，她摔下山崖而死。在场景 C 中，一个女人想自杀，她站在海边的悬崖上，纵身一跃，在海岸的岩石上摔得粉身碎骨。在每个具体场景中，这个女人为什么会死？当我们问自己这个问题时，会把注意力放在每个场景中的**重要**因素上。要知道，在任何一个场景中，都涉及不计其数的变量和原因。换句话说，当我们寻找至关重要的死因时，每个场景都需要一个不同水平的解释。

在场景 A 中，我们**只需要**考虑物理规律。这些物理规律包括跟风力、地心引力以及压力有关的规律。这个水平（物理水平）的科学解释很重要。但是，对于关注人类心理和大脑功能的认知科学家来说，他们对此不怎么感兴趣。相比之下，他们更感兴趣的是场景 B 和场景 C。而且，这两个场景在认知解释的分析水平之间存在重要差别，这种差别对于本章中我随后提到的观点格外关键。

我们注意到，在场景 A 中起作用的某些物理规律（重力规律能解释为什么那个女人会遭受极大压力，摔得粉身碎骨）同样在后两个场景中起作用，而我们居然还需要考虑额外的解释水平。这种需要看起来有点儿匪夷所思。然而，我们感到，重力和力学规律在某种程度上不能为后两种场景中的现象提供完整解释。物理规律的解释把某些关键因素给漏掉了。

在场景 B 中，心理学家倾向于认为，当处理某个刺激（那个看起来有点儿像是一块坚固岩石的裂隙）时，那个女人的信息加工系统出了问题，把错误信息发送给响应决策机制，进而引起了一种毁灭性的运动反应。认知科学家把这种分析水平称为算法水平。而在人工智能领域，这就是指令水平，使用抽象的计算机语言（FORTRAN，LISP，等等）给机器编程。在该水平搞研究的认知心理学家通常会说，我们能用某些大脑的信息加工机制解释人类的表现。它们包括输入编码机制，感觉登记机制，短时记忆存储和长时记忆存储机制，诸如此类。比如，一个简单的字母发音任务可能需要对字母进行编码，把编码存储在短时记忆中，跟存储在长时记忆中的信息进行比对，要是两者匹配，那就做出响应决策，接着执行一个动作反应。以场景 B 中的女人为例，算法水平就是解释她不幸死亡的合适水平。她的感觉登记和分类机制出了问题，给自己的响应决策机制提供了不正确信息，导致她踩在了那条裂隙上，而她以为那是一块岩石。

另一方面，在场景 C 中，我们没有看到这种算法水平的信息加工错误。那个女人的感觉装置准确识别了悬崖的边缘，而她的运动指令中心也相当准确地执行程序，让她的身体落下悬崖。算法水平的分析告诉我们，她的计算过程执行得相当完美。这个分析水平上的任何错误都不能解释，为什么场景 C 中的这个女人死了。相反，这个女人殒命是因为她的整体目标就是死亡，这些目标跟她对自己所在的这个世界的信念相互影响。认知科学家把这个分析水平称之为意图水平。³ 在分析的意图水平上，我们分析某人为什么会做出某种行为时，常常使用目标、欲望和信念这些术语。

分析的意图水平关心的是系统目标，跟这些目标有关的信念，以及在给定目标和信念的前提下的行动选择。因此，理性问题如何在这个水平产生就很清楚了。如第 3 章所述，按照定义，工具理性就是根据有机体的目标结构和信念，选择适当的手段。⁴ 在场景 C 中，算法水平的分析提供的解释不完整，因为它提供的是大脑如何执行某个具体任务的信息加工式的解释（在这个场景中，这个任务就是从悬崖上跳下），但是无法提供解释，告诉我们，大脑**为什么**要执行这样一个具体任务。而这个问题，正是意图水平所要解决的。这个水平提供了系统计算而来的**目标**的具体化，即系统想要执行的目标**是什么**，以及**为什么**。

"聪明人干蠢事"并不是一种悖论。理解这一说法的所有概念装置，都已经准备就绪。万事俱备，只欠东风。在心理学理论中，智力（聪明）跟理性（干蠢事）两个概念处于不同的分析水平。对智力的研究通常就是在算法水平上探讨人类的认知能力，比如知觉速度、判别精度、工作记忆容量，以及在长时记忆中信息检索的效率。⁵ 这些认知能力位于算法水平，属于相对稳定的个体差异特征。尽管它们受到长期实践的影响，但在使用时，这些能力不会因为受到忠告或得到某种口头指导而改变。一般智力的测量提供了一种认知效能的总体指标，能告诉我们各种各样的认知机制在一个人身上表现得怎么样（Carroll 1993，1997）。

跟智力（一种算法水平的构念）相比，不少心理学家研究所谓的思维倾向，他们把注意力都集中在分析的意图水平上。比如，许多思维倾向涉及信念、信念结构，以及同样重要的对信念形成和信念改变的态度。研究者还确定了其他的认知风格，跟个人目标以及目标层次有关。——顺便说一句，认知风格跟思维倾向将在本书中混用，因为两者在心理学文献[6]中也经常交替使用。这么一来，正如第 3 章中界定的那样，一个人采取理性行动、持有理性信念的可能性，就跟这些认知风格和思维倾向有了直接关系。

因此，在当代的认知科学中，智力指标衡量的个体差异，其实衡量的就是算法水平上信息的加工效率。相比之下，正如心理学传统研究指出的那样，思维倾向和认知风格表示的是分析的意图水平的个体差异。它们跟理性有关，因为它们告诉我们个人的目标和认识价值观的信息。

自发式系统的覆盖及加工水平

在我们日复一日的生活中，不计其数的微观事件发生，自发式系统以工具理性的方式运行。然而，正如我们在前两章中看到的那样，在现代社会中，日益重要的一小部分情况出现了：在这些情况下，自发式系统使人做出的反应，对一个被视作连贯有机体的个人而言，都不具有工具理性；也许，这些反应曾被设计出来，能有效地实现很多进化目标。这时候，假如我们想实现自身的工具理性，自发式系统引发的反应就必须被分析式系统覆盖。

图 6-1 所示的是前面谈论过的分析水平的场景逻辑。正如在第 2 章中详细阐述过的那样，自发式系统执行普遍目标以及强约束目标，这些目标跟曾经适应于进化环境的基因目标具有很大重叠。[7]自发式系统的算法水平将执行这些目标，除非它们被执行分析式系统弱约束目标的算法机制覆盖了（图 6-1 中的水平箭头）。但是，在图 6-1 中，水平方向朝下的箭头提醒我们，分析式系统的算法水平被界定为服从于意图水

平的高级目标。在这个图两边都有生物水平的标签，这其实是在提醒我们：这里界定的层级控制系统，无论是在算法水平上，还是在意图水平上，都有相应的生物基础。

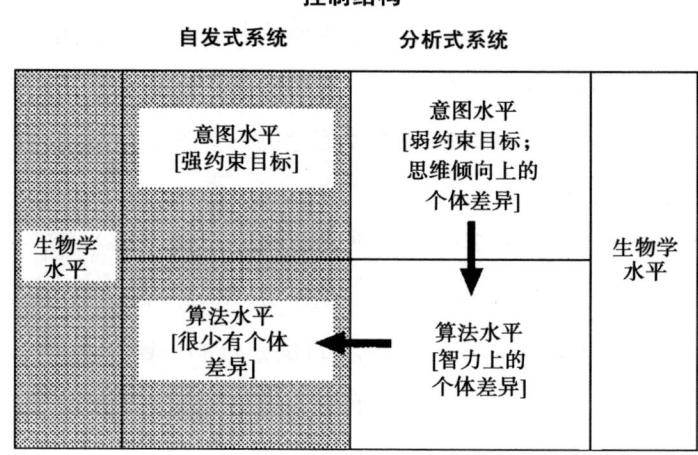

图 6-1　自发式加工控制被分析式系统覆盖

回想一下我们第 2 章的内容，在算法水平上，研究者认为，自发式系统计算能力的个体差异很小，因为这是一种非常古老的进化系统。[8] 相比之下，在算法水平上，分析式系统的计算能力表现出较大的个体差异，这种差异我们今天仍然在测量，还把它称为一般智力。它是一种相对晚近的进化产物。图 6-1 能让我们清楚地看到，自发式系统被覆盖的可能性跟基于分析式系统的算法水平的计算能力有关，这种能力越强，自发式系统就越可能被覆盖。但是，这不是决定自发式系统被覆盖的**唯一**因素。我们可以从这张图上清楚地看到，分析式系统算法水平引发的覆盖过程本身，受到该系统意图水平（指向下方的箭头）的层级控制的影响。

因此，在理论上，没有谁能阻止理性反应倾向跟智力之间的分离，因为前者是意图水平的思维倾向，而后者是算法水平上分析式系统的计算能力。两者具有相对独立性。智力，代表了一种**潜在的**计算能力，以便执行覆盖自发式系统的任务。然而，它并不能保证理性，因为如果这一因素不是由上位控制层级（即意图水平的理性思维倾向）引发的话，它的覆盖能力将无法施展。意图水平思维倾向的变异性，意味着至少存在这样的可能，即认知能力很强的人也可能会做不理性的事。这样的分析告诉我们，很多聪明人有时候干蠢事，这没什么可奇怪的。[9]

理性大争论：过度乐观者、卫道士和社会向善论者之间的观点碰撞

> 在人类理性问题上辩论，这是一个高风险争议，这个争议混杂着原始的政治偏见和心理偏见，两者可是那种一触即燃的组合。
>
> ——菲利普·泰特罗克和芭芭拉·梅勒斯（2002，97）

正如我们在第 4 章中讨论过的那样，不断积累的大量研究指出，人类行为通常偏离决策科学家确定的最优化标准。然而，如何理解这些偏离，是一个极富争议的问题。这就是所谓人类理性大争论，它被称作是一个"高风险争议"，因为它涉及的无外乎就是人性模型。这些模型构成了经济学、道德哲学和个人理论（朴素理论）的基础，我们在此基础上理解他人的行为。

在自己从前的一本书中（Stanovich 1999），我用了三个标签来区分这场大争论中的不同理论家的主要立场。在所谓的过度乐观者标签下的是许多哲学家，他们声称人类的非理性在概念上是不可能的（比如，Cohen 1981，1983，1986；Wetherick 1993，1995）。在盲目乐观者看来，人们在推理任务中的实际表现，跟他们理论上的最佳表现是一致的。他们避免用非理性这个词来描述人类行为。

可是，这种立场该如何跟我们在第 4 章中讨论过的科学发现相协调呢？认知心理学家告诉我们，人类表现出各种各样的次优行为，而不是最优行为。当然，在特定情况下，人类行为的确没有偏离最优水平。但是，盲目乐观者手头有相当多策略，可拿来解释这些偏离而不必给它们贴标签，说这些反应是非理性的。第一，这些偏离可能仅仅代表了所谓

的操作错误,这一点跟语言学上的情况类似。它是一些微小的认知错误,可能是因为不注意、记忆丧失,或者由其他临时的、基本上不重要的心理故障导致。第二,他们可能会说,实验者在研究问题上使用了错误的最优化模型。简单地说,问题出在实验者身上,而跟实验参与者无关。第三,盲目乐观者会声称,参与者可能跟实验者对同一个任务的理解不同,因而他们实际上对另一个**不同**问题做出了最优化反应。这些原因可以简单地归纳为操作错误,对行为的不正确评估,以及另类的任务表征。这三种替代解释中的任何一种,都已经得到了实证研究的关注,我们下面就要谈论这一点。

除了主张人类理性基本上是完美的哲学家之外,盲目乐观者阵营中另一派有影响的人就是主流的经济学家。他们以使用强理性假设作为基本分析工具而闻名遐迩,还把这些假设用到各种现象的分析中:"经济主体,无论是公司、家庭,还是个人,都被假定为按照理性自利的模式行事……即使在信息不完全的条件下,这种模式也跟涉及复杂计算的解决方案相一致"(Davis and Holt 1993,435)。这些强理性假设对现代经济学格外重要,而且它们能部分解释经济学家对心理学发现流露出的敌意,因为这些发现暗示人类在很多方面都是不理性的。经济学家丹尼尔·麦克法登(1999)描述了这种情形,指出心理学家的发现是,"所有这些貌似正常的消费者,被发现就像一本充斥着处理特定认知任务的规则书。以问题的形式,抛给这些人一个弧线球,结果跟标准的启发式市场反应不吻合,而有机体实质的'心理盲'也被揭示出来。对大多数经济学家而言,这是一个真正吓人的恐怖电影的情节线,一个砍向我们专业命脉的异端邪说。而对很多心理学家来说,这就是对那些每天进入他们实验室的人们的描述"。(76)

认知心理学家的工作在经济学家中引发了敌意,因为前者暴露了盲目乐观者的假设是不可能的,根本不存在,而这些假设就藏在人类行为的经济学声明的背后。比如,《纽约时报》援引的证据表明,大多数人不会为他们想要的退休生活攒足够的钱，还指出这个发现跟主流经济学直接相悖，而后者声称人们会理性地储存最优数量的钱。"人们存钱并不够，面对这个现实，除了重申人类是理性的，因此他们攒多少钱都是足够的之外，主流经济学家给不出什么解决方案"。(Uchitelle 2002)

质疑越来越多，甚至有经济学家也开始对这种盲目乐观的观点不满。为了回应《纽约时报》给出的那个例子，康奈尔大学的经济学家理查德·泰勒气急败坏地辩称，"当然，另一种可能性就是，人们仅仅做错了"。(2)

说人们"仅仅做错了"，在认知心理学中，这是大多数启发式和偏差研究者早期的默认假设，这在前面的第4章已讨论过了。这种假设界定了理性大争论中的第二种观点，即社会向善论者的立场。社会向善论者以这样的假设开头：人类推理有相当大的提升空间。跟盲目乐观者不同，社会向善论者认为，不是所有的人类推理错误都能被解释掉。不过，由于社会向善论者认为，偏差真实存在，不能被不当评估或另类的任务构念所解释，他们就可能把行为认定是非理性的，而盲目乐观者不会。

盲目乐观者跟社会向善论者之间的区别，在一篇通俗的《经济学人》文章中被提到了（1998年2月14日）。这篇文章的副标题问："经济学家通过假定人们知道他们要什么而理解这个世界。广告商则假定他们不知道自己要什么。谁是对的？"社会向善论者认为，广告商是对的——人们常常不知道他们想要什么，而且他们很容易被影响，从而为广告商而不是自己的利益最大化服务。或者，换句话说，社会向善论者认为广告商是对的，还有，这也是我们为什么必须担心广告的理由！相比之下，有经济学家认为，人们仅仅从广告中取走他们需要的东西，以便最优化他们的消费效用。这些经济学家是广告商最好的朋友。经济学家盲目乐观的假设其实深受广告商认可，因此，当政府想要限制某些类型的广告时，他们就会抵制和抗议。相比之下，社会向善论者并不认为，在处理广告商提供的信息时，消费者的做法一定会自己最有利而不是对广告商最有利。因此，社会向善论者更认可政府调控广告业的举措。根据他们的观点，这些调控能增加整个人群的效用（而不仅仅是广告商的利益）。理性大争论有深远的政治影响。这仅仅是这种影响的其中一个案例。

理性大争论中的第三种观点来自卫道士。他们跟社会向善论者立场的相似之处在于，他们也把人类行为的次优表现视为真实存在，即它们不能被认为仅仅是由不合理的评估或另类的任务构念导致的。但是卫道士跟盲目乐观者一样，不想把这种次优情况称为非理性。他们避免这样做，依据的是那个著名的约束，即认为对理性行为和观念的判断，必须考虑到人类大脑资源有限的特点。[10]

推理者只有有限的短时记忆容量，有限的长时记忆存储，有限的感知能力，以及有限的维持系列推理运算的能力，而这对于逻辑推理和概率推理很有必要（见第 2 章和第 4 章）。卫道士提出，在很多情况下，最优反应的计算要求都超过了人类大脑的极限。因此，他们声称，当某种行为没达到最优水平，因为人类大脑缺少计算出最有效反应的计算资源时，我们把这种行为称作非理性有悖常理。仅仅当一个人有可能做得更好时，对非理性的这种解释才算合理。实际上，大多数社会向善论者也同意这一普遍约束，即如果最优化模型要求的计算能力超过了人类大脑的能耐，我们就不应该把一种行为称之为非理性。社会向善论者跟卫道士之间的不同之处在于，在具体情况中约束的可应用性——是否某个具体的最优化反应事实上曾处于人类的计算极限之内。卫道士认为，在大多数情况下，计算极限都在阻止人们做出最优化反应。

总结一下三种立场：社会向善论者认为，有时候人们推理很好，而且人们可以做得更好。卫道士认为，人们推理不正确，但是他们做了自己能做的。最后，盲目乐观者觉得，人们推理相当好——实际上，在这个所有可能的世界上最好的世界中，他们已经达到了任何人能达到的最好表现。

从激发认知矫正努力的观点出发，三种立场包含着明显不同的寓意。过度乐观者没有提供任何矫正努力的激励，因为过度乐观者认为，在所有可能的推理中，现有的推理就是最好的。另一方面，社会向善论者能够激发出强烈的矫正努力。实际行为远远低于认知可能的水准，而且矫正努力的回报看起来相当高。

卫道士立场比前两种立场的寓意更复杂。鉴于**已有的**认知限制，即我们大脑现有的计算限制以及组织环境刺激的现有方式，卫道士跟过度乐观者一样，也看不到我们能做什么。不过，卫道士立场的确强调提升表现的另一种可能性，即通过改变我们呈现信息的方式，以一种跟我们认知机器本身的设计特点更匹配的方式加以处理。进化心理学家代表这种卫道士立场的积极层面。他们强调，许多启发式和偏差任务，如果重新设计成跟进化模块的刺激限制相匹配的样式，对很多人来说就变得更容易解决（Brase, Cosmides and Tooby 1998；Cosmides and Tooby 1996；Gigerenzer and Hoffrage 1995）。

社会向善论者、过度乐观者和卫道士之间发生的理性大争论，已经持续了二十多年。而且，现在也没有要消停下来的迹象。[11] 也许，一个预先存在的跟认知矫正有关的偏差，部分程度上激发了社会向善论者在启发式和偏差文献中的立场，这也同时导致了他们对盲目乐观者和卫道士的批评。不同的前理论偏差的出现，可能因为研究者对人类理性本质假设的相对收益和成本有不同评价。举例来说，假如过度乐观者碰巧在理论上错了，那我们就会失去矫正推理偏差的机会。相反，不合理的社会向善论也有自身的代价。试图进行认知矫正的努力，很可能是白费劲。我们可能不曾欣赏和赞美无外援的人类认知的惊人效率。过度的社会向善论可能会带来这种倾向，即忽视卫道士提倡的**环境**改变的可能性。要知道，跟认知改变比起来，这或许是一种更容易提升人类表现的路线。

在这些争论中，某些评论者感到，认为人类存在普遍的非理性，这是对他们的侮辱。社会向善论者就在干这样的事。这种关切，其实存在于一种反精英主义的良好动机中。毫无疑问，某些早期争论会对人类自尊表示关切。面对这些研究发现，所有争论者都表现出一种难能可贵的关心，他们关心自己解释带来的朴素心理学意义和社会性影响。不过，我怀疑，我们认为人类的非理性归因是一件坏事的即刻反应，其实并不仓促。这个世界到处都是人类行为导致的灾难。社会向善论者认为，如果教给人们怎么做，让他们少受非理性判断和行动的影响，有些灾难就能避免。有什么替代方案跟社会向善论者的立场不同吗？事实上，在我看来，跟社会向善论者的解释不同的方案，一点儿也不叫人舒服。

假定社会向善论者是错的。那么，对我们来说，战争、经济萧条、技术事故、传销、电信欺诈、宗教狂人、心灵骗术、环境恶化、婚姻破裂，以及储蓄和贷款丑闻，这些中没有一个是由于可矫正的非理性思考导致的，这难道不令人不安吗？如果这些不是非理性，还能是什么呢？一种替代是，这些灾难的原因恐怕在于更为棘手的社会两难现象（就像著名的囚徒两难一样，或者就像哈丁的公地悲剧一样；见 Colman 1995；Hardin 1968；Komorita and Parks 1994），而这些不能通过对单独个体的认知改造来矫正。

如果不是棘手的社会两难，那么事实上还有另外一个解释，可是这个解释并不令人愉快。回想一下，不管我们的目标是什么，工具理性意味着通过最有效的手段实现这些目标。如果这个世界看起来充满了灾难性事件，可是每个人都被过度乐观者认定是在理性地追求他们的目标，而且不存在什么社会两难，那么，我们的行为看起来就只有一个最令人痛心的解释了。很多人一定在不断努力，想要实现自己真正邪恶的欲望（见 Kekes 1990；Nathanson 1994）。狭义理性理论的问题，我已在第 3 章中讨论过了。那时我就指出，这种狭义理论可能会认为希特勒是理性的。假定这个世界存在许多"理性的希特勒"，这的确也是一种办法，能让过度乐观者的人类理性假设，跟现实中每天都在发生的不计其数的人为灾难的记录保持一致。

面对这种结论，看起来把某些非理性归因于人类自身，并不像我们一度认为的那样可怕。讽刺的是，过度乐观者对人类完美理性的假设，也不像起初看起来那么温暖舒适。要是我们对侮辱别人感到反感，那么，说他们非理性要比说他们邪恶或卑鄙自私，看起来带有的侮辱更少。考虑另一个例子，这个例子似乎能让我们把问题看得更清楚。多年之前，有一个电视报道说美国高速公路安全管理局做过调查，发现美国有40%左右的儿童坐在高速公路的汽车里不系安全带。从评估这些孩子的父母是否理性的立场上，我们该怎么解释这个令人震惊的统计发现？

让我们从盲目乐观者偏差开始。为了维系父母的理性，我们可以把这个例子中的做法称之为"操作错误"，即有的孩子经常系安全带，但是他们的父母偶尔会忘了这么做。然而，高速公路安全委员会告诉我们，这不是故事的**全部**——某些孩子的确一次又一次地不系安全带。他们父母的行为并不能被称为"操作错误"，因为这是系统偏差，是惯常行为。在**这种**情况下，我们该如何解释，才能保证父母理性的前提呢？我们不太容易采取对过度乐观者可行的这种办法，即父母也许并不真的在乎他们的孩子。也就是说，吊诡的是，父母的行为（他们不给孩子系安全带，让孩子处于极大的危险中）跟他们的欲望和目标完全相悖（他们爱自己的孩子，想要保护他们）。一种解决悖论的方式是否认后者。过度乐观的经济学家经常这么做。要是有人声称自己喜欢装饰品但不购买它们，经济学家会说，他们根本不喜欢这些装饰品。要是这么做的话，这种假设维系了过度乐观者默认的完美理性，可是付出的代价是，我们以一种阴暗的目光看待我们人类同胞的特点。我们中的大多数人，恐怕都不想用这种方式来逃离悖论。

相反，解决这个悖论的更流行的方式，就是撤退到狭义理性理论的极端约束点。在那里信念是固定的，不能评价，而且，欲望的内容同样如此。也就是说，个人的目标和信念按它们本来的面目被接受，而争论的焦点在于，在既定的信念条件下，个人是否以最优化的方式实现了自己的欲望。狭义理论，加上过度乐观的默认设置，就会得到这样一个简单看法：在这种情况下，鉴于欲望是固定的（这些父母爱自己的孩子），行为是固定的（他们事实上没有给孩子系安全带），那么，他理应遵循的那种行为背后的信念就是不正确的。这些父母一定还不知道，没系安全带的孩子在汽车碰撞事故（根据美国高速公路安全管理局1999年的报告，这是儿童死亡的首位原因）中风险极高。

不过，这难道就是一个令人满意的回答？难道我们真的因此受了安慰，而没有觉得有什么不对劲吗？在我看来，我们依然有理论担忧。如果离开像睁眼瞎一样盲目乐观者的状态，我们就会看到，这个案例指向一个完整的理性领域，评估是开放的，根据实践目标校正的知识而获得。我相信，安全带这个案例的确暴露出一种理性思维的障碍。这种障碍跟一种叫作认识责任的概念有关联（见 Code 1987）。具体而言，跟狭义理论一样，我们可以大胆地说父母并不是非理性的，因为他们不**知道**不系安全带的孩子处于某种特定的危险中。然而，我在这里提出的问题是，这问题也许同样合理：他们为什么**不**知道？在过去20多年里，媒体上到处都是系安全带的警告。学校和社区的教育努力也敦促人们使用安全带。当然，驾驶训练课也是使用安全带的一个关键部分。儿童系安全带很重要，这种信息并不难获取。

看起来存在一种校正要求，这一要求在我们安全带的案例中无法体现。你可以思考另一个例子，这个例子由认知科学家约翰·波洛克（1995）提供。他编造了一个船长的故事。在一个有名无实的假日，这个船长乘坐游轮去加勒比海游玩。轮船看起来装备齐全，而我们的船长偶尔注意到了救生艇，想知道有多少救生艇，还参考了发给每一位旅客的那种便宜的小册子。后来，意外发生了，所有船员都束手无策，轮船面临着沉没的危险。本来是去度假的船长现在负责整个游轮，他立刻就想知道船上是否有足够的救生艇。他建立在假日小册子上的信念不再足够了，他必须仔细、准确地计算有多少救生艇。

在波洛克（1995）的案例中，对于船长来说，重要的是根据情况校正他的救生艇的知识（他只是一个乘客，还是要负责整艘船？）同样，在个人的一生中，重要的是，获取跟实现个人最重要目标有关的领域知识。这个过程被我称为知识获得的实用校正。知识获得很辛苦，而用于某个任务的认知资源是有限的。我们只有限的时间、精力能够投入求知活动中。而且，重要的是，我们的努力需要校正，以便它能指向跟我们认为重要的目标相关联的领域。如果我们说某些东西对我们极为重要（比如，我们孩子的生命安全），那么我们就义不容辞、责无旁贷，一定要知道这些对我们来说很重要的事情。根据这种观点，不给孩子系安全带的父母是不理性的，因为在他们生命中的很长一段时间里，他们知识获得的实用校正做得相当差。而且，跟盲目乐观者相反，这是一种更乐观、更尊重人类的说法，说他们不理性，而不是指出他们实际上不爱自己的孩子，尽管他们说自己爱孩子。

盲目乐观者、社会向善论者和卫道士的主张，都有怎样的研究证据呢？在过去20多年里，科学家做了很多研究，他们开始得出一套初步结论。[12] 第一，在他们对启发式和偏差文献中任务设置的批评中，盲目乐观者发挥了自己的作用。在一些著名的案例中，他们证实，心理学家使用了错误的标准来评价人类的表现。[13] 然而，这些案例只是少数。大多数人类的次优反应都不能被解释掉。尤其具有误导性的是，盲目乐观者根据操作偏差主张（对于执行认知策略必要的附属过程中出现的随机失误，比如，缺乏注意、短暂的记忆失活、分心，等等）而解释掉看起来不理性的人类反应。这是因为，本书第4章描述的大多数人类推理偏差的类型都是系统化的，而非随机性的。（Rips and Conrad 1983；Stanovich 1999；Stanovich and West 1998c，2000）

同样，卫道士观点的确看起来有一定道理。但是，面对偏差和启发式领域中认知心理学家解释的大量系统化非理性偏差，他们不能给出令人满意的解释。心理学家设计的某些任务看起来的确导致了某些人的失败，因为这些任务要求的能力超出了人类的计算极限。不过，我得再次说明，这只对一小部分案例有效。研究发现，至少有一些认知能力中等的参与者，在几乎所有启发式和偏差任务中，都给出了最优化反应。虽然存在认知限制，大多数人依然做出了最优化反应。社会向善论者似乎是对的，即人类行为带有系统化的非理性特征。

理性障碍：化解聪明人干蠢事悖论

到现在为止，你应该能清楚地看到，在我发展的框架内，聪明人干蠢事的观点是完全说得通的。研究结果也说明，智力（一种算法水平的构念）的个体差异跟理性思维倾向（一种意图水平的构念）并不具有很高相关。[14] 两种水平的个体差异因此可以分离。

对朴素心理学用语的一个小映射，现在就解决了我在本章开头提到的"聪明人干蠢事"悖论。通俗说来，当不理性的思考导致不适应的行为时，我们经常说"这是一件多蠢的事啊"。简单地说，当我们说一个人做了蠢事，通常指的是他们的行为不理性。或者，用更正式也更技术性的说法，因为在分析的意图水平上存在次优的行为调节，于是导致了这一行为。这里，我们不认为，某些算法水平的故障（对刺激的不正确编码、短时记忆出错，等等）导致了蠢事的发生。如果我们意识到，在朴素心理学的说法中，"蠢"的含义偏向于理性而不是智力，而"聪明"的含义偏向于智力而不是理性，那么"聪明人干蠢事"这个悖论将不复存在。

若干年前，我尝试着把智力和理性分开，让两者之间的区别变得更明显。这一尝试促使我发明了一种新型障碍（Stanovich 1993，1994）。这个新障碍被称为理性障碍——尽管智力充分，但不能理性地思考和行动。理性障碍的说法跟学习障碍的说法有一种类似的差异结构。比如，阅读障碍指的是阅读获得跟智力之间的差异，而计算障碍指的是计算能力跟智力之间的差异。同样，一个人患有理性障碍，将表现出思考和行为的非理性，尽管他拥有足够的智力。也就是说，他是一个干蠢事的聪明人。

我的框架强调，理性和智力的构念可以分开，有的心理学家不认可这种做法。许多心理学家更愿意把两个构念合二为一，把理性部分纳入他们的智力概念中（Baron 1985a；Perkins 1995；Sternberg 1997a）。然而，在心理学分析中，混合观点的一个后果不能不加以强调。那就是，根据把理性和智力混合起来的观点来看，聪明人干蠢事的说法将是一个难解之谜。在混合观点中，聪明和蠢都跟同一种东西有关，这样，我们就必须面对不能做出这种概念区分的后果。根据混合观点，不停做蠢事的聪明人，仅仅是不像我们想象得那么聪明而已！我的观点说的是，跟智力相对的不理智，而混合观点说的是被贬低的智力。

跟混合观点一样，无论是卫道士还是盲目乐观者的观点，都没有意识到理性跟智力是可以分离的两个概念。在卫道士看来，意图水平的认知功能从来不会被指责，相反它总是以最优方式运作，也就是具有完美理性。所有次优反应都被归结为算法水平的能力限制。相比之下，在社会向善论者看来，的确有可能出现理性障碍，因为意图水平的行为调节策略容易受到批评（可以被批判）。它们被假定是次优的，尽管人们具有充分的计算能力。提出理性障碍，这其实是一个社会向善论者在打赌，他认为，我们有能力在意图水平上进行认知变革。

你想慢慢得到你想要的，还是很快得到你不想要的

尽管拥有至少可以说是充分的认知能力，一个理性障碍患者也不能实现自己的个人目标。这是因为，理性能确保这个任务的完成，而仅仅有算法水平的能力还不够。而社会貌似过于强调算法水平的能力，而不是意图水平的理性，这令人困惑不已。社会过于迷恋智力——讨论智力，测量智力，还要求学校想方设法提高智力，诸如此类。学习能力倾向测验，以及大多数学校的能力测验和成绩测验，都是在评估算法水平的能力，而不是意图水平的思维倾向。社会很少关心跟理性有关的争

论，也不怎么关心如何提高理性。

这种不同做法非常奇怪，令人不安。理性，如果有的话，可能比基本的算法水平的认知能力更容易锻炼：一个人的短时记忆容量不太可能因为一时的指导就改变；而寻找跟替代假设有关证据的倾向，相比之下更容易改变。况且，理性对于实现个人目标也更重要。在一个充斥着测验的西方社会，所有的评估测量都用于学校和工业界，而现在几乎没有多少人重视理性思维能力的评估。这不是因为理性思维的成分无法评估，或无法教授。决策科学和认知科学领域的大量文献（见第4章），含有可用来测量一系列理性思维技能的方法。这些技能包括：形成跟证据相一致的结论，评估共变，处理概率信息，校正信念程度，认识逻辑意义，对于不确定程度形成一致评估，拥有能最大化效用的一贯偏好，思考替代假设，做出一致判断。有许多项目都教授和培训这些技能。[15]

我认为，跟智力相比，理性遭贬低，这实在是一种怪异而不合理的做法。为了阐述这一观点，我打算借用并润色一个有说服力的思想实验。这个实验来自认知心理学家乔纳森·巴伦（1985a，5）。巴伦要求我们想象一下，我们给每个人一种无任何害处的药，这种药能增加他们算法水平的认知能力（识别速度、短时记忆能力，等等）。简而言之，这种药能提高人们的智力。试想一下，每个北美人在退休之前都吃了这种药。接着，他们第二天早上醒来，发觉自己的工作记忆多了一个插槽（能力增强）。我和巴伦都认为，第二天，人类的幸福感基本没什么变化。在服药之后的那一天，人们将更好地实现他们的期待和欲望，这是极不可能发生的事。实际上，人们通常做什么，那时还会做什么，只不过更有效率而已。如果有了更强的短时记忆能力，我想，人们将会：继续使用无效的医疗手段，继续做出同样糟糕的财务决策，继续投票反对切身利益，继续错误地评估环境风险；而且，继续做其他的次优化决定。我们做这些事情，几乎跟从前一般无二，唯一的不同在于：有了更强算法水平的计算能力之后，我们做得更快了！

在社会向善论者看来，增强人们的认知能力，将会在某些情况下帮到人们，因为他们由于认知限制做出了糟糕的反应。不过，面对在大多数情况下，次优化的理性思维策略被作为默认设置这一局面，它无能为力。相比之下，提高我们前面界定的理性思维技能——跟准确信念的形成、信念一致性评估以及行为调节相关的过程——将实实在在地提升我们自己和他人的生活。

理解巴伦的思想实验的寓意需要的语境，可以回想第3章讨论过的工具理性的定义，以及回想本章讨论过的算法跟意图水平的差异。根据工具理性的定义，理性思维保证你将得到你想要的东西。一个具有一般智力的理性思考者，也许会在执行计划的时候比较慢。然而，根据工具目的分析，那个计划是最优化的。相比之下，一个不理性的计划，无论被强大的算法机制执行得多么有效，都不能最大化人们的个人效用。社会过于看重智力，而对理性则相对冷淡。这也许暗示，我们现在接受的培养模式，会让我们更快得到自己不想要的东西。我们对智力的痴迷，我们对培养理性所必需的认知评估类型的普遍敌意，似乎就是要把我们改造成具有理性障碍的公民。

我使用了理性障碍这样的概念，试图挑起一些跟智力和理性相对文化价值的必要争论。鉴于理性和非理性思维的社会后果，这个领域的技能跟实践有着不容置疑的关联。那么，为什么社会使用的选择机制仅仅挖掘认知能力而忽视理性呢？某些认知技能比其他更为看重，值得更明确地加以讨论，而我使用理性障碍一词就是想挑起这种讨论。

想一想美国的常青藤联盟，这些高校要挑选这个社会的未来精英。通过它们使用的选择机制，比如学习能力倾向测验（SAT），它们能实现什么样的社会目标？社会批评家声称，这是为了维持经济精英和社会精英的目标。不过，他们似乎错过了批判现有选择机制的最佳时机。这些社会批评家没有提出下面的问题，"为什么仅仅选择认知能力而完全忽视理性？"

比如，某些盲目乐观的哲学家发现，实验不可能揭示出非理性。因为，他们说，这些实验的参与者——绝大多数是大学生——"将成为领袖群伦的科学家、记者和公务员"（Stich 1990，17）。的确，我认为，这些哲学家把我们的注意力引到了一个令人惊讶的地方。不过，我从中得到了一个完全不同的结论。根据我的经验，大多数记者和公务员的确具有充分的认知能力。然而，即便如此，他们的行为决定也常常是次优化的。他们的表现通常不怎么出色，不是因为他们缺少短时记忆能力或记忆提取速度较慢，而是因为他们的理性倾向有时较低。这些人可能不缺乏智力，但他们缺乏某些理性思维能力。

正如我在前面"聪明人干蠢事"部分讨论过的那样，大学生在推理和决策领域的实验中表现糟糕，至少一点儿也不矛盾。在实验室的决策和概率推理中失败的大学生，他们**的确**成了未来的记者，他们尽管认知能力很体面，但推理很糟糕。在他们走进实验室之前，这些学生从来没有接受过专门的理性测验筛选。而且，他们也不会在未来任何时候经历这种检查。如果他们身在精英的国立大学和私立学校，他们将继续进入研究机构、公司，在政治和经济领域出人头地，通过 SAT 考试、GRE 考试、分级考试、操作模拟，等等。这些主要都是测量算法水平的认知能力（比如智力）。理性评估永远都不会发生。但如果发生了呢？比如，种族和社会阶层在理性层面的差异，是否会跟它们在智力测验上表现出的差异一样大？这是一个有趣的开放性问题。

杰克和他的犹太人问题

假设有杰克这样一个人。小时候，他在能力测验上表现很好，很早就在学校里进入尖子班。他在 SAT 上考分很高，进入了普林斯顿大学。他同样在法学院入学考试（LSAT）上成绩优异，被哈佛法学院录取。在他第一年和第二年的课程中，杰克的成绩名列前茅，而且还在哈佛的《法律评论》（*Law Review*）杂志社谋得一个职位。他以极高的成绩通过了纽约的律师考试。他现在成了一名很有影响的律师，在华尔街的美林证券法律部门当老大。无论在企业界还是在自己所在的社区，杰克都很有影响力。只有一件事跟这个成功故事有点儿不搭调：杰克认为，纳粹对犹太人的大屠杀从来就没发生过；而且，他恨犹太人。

杰克认为，一个犹太人组成的阴谋团体控制了电视和其他媒体。因为这个原因，他禁止自己孩子看电视上的"犹太人秀"。杰克还有其他一些"奇怪"的癖好。他不光顾犹太人的商店。在他的社区里有很多商业机构，但是杰克总是对哪一家是犹太人开的记得很清楚（他的长时存储和提取机制运行得非常好）。当决定把年终奖发给他的员工时，杰克会从犹太人员工那里揩油，少给他们一点。当然，他从来不会用那种容易被人识破的方式（他的定量分析能力相当强）。事实上，杰克希望他的公司里没有犹太人，在犹太人申请岗位时会想办法不聘用他们。他非常善于争辩（他的口头表达能力令人印象深刻）。因此，他反对候选人的方式看起来就像他拥有反对候选人资格的某种原则立场，而不是持有偏见（他编造理由和借口的合理化能力十分惊人）。因此，他成功地阻止公司雇用任何新的犹太人员工，但同时没有让自己的判断遭到别人的质疑。杰克克扣了所有来自犹太人机构的慈善捐款，而且他捐赠大笔的款项（显然，他的薪水很高）给一个致力于推进种族主义阴谋论的政治团体。

要点在于，杰克有严重的观念形成和证据评估的问题。但是，在杰克的一生中，他从来没经历过任何选择机制的筛选，以评估他信念维持的极端倾向和有偏差的证据同化。他了解的选择机制确实一直都很敏感——的确如此，而且会及时拉响警报——要是杰克的短时记忆能力只有 5.5 而不是 7 的话。但是，面对杰克认为"希特勒不是一个坏蛋"这样的事实，它们给出的都是致命的沉默。

事实上，杰克在认识理性方面存在严重的认知问题——在认识论领域，他存在严重的理性障碍。然而，他依然在公司结构（美国社会的主导力量）中拥有巨大影响。我们的选择机制设计出来就是要让杰克成为漏网之鱼——他有认识调节的严重问题（或许在认知调节方面也有问题）——而把某些具有正常认识机制、但在长时记忆能力方面比杰克少0.5个项目的人给淘汰。这能说得通吗？

尽管在信念形成方面，杰克的问题看起来是"领域特殊性的"，不过，从上面简单的描述可以看出，这种不公正的信念影响到现代生活的方方面面。在一个复杂的社会中，很多非理性思维，不管是跟经济学有关，还是跟种族或性别的个体差异有关，当它存在于某些有影响力的社会人物身上时，就可能带来极为普遍的消极影响。除此之外，某些领域比其他领域更重要。当这个有关涉的领域变得过于庞大和重要时，声称相关的非理性思维是领域特殊性的，想要以此来平息相关争论，这样的做法就不可取了。"哦，是的，它只影响他在自己生活中如何做财务决策"，或"它仅仅影响他对其他种族和文化的思考"，这样的说法，在一个现代技术性的多元化社会中，看起来有点儿过于乐观。在非理性思维的某种情况下，当领域特殊性能证明说这个领域真是狭隘的，而且，我们的技术社会不能通过强大的信息和经济网络来传播和夸大它的错误时，领域特殊性也仅仅是一种缓和因素。

最后，同样有可能的是，杰克的思维问题实际上并不是领域特殊性的。详细的检查很可能将揭示出，杰克在一系列人类判断的任务中表现不佳。他很可能暴露出比普通人更多的事后偏见，对于自己概率评估得过于自信，信念固着，以及自信偏差。当然，当法学院委员会考虑杰克的申请时，他们不知道这些问题中的任何一个。他们，就像许多在杰克生命中的人们一样，通过自己的决定赋予杰克更多的社会优势。而且他们这么做时，不知道杰克患有理性障碍。

显然，我编造这样一个案例，是想让读者对认知能力和理性不匹配的影响变得敏感。然而，作为一个理性障碍症患者，杰克的不同寻常仅仅在于，这个社会承担了他这种症状的大多数代价。大多数理性障碍症患者，也许会把大多数伤害带给他们自己。相比之下，杰克以各种方式破坏这个社会，虽然他的认知能力很不错，能允许他"有效"地管理一家大公司的法律部门。反讽的是，杰克破坏的正是这样一个社会，这个社会因为他智力超群就把各种社会优势赋予他。跟杰克相比，为他清理办公室的维修工也许在认知能力上弱于他。而且因为这一点，维修工会遭受社会的惩罚或不能获得奖赏。可是，维修工不具有杰克的非理性认知，这个事实没有把优势赋予他，就像拥有理性障碍也没有把劣势赋予杰克。或许，要是我们像对待认知能力那样对待理性，明确地在个人的整个教育生涯中测量他，这种情形就会出现。

盲目乐观者的挽歌："如果人类认知如此千疮百孔，那么我们怎么能登上月球？"

在这一章中，我已经解决了那个貌似悖论的观察：聪明人干蠢事。社会向善论者的立场跟这个发现相协调很容易，因为在他们看来，智力和理性是可以分开的，这个发现从来就不是一个悖论。不过，社会向善论者的立场的确提出了另一个问题，最出名的就是被称为理性悖论的那个问题，这是由认知科学家乔纳森·埃文斯和戴维·欧沃（1996）提出来的。理性悖论能够简明扼要地通过一个问题来说明，该问题是一个大学生在读完心理学家迪克·尼斯贝特和李·罗斯的研究之后提出来的。他发现，这两位心理学家指出人类有很多的推理错误，于是问他们，"如果我们真的那么笨，那么，我们怎么能成功登上月球？"（Nisbett and Ross 1980，249）。这个问题提出的困惑——这个困惑被埃文斯和欧沃称为理性悖论——在于，如果心理学家已经证明，在很多情况下人类都是非理性的，那么，我们怎么令人难以置信地找到通往月球的方法？人类怎么能实现不计其数、巧妙高超的文化成就？比如治疗疾病，对基因组进行解码，以及发现物质结构中最细小的组成部分。

其实，对这个问题的回答非常简单。作为一种文化产品，社会进步的集体功勋，无论在理性还是在持续有效的计算方面，都不依赖于**个体**

的能力，因为文化扩散允许知识共享，而且减少个体单独发现的需要。我们大多数人都是文化的不速之客，对于人类的集体知识或理性毫无建树。相反，每天我们都从他人发明的知识和理性策略中获益匪浅。

概率论、实证主义的概念、数学、科学推论以及逻辑，这些长达几个世纪以来的文化进展，给人类提供了许多概念工具，帮助他们形成和修改自己的信念，帮助他们理解人类行为。一个掌握了统计学导论的大二学生，如果被时光机送回几个世纪之前的欧洲，就能在赌桌上"超越梦想的贪婪"而致富，或者参与保险或博彩业而致富。（见 Gigerenzer, Swijtink, Porter, Daston, Beatty, and Kruger 1989；Hacking 1975，1990）跟人类进化相比，理性标准的文化进化速度更快。在某种程度上，这种文化进化创造了这样一种条件：工具理性能跟基因最优化相互分离。当我们加载理性思维的工具时，我们加载的是分析式系统能运行其中以便实现弱约束目标的软件，而这种弱约束目标能使得个人行为最优化。学习一种理性思维的工具，能很快、很有用地改变行为和推理，就像一个大学生学会了逻辑规则之后，他阅读到社论专页，就会进行新的反思。相比之下，进化改变就像是冰山极其缓慢地移动一样，难以觉察。

因此，按照进化标准来看，在一个极其短暂的时间里，人类可以通过教育或其他类型的文化传播，学习和传播某种思维方式。这种思维方式能战胜我们大脑中遗传上的最优化模块，即使它们已左右我们的行为长达数百万年之久。因为发明家做出的新发现能通过语言传播，所以普罗大众只需要理解这些新认知工具的能力即可，而不需要独立发现这些新工具。文化增加理性，这个过程的维持跟累积棘轮机制很相似。也就是说，利用理性思维工具的文化结构可能会不断出现。而且，这些文化机构也会继续强化这样一种规则：它使得人们收获理性工具带来的好处，但又不真正把这些工具内化在自己的头脑中。简单地说，在某些情况下，人们可能仅仅学会了模仿他人或遵守理性规则，以便获得某些社会收益，可他们自己事实上并没有变得更理性。

文化机构本身可能在组织水平上实现理性。这并不意味着，组织内作为个体成员的人们，实际上在他们的系列心理模拟中使用理性思维的工具。[16] 工具理性问题的提出，提供了一个有用的类比，可帮助我们理解在认知双过程模型中人类理性的逻辑。在文化机构中，相当于基因和它们强约束自发式系统的，事实上是工作于其中的**个人**。请留意，组织内的工作者拥有自己的目标，还有自主行动的潜能。然而，组织不可能允许雇员为了自己的目标而牺牲组织。这样的行为对组织来说是一个威胁。组织也不可能允许这种行为日益泛滥。因此，它会尝试严密监控雇员的行为，以便确保没有雇员在自身目标跟组织目标相冲突时牺牲后者。即使在很少有劳工纠纷的组织中，这样的监督也有。甚至当组织确信，雇员跟组织的目标相当匹配时，公司也不会抱任何幻想，认为雇员的目标百分之百跟机构的目标是一致的。

然而，作为人类，在一个跟我们自己自发式系统有关的类比情境中，我们也会犯错误。就像当公司利益跟雇员利益冲突时，雇员牺牲组织而追求自己的目的一样，强约束的基因分系统可能会牺牲载体而追求自身的目的，好几个这样的例子都已在第 1 章中讨论过了。人类的自发式系统可能包括具有类似属性的许多分系统。当然，机构拥有直接系统控制在它们之中的下位实体，而且，它们把这种监控视作机构成功的一个关键部分。作为人类，我们也必须这样做。分析式系统需要时常监控自发式系统中的强约束分系统，确保它们没有损害载体的整个目标。人类，作为一种大型的结构化实体，在认识到这一功能方面落后于公司。我们仍然相当混乱，不知道我们自发式系统的目的、起源和意义。许多现代的非理性主义者和科学世界观的反对者，实际上拥护的是基因的利益，而不是分析式系统的利益。在许多生活场景中，我们被鼓励说要遵循我们的"直觉"；在我们的类比中，这就相当于一家企业告诉它的员工，自己给自己定工资。[17]

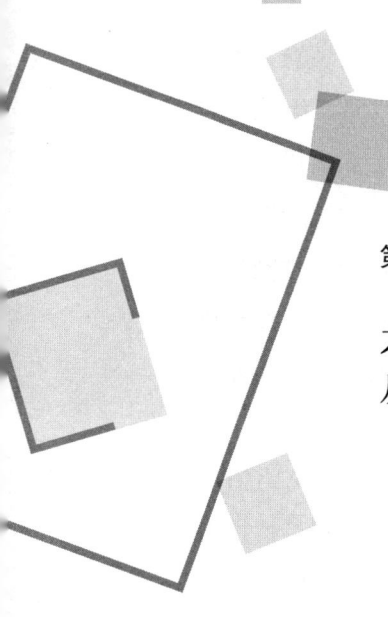

第 7 章

才出狼窝，又入虎穴
从基因到模因

> 就拿新时代广场来说……这里的要点是，一切事物存在于此地的方式皆有目的。你的性腺，你的味蕾，你的虚荣，你的恐惧，一切都在不停地向外发出信息……在这个星球上，某些最有天才的人，倾注毕生心血来创造这种精神桑拿，只是为你……现在，你的大脑，作为原始事实，充满了无数被设计出来以影响你的东西。
>
> ——托马斯·德·曾戈提塔
> （2002，36-37）
>
> 我们的大脑被基因构造出来，（可以说）是为了维系基因永垂不朽的单一目的。其实，这些大脑中还充斥着同样追求自身不朽这一单一目的的模因。就算我们了解这些发现，它能增加我们对人类行为的深刻理解吗？
>
> ——约翰 A. 鲍尔
> （1984，146）

经过一个相当吓人的开始之后，到目前为止，我的观点似乎会指向一个令人乐观的结论。的确，现在的结论就是这样。我们接受了道金斯的看法，即生命世界能被分解为复制子和载体两大部分。而作为人类的我们，在这个分类系统中属于载体这一边。我们是基因的生存机器，它们是活下来的那一部分。我们不是。我们被制造出来，就是为了让它们把自己完好无损地传递到下一代。这就是进化科学的可怕观念。进化论的寓意看起来这么耸人听闻，怪不得创世论的信念还会继续存在了。

我所构建的逃生出口是一种心智的结构视图，如图7-1所示。可以看到，有一组相当自动化的系统，它们被构建出来，目的就是促进某些直接服务于基因强约束目标的反应，而这些反应在进化环境中起作用（当一个物体朝你袭来的时候躲开，推断其他人的意图，满足自己的营养需要，参与繁殖行为）。[1] 另一套组件是分析式系统，它们执行顺序运作的算法，实现具体的弱约束目标，而这些对载体很重要。因此，通过控制他们的分析式系统，通过发展覆盖能力（当自发式系统跟分析式系统打架时），人类就能逃出自私的基因的魔爪。在这种情况下，生存机器阻止了复制子的目标，从而发动了一场成功的叛乱。这样，我们就能高枕无忧。作为有机体，我们自身的长期利益得到重视，而不是在不知不觉中，仅仅满足于扮演自己基因的载体这一角色。

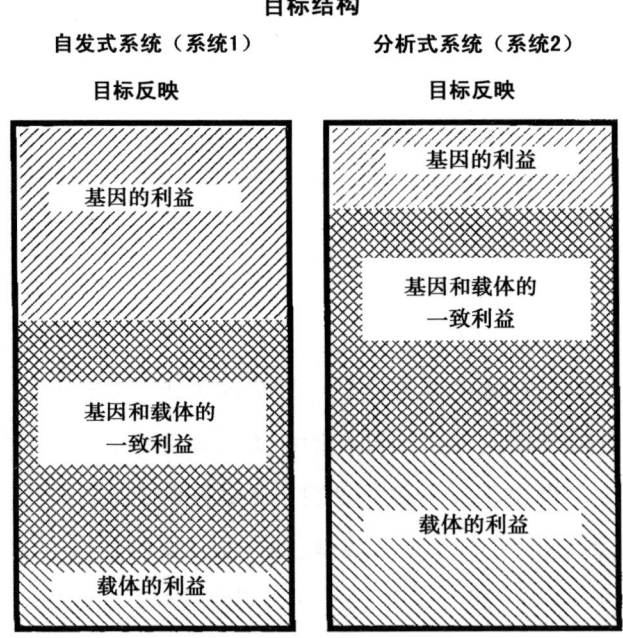

图7-1 基因和载体在自发式和分析式系统中的目标重合

但是，我们依然还未走出可怕的丛林。因为，我们忘了问一个重要问题：分析式系统中的弱约束目标来自哪里？这个问题的答案，恰恰是我们必须担心的东西。这个答案令人担心，是因为存在另一个事实。把这个事实翻译成大白话，将真正令人心惊肉跳——还有第二种复制子。

模因的攻击：第二种复制子

在1976年出版的畅销书《自私的基因》一书中，理查德·道金斯引入了"模因"这一术语。模因指的是文化信息的单位，可以在粗略水平（而不是一一对应）上类比为基因。牛津英语词典对模因的解释如下："文化是一个元素，被认为可以通过非遗传的方式传递，比如模仿。"布莱克摩尔（1999）把模因界定为一套行为和沟通指令，能通过广义层面的模仿而习得（模因可以通过语言、记忆或其他方式进行复制），而且能存储在大脑中（或其他存储装置中）。

我倾向于认为，模因是一种大脑的控制或信息状态，当它被复制到另一个大脑中时，就可能引发全新的行为或思想。[2]当因果来源上相似的控制状态，在副本的大脑主机上重复时，模因复制过程就发生了。哲学家丹尼尔·丹尼特（1991，1995）列举了模因（或模因丛，即协同适应的一组模因）的若干例子，以帮助我们理解模因的概念，即它是一种观念单位或观念单位的集合。这些模因例子包括拱形、轮子、日历、微积分、棋牌、奥德赛、印象主义、结构主义、仇杀、直角三角形、"绿袖子"以及字母。

简单地说，身体携带基因，而基因含有构建身体的指令。同样，文化传递模因，而模因则含有构建文化的指令。跟基因一样，模因是一种真正自私的复制子。跟基因一样，通过使用"自私"一词，我并不认为模因能让人变自私。相反，我的意思是，模因跟基因一样，仅仅以对自己有利的方式行动，是一种货真价实的复制子。我再一次用拟人化的语言描述模因（我对基因也这么干过），认为模因有自身利益。跟前面一样，这仅仅是对下列事实的一个简单说法：模因的利益就是复制；把自己复制更多次的模因，以更高保真度复制的模因，以及更长寿的模因，都会在未来的世代中留下更多的自身副本。

一旦理解了模因是一种不折不扣的复制子[3]，我们就找到了一个合适的位置，就能理解模因理论为何有助于澄清我们观念中的某些特征。这一理论引发的根本洞见在于，即使不正确，即使不能以任何方式帮助持有该观念的人，一种信念还是有可能得到传播。模因理论家经常使用连锁信的例子。请看下面的一句话："如果不把这条消息转给五个人，你将来就会倒大霉。"这就是模因（某种观念单位）的一个实例。它是行为能被复制或存储在大脑中的一个指令。说实话，这是一个相当成功的模因。这种模因有大量的、存在了好几十年的副本。随着电子邮件的发明，这个模因的表现更抢眼了。然而，这一模因有两个很明显的特点。第一，它是错的。读了这个消息，不把它转给任何人，你也不会在将来倒大霉。第二，存储和传播这个模因的人，不会从这种做法中得到任何好处：他不会因此变得更富有、更健康、更聪明。可是，这一模因依然存在着。它存在，是因为它有自我复制的特点：基本上，这个模因的核心逻辑不过就是"复制我"而已。作为一种独立的复制子，模因的存在，不是为了帮助它们寄居其中的个人。它们存在，是因为通过模因进化，它们表现出最强的繁殖力、最长的寿命和最高的复制保真度，这些都是复制子成功的定义特征。

我们对信念的思考，将受到模因论的深远影响。这是因为，它逆转了我们思考信念的方式。传统上，人格和社会心理学家喜欢问，一个人身上有什么特征使得他们持有某些信念？这里的因果模式是，一个人决定自己持有什么信念。而模因论恰恰相反，它的问题是，哪些特征使得模因能找到足够的"寄主"以便传播自己？现在的问题不再是人如何获得信念（这是社会和认知心理学的传统），而是信念如何获得人！其实，道金斯他自己引入的这套语言，转述的是尼克·汉弗莱的思想。他说，"当你把一个有繁殖力的模因植入我的心智，从字面意思理解，你寄生在我的大脑中，把它变成了一个模因传播的载体。这种方式就像病毒侵入寄主细胞来传递自己一样"。(1976，192)道金斯认为"我们过去从来没想到的是，一种文化特质进化而来的理由，可能仅仅是因为这样对它自己有利"(200)。

我们对信念传播的常识观点[4]包括，"信念 X 传播是因为它是对的"，或"信念 X 传播是因为它很优美"。这些观点难以令人满意。问题在于，它们无法解释为什么有些信念正确或优美但却不流行，它们也没法解释为什么有些信念不正确、不优美但是很流行。模因论告诉我们，需要寻找这些案例中的第三种原理。信念 X 能在人群中传播，因为它是一个优秀复制子：它善于获得寄主。模因论让我们把目光投向作为复制子的信念的属性，而不是获得这些信念的人的特点。在本书中，模因具有一种独立的、特殊的功能，这很重要。

在进一步阐述之前，我得承认，很多学者对模因概念提出了批评。[5]然而，这些批评看起来处境尴尬。他们对模因概念（模因的模因）加以反对，必然意味着他们认为，这一概念对思考模因支持者会带来不利影响。然而，毫无争议的是，自从道金斯 1976 年提出这一概念之后，模因的模因已广为传播。如果批评者是对的，那么，在这一概念对科学和对思考它的寄主都有不利影响的情况下，模因的模因还在传播，这就奇怪了。这一事实自然成了模因科学主要命题的存在证据：某些观念的传播，跟它们自身具有某些特点有关。

围绕模因论，还存在其他无数争论。比如，在具体应用中模因概念的可证伪性，模因跟基因的类比程度，模因概念跟社会科学中已有文化概念有何区别。这些跟模因科学有关的争论很有趣。不过，它们都跟模因在我的观点中扮演的角色没关系。这个角色极为简单，而且仅仅要求我们正视一个核心观点：某些观念的传播跟它们自身特点有关。它跟传统上社会和行为科学的默认视角有别，它有不同的侧重点。这一点没什么争议。而这些科学通常假定，要理解一个人持有的具体信念，我们必须调查这个人的心理特征。

把这个来自模因论的核心观点保留在头脑中,我们现在就能找出好几类原因,解释为什么信念能存在和传播了。前三类原因反映在行为和生物科学的传统假设中,最后一类则体现了模因论的新观点:

1. 模因存在且传播,是因为它们对于存储它们的人有帮助。(大多数反映世界真实信息的模因都可以归入这一类)
2. 某些模因数量多,是因为它们跟已有的遗传倾向或领域特殊性进化模块很吻合。
3. 某些模型能传播,是因为它们有助于基因复制,从而使得载体成为这些具体模因的好载体。(鼓励人们多生育的宗教信念可归入这一类)
4. 模因存在且传播,是因为模因自身就有自我延续的属性。

类别1、2和3,相对没什么争议。第一类是文化人类学的标准立场。类别2得到进化心理学家的强调。类别3相当于涵盖了心理学家苏珊·布莱克摩尔提出的模因驱力这个概念下的影响类型。正是类别4引入了思考作为符号指令信念的新方式;这些指令在殖民大脑方面有的能力强,有的能力弱。[6]

在一般类别4中存在很多模因生存策略的子类别,包括传教策略、自保策略、说服策略、敌对策略、不劳而获策略以及模拟策略。[7]比如,艾伦·林奇(1996)讨论了传教模因的扩散。他用了这么一个信念案例,"我的国家武器不足,这很危险"。林奇认为,这个例子阐明了传教优势:"这个信念在寄主身上引发恐惧……而恐惧驱动他们在军事软弱方面说服其他人,为在这方面采取行动制造压力。因此,尽管这个信念有恐惧的副效应,可它导致了说服。同时,其他观点比如'我的国家弹药充足'提升了安全感,但也减少了改变他人心智的紧迫性。因此,武器短缺的信念能扩散到大多数人头脑中,甚至在一个超级大国中

同样如此"。(5-6)

模因能通过发展自保策略获得防护，防止被说服。比如，使用这样的忠告"永远不要跟人辩论政治或宗教"，就是一种相当透明的尝试。这是某些类别中现有的模因给寄主打预防针，防止其他模因使用传教策略取代它们。某些模因的自保策略带有敌对性。比如，它能改变文化环境，让它的竞争者举步维艰；或者影响它们的寄主，让寄主攻击这些竞争者模因。即使不这么敌对，那些历经选择而成功活下来的模因也有自己的两把刷子。它们通常能改变认知环境，使得这些环境转向对自己有利的方向。

此外，类别 4 中还存在其他两类模因：共生体模因是那些一起出现时会变得更强大的复制子；而貌似对载体有好处但实际上没有的复制子，则是不劳而获者和寄生虫，它们模仿有用模因的结构，欺骗寄主让他们以为自己会给他们带来福音。广告商在制造模因寄生虫方面自然是行家里手，这些模因骑在其他模因的头上。制造不加分析的条件信念，比如"如果我买了这辆车，这个美丽动人的模特就是我的了"，就是广告商的鬼把戏，他们把这两样东西巧妙地摆在一起，让观念和图像产生虚假关联。广告商也会制造模因丛——一整套倾向于共同复制的模因（协同适应的模因集合）——把他们的产品跟某些有价值的物品联系起来。

理性、科学和模因评估

在本书中讨论的理性思维的概念，跟驻扎在我们脑中的模因有直接关联。许多工具理性的原则可检测模因的一致性。比如，附属于信念的概率集合是否一贯，以及欲望集合是否以逻辑一致的方式结合在一起。科学推论的目的是检测模因的真实价值。比如，它们是否跟世界的真实状态相对应？如果我们使用这些机制，对我们有多大帮助？这是因为，真实的模因对我们有好处，因为它们准确追踪这个世界，能帮我们更好地实现自己的目标。相反，正如前面讨论过的例子阐明的那样，许多现存的模因不是真的，对我们实现自身目标也没帮助。这些在类别4中的坏模因包括不劳而获模因和寄生虫模因，后者模拟有用基因的结构，欺骗寄主，让他以为自己能从这些模因身上捞到好处。这些模因就像身体中所谓的"垃圾DNA"一样：这种DNA并不为某种有用的蛋白质编码，可以说仅仅是"凑凑热闹"。正如第1章的讨论所示，除非我们把这些复制子的逻辑搞清楚了，否则，垃圾DNA就是一个不解之谜。一旦我们了解到，DNA的存在仅仅是为了复制自身，而不必做对我们（有机体）有利的事情，我们就不再困惑，就能理解为什么基因组中存在这么多垃圾。要是DNA能在无益于身体建造的情况下得到复制，那么对它来说，就这么做也很完美。让我再次使用隐喻性的语言，复制子仅仅在乎复制！

这一点当然也适用于模因。如果一个模因能保存和传播，而不必对人类寄主有帮助，那么它也会这么干（想一想连锁信的例子）。模因论促使我们提出新的问题类型：我们的信念中有多少是"垃圾信念"，仅仅在乎它们自身的传播，而对我们没有用？科学推论和理性思考的原则，本质上就是我们的模因评估装置，用来帮助我们决定哪一个信念是真的，因此可能对我们有用，以及哪些真实的模因跟它们是一伙的。镶嵌在工具理性选择公理中的一致性检验，如果失败，通常就会把我们指向某些坏模因表征的目标；它们可对我们的人生计划没有帮助。

诸如可证伪性这样的科学原则格外重要，因为它们能确定可能的"垃圾模因"——这些家伙并不真正服务于我们的目标，而仅仅是为了自己复制。想一想吧。面对一个不可能证伪的模因，你将找不到任何证据反驳它。因此，你寻觅不到任何一个明显的理由放弃这样的信念。而且，事实上，一个不可证伪的模因对这个世界的本质什么都没说（因为它不承认任何可检验的预测），于是，它们不会通过追踪这个世界的本来面目而服务于我们的目标。这样的信念很可能就是"垃圾模因"。

尽管它们对于自己的持有者并无任何助益，甚至有害，但它们很难被发现。[8]

通过反思获得的模因：模因评估的纽拉特式项目

至关重要的是，人类不允许他们被自私的模因殖民，这些模因为了自己的复制利益宁愿牺牲它们的寄主。在某种意义上，自私的模因甚至可能比自私的基因更可怕，对人类的危害也更大。一个让人跳下悬崖的基因，将随着载体的毁灭而消失。可是，一个导致同样结果的模因，仍然能在我们这个媒体饱和的信息时代不断扩散。成为一个积极的、自身模因的评估者，在很多理论家看来，这是真正实现个人自主的必由之路。（比如 Dawkins 1993；Frankfurt 1971；Gewirth 1998；Gibbard 1990；Nozick 1989，1993；Turner 2001）为了确保是我们控制自己的模因，而不是自己的模因控制我们（"你要是不把这封信传下去，将来就会倒大霉"），我们需要很多知识工具，比如可证伪性标准，无混淆地检验假设，以及偏好一致性检测，这样才能把"垃圾"从我们信念和欲望的意图心理系统中给清理掉。

不过要留意，模因评估的观点中含有一种恶魔般的递归性。科学和理性思维本身，就是模因丛，就是协同适应的一套连锁模因。我打算谈谈递归性这个两难现象。在本章的下一节中，我把它称为协同适应的模因悖论。我认为，尽管不能在绝对意义上确保成功，但我们依然能评估模因。是的，我们应该参与这种暂时性（就像科学一样）的活动，这或许可被称为怀疑引导的纽拉特式项目。哲学家奥托·纽拉特（1932-33；Quine 1960，3-4）提出了一条跟木船有关的隐喻，这条船上某些木板已腐烂。修补木板的最佳方式是把船靠岸，站在坚实的地面上更换木板。但要是船不能靠岸怎么办？事实上，船依然能被修复，但要冒风险。我们可以在海里修复这条船，只要在修复其他木板的时候站在另一些木板上就行了。这个项目是可行的，因为我们能在不站在坚实地面上的情况下把船补好。然而，这个项目没有保证，因为我们也可能恰好就站在一块腐烂的木板上。

科学就是以这种方式前进的：每个实验检验某些假设，而把其他的假设视作固定的、基础的。到了最后，这些基础的假设就要在另一个实验中接受检验，这时，它们就被认为是或然的、可选的，而其他的假设则被看成基础的。同样，我们要检验某些模因是否符合自己的利益，这在实质上就是一个纽拉特式项目。我们可以假定某些模因丛（比如，科学、逻辑、理性）是基础的，进行检验。不过，到了后来，我们就必须考虑这些基础的模因丛。我们越是全面检验这些连锁的模因丛，我们就越是自信：用第2章中提及的认知科学家克拉克的话来说，因为我们没有让某个模因病毒进入自己的心智套件。另外，更现实的是，一旦它们被认为仅仅是一种暂时状态，我们可以修正模因丛不能通过逻辑和实证检验的部分。计算机科学家已经证明，自我修正的计算机软件在概念上具有可行性，心智套件中的理性也同样具有修正自身的能力。这里没有循环性，因为我们处于一个纽拉特式的事业中。它跟现代科学的逻辑高度相似，它是非基础主义的，但依然在不断进步。（Boyd，Gasper，and Trout 1991；Brown 1977；Laudan 1996；Radnitzky and Bartley 1987）

个人自主和通过反思获得的模因

综合模因评估项目的第一步，就是从概念上理解人类的困境，因为：

1. 我们是载体。
2. 我们自己知道这个事实。
3. 我们意识到复制子的逻辑，而且知道有两种不同的复制子寄生在人类身上。
4. 我们大多数人都想要保留某些独立自我的概念。

作为人类，在这场探索个人自主的事业中，我们拥有的最重要工具就是对人类认知结构的完整理解，以及我们最近刚刚获得的复制子动力学知识。我们的某些目标结构由模因构成，这一概念引发的额外复杂性在图7-2中以示意图的方式加以刻画。（我得再一次提醒，绝对区域不过是猜测，目的是为了阐述问题）

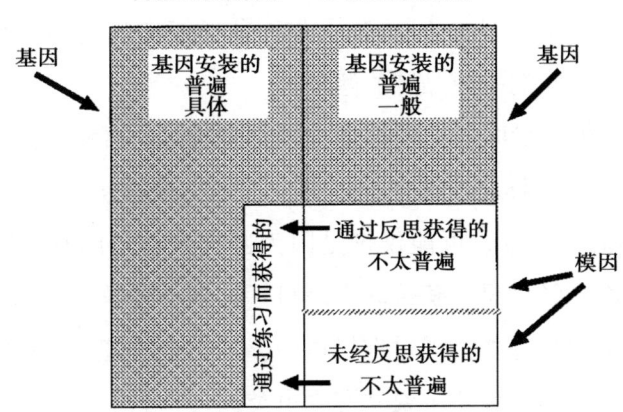

图 7-2　基因和模因安装的目标在自发式和分析式系统中的分布假设

图7-2显示，在意图水平上，无论是自发式还是分析式系统的目标结构，都可能拥有两种复制子来源。自发式系统的目标结构由基因安装的目标主导。我们前面讨论过这些强约束目标，对大多数人而言它们普遍存在，不是有机体的个人环境或经历导致的。它们不是灵活目标或通用目标，而是拥有具体内容，涉及具体情境，以硬连接的方式引发。（这样的例子包括：对有害气味和物质的厌恶和排斥，以及对像蛇一样动物的恐惧反应；见 Buss 1999；Rozin 1996；Rozin and Fallon 1987）

分析式系统携带更灵活、更通用的目标，跟大多数人享有的基因目标保持一种更对等的平衡（比如，在由你的同类构成的支配等级中，你的地位不断提升），而且跟模因安装的目标也保持对等的平衡，而这些目标则来自个人具体的环境经验（和文化）。这清楚表明，基因魔爪下的"逃生路线"——聚焦于载体目标串行的分析式系统活动——要比前面章节中描述得更复杂。载体的分析式系统目标，可能为某个模因的利益服务，而不是为作为整体的载体服务。一个载体接受之后就会受难的传教模因，在某种程度上，跟一个为了基因复制而牺牲载体长寿的基因没什么不同。辛苦一生，目的仅仅是为了给镶嵌在自发式系统强约束目标中的复制子利益服务，我想，没有人愿意过这样的悲惨生活。但同时，我们中也没有人想要给另一种复制子的目标服务，它们是分析式心智中符号系统的寄生虫。[9]（为什么你要花钱买名牌阿司匹林，它的价格是成分完全相同的一般品牌的两倍？）

在图 7-2 中，我区分了两种通过模因而获得的目标。前一种就像被病毒"感染"了一样（就像在上述道金斯的引语中所说的，"一种文化特质进化而来的理由，可能仅仅是因为这样对它自己有利"），我们也许可以称之为未经反思而获得的模因目标。后一种是经过反思而获得的模因目标，个体对这些模因对有机体的影响完全清楚。未经反思而获得的目标，也许就跟道金斯所说的寄生虫类似。它们事实上并不对个体有利，而是使用一种牺牲载体的基因（我们在第 1 章讨论过这种基因）用过的伎俩。这些模因仅仅把人类看作一个有助于自己扩散的寄主。

该图还表明，模因获得的目标未必不会成为自发式系统的目标（自动化的、自主性的、迅速引发）。通过实践，模因安装的目标将保留在自发式系统的目标层级中。"品牌"以及其他的广告噱头都想做到这一点，让人们不假思索就把带有 X 的徽标当成"一定有 X"的反应。接着，它们就会变成特别有害的模因，即寄生虫。它们不是反省心智的一部分，因此难以消除。

这里的要点是，没有经过任何反省检测的模因，更可能是只服务于自身目标的模因。也就是说，它们是那些仅仅为了获得更多寄主而寄生在我们身上的模因。模因评估的纽拉特式项目，目的就是要把哲学家罗伯特·诺齐克（1993）的观点操作化、具体化。他的观点是"某些事物能长久存在取决于它为什么能持续存在，它所通过的选择性测验的性质，以及测验本身体现的标准。我们该对这些原因赋予多大的权重呢？"（130）。通过许多选择性测验的模因，通过我们的反思而获得使用，它们更可能是为了给我们服务而保留在我们身上的模因。而我们未经反思就获得的模因，不曾接受逻辑或实证检验的考察，它们在统计上更可能是寄生虫，仅仅因为它们自身的结构属性就保留在我们身上，而不是因为对我们有利。

什么样的模因对我们友善

正如在下一章中要详细讨论的，图 7-2 中呈现的结构有一个含义，即作为一种完全独立的主体，人类应该追求一种广义而非狭义概念的理性。在给定个人信念和目标的情况下实现理性，这样做还不够。信念和目标本身都应接受评估，以便确保我们不仅仅是在追求复制子这种实体的目的，因为它们的本质不是为载体服务。我们必须学会如何批判我们的欲望和信念。为了完成这个任务，我们需要接受理性和科学思维的工具，把它们作为心智套件安装在自己的头脑中。

对于未来的自己而言，你想在适当的位置拥有什么样的模因？具体是什么，很难回答。不过，如果我们认真反思自己想要拥有什么样的模因，那么，我们还是可以勾勒出评估标准的类型，以便用来检验模因和模因丛。我将在下面列出四条这样的评估规则，它们可不是囊括一切的详尽清单。对于正要讨论的广义理性类型（这一类型应该被置于我们知识议程的头条）而言，这仅仅是一个起始点：

1. 避免安装对载体身体有害的模因。
2. 对于信念类型的模因，力争只安装真实的模因，也就是说，反映世界真实面目的模因。
3. 对于欲望类型的模因，力争只安装不排除未来其他模因丛被安装的模因。

4. 避开那些抵制评估的模因。

现在，我将依次思考每一条规则。

1. 避免安装对载体身体有害的模因。自然，这一规则包括许多相当常见的忠告。这些忠告反对引发风险的行为，比如危险的药物使用，不加保护的性行为，以及危险的驾驶风格。我们应该避开这些模因，因为载体追求任何未来目标的能力将被它们损害，无论是因为载体受伤，还是因为虚弱。[10] 显然，暗示吸烟不影响健康就是一个坏模因。同样，暗示吸烟有型或有魅力，能提升个人的社会目标，它们也是坏模因。更具争议的是，这个具体的模因规则有可能会阻止一个人把自己置于严重风险下的意识形态，比如诉诸战争的意识形态。许多人都会判断这个模因标准 1 的寓意——恐怕很少有人会支持战争——毫无疑问是好事，因为他们感到，历史清楚地表明，战争不符合任何人的利益。当然，载体不可能在自己的一生中复制自己。㊀从他的角度来看，战争很可笑。他或许会判断，发动战争的冲动来自自私的基因或模因。另一方面，很多人在广泛应用这个规则时犹豫不决。他们会明确指出，在少数重要情况下，可以使用战争捍卫一些值得捍卫的原则，包括（有点儿循环性）人们有权以非强制方式评估模因的原则。

关于后者，需要注意的是，这些对模因评估的建议标准不是铁板一块，也不是决定性原则。它们是对个人持有的模因进行反省思考的指导方针。它们最好被当成预警信号。违反其中一条或多条规则的模因，就像对反省的思考者发出信号一样，告诉对方，自己需要展开进一步的近距离审查。经过这种进一步的审查，当然有可能，一个人决定在某些情况下继续持有违反这些约束的某个模因。比如，很可能存在这样的情况，某种经过反思而获得的价值观的确要求载体做出某种程度的牺牲

㊀ 即发动战争对复制载体而言毫无意义。——译者注

（许多利他模因应该也能通过这样的检测）。但至少，如果我们认为某个具体情况对某条规则是一个例外，我们也需要设定一套防线（以便明确意识到，某些模因是例外）。要是没有的话，这个模因很可能就被当成了未经检验的寄生虫。问题其实就是举证责任。规则 1 作为一种模因评估原则，需要被当成一种预警信号使用。所有骑在头上、要求载体做出身体牺牲的模因都有更多的举证责任⊖。[11]

吸烟模因的历史提供了一个明显的例子，即我们批判能力的视角可集中于某个模因，并彻底改变它的地位。吸烟会导致生理成瘾。火上浇油的是，文化一度给复杂的模因丛"吸烟行为"提供有力的强化模因，把魅力非凡的电影明星和受人欢迎的电视人物拉了进来。而最后加入该混合物的是市场资本主义的燃烧弹。鉴于有人会因为其他人吸烟而赚钱，跟吸烟有关的产业蓬勃发展起来，不断宣传吸烟跟迷人形象之间的关联。在某个时间点上，吸烟的模因丛由于多种文化力量的怂恿而变得异常强大。当然，问题在于，吸烟的确对载体非常非常糟糕。事实上，它对载体造成的损害对文化本身也带来了严重影响（特别是在北美），以至于文化要公开对吸烟模因丛宣战，尝试把人口中的烟民人数大幅降低。吸烟给我们提供了一个正面榜样，告诉我们，人类有可能根除和消灭一种有害载体的模因丛。

2. 对于信念类型的模因，力争只安装真实的模因，也就是说，反映世界真实面目的模因。可以说，不管一个人的未来目标是什么，如果伴随目标的、跟这个世界有关的信念恰好是真实的，那么，这些目标都将更好地实现。当然，在某些情况下，不追踪世界的真实状态可能（通常只是暂时地）也会实现一个具体目标（见 Foley 1991）。然而，在其他因素都相同的情况下，长期来看，想要拥有真实信念的欲望，会对很多目标的实现起促进作用。因此，拥有准确反映世界本质的模因是一种高级目标，应该得到大多数人的青睐。不管他们的目标是什么，在一个

⊖ 即证明它们真的对载体有好处，值得安装。——译者注

更微观的水平上，这些目标都会得到真实信念的良好服务。

这里，我必须强调，科学模因丛已证明，它自己是一种非常有用的收集真实模因的机制。同样可以说，逻辑和许多概率论的成分也是如此；它们在历史上带来了很多积极的认识结果。回想第3章的内容，在任何给定的情况下，如果人们想要在自己的生活中实现预期效用最大化，他们就必须评估（大多数情况下都是无意识地，有意识评估的假设不需要）：对于每一个替代行为，这一行为得到每种结果的可能性，以及这些结果的效用（行为的预期效用就这样变成了效用乘以概率的总和）。要实现效用最大化，被评估的概率应该真实反映这个世界的不确定性。

我们需要反思性地关心信念的真实，而且动用我们的分析心智参与这种评估过程，原因在于，出于非常合理的进化原因，自发式系统不怎么关心真实。自发式系统的机制可被视作进化的赌注，它们假定未来的环境刺激还是一样的（Dennett 1995）。这些赌注受制于自己曾在多大程度上使得人类在进化环境中生存下来。[12] 自发式系统记录世界结构的子过程是一种快速有效的机制。但是，它们通常过于追求速度，而牺牲了诚实记录跟它们功能无关的细节的敏感性。自发式系统以这种逻辑为基础做出响应。所以，重要的是，更具反思性的分析式系统需要在我们的信念网络中建立起高度真实的内容。

3. 对于欲望类型的模因，力争只安装不排除未来其他模因丛被安装的模因。在欲望中给未来改变留下空间的模因丛，在某种程度上，就像是第3章讨论过的高级目标。回想我们的讨论，我们可能积极评价某种目标，因为实现它导致了更广泛的其他欲望的实现。相反，某些目标的满足并不导致其他任何目标的满足。在极端的情况下，可能有些目标跟其他目标的满足是冲突的。实现这样的目标，事实上就是妨碍实现其他目标（这也是为什么目标不一致需要被避免）。

作为高级目标结构的模因丛，可以根据相互排斥这一标准来评估。

那些排斥许多高级水平未来目标的模因丛，就是有害的。那些给未来欲望状态留下空间的模因丛，可能就是有益的（Scitovsky 1976）。当然，生命阶段在这里是一个交互因素。根据模因论的观点来看，事实上，某些情况下，我们的痛苦似乎拥有正当的理由。比如，我们看到一个年轻人接受了一种模因丛，而因此妨碍了许多未来目标状态的实现（就像许多年轻人陷入宗教狂热一样，我们的脑海中可能还会出现早孕，这都切断了他们的教育进步，断绝了他们跟朋友和亲人的联系）。规则3和规则1一样，试图保持个人的灵活性，如果他们的目标应该改动的话。封闭的宗教崇拜破坏了个人关系。要是那种模因丛在后期才被抛弃的话，这些关系将被放弃，不再有重新建立的可能性。同样，许多狂热崇拜使用的错误信念（事实上，某些主流宗教也这么干）也会成为绊脚石，干扰任何高级目标的成功实现。

4. 避开那些抵制评估的模因。这可能对模因评估来说是最重要的原则。这种特点具有无与伦比的重要性，因为寄生虫模因（垃圾模因，不服务于载体的利益，就像不构造载体的基因一样）将以下面的方式增加它们的寿命：施展伎俩，让自己不受评估。可检验性（可证伪性）是一种区分不同模因的最确定的方式之一，它能判断哪些是对你有好处的模因，哪些模因是病毒——它们占据你的头脑，就像你被感冒病毒俘虏一样。一个可检验的模因，如果加以检验的话，最终将落入两种类别中的一种。通过逻辑或实证检验，这至少提供了某种可信度，这个模因在逻辑上是一致的，或这个模因跟世界的真实情况相符，因而对我们有好处（正如前面规则2中讨论过的那样）。一个没有通过类似检验的模因，相当于把自己从候选人中剔除了；它们不是对实现我们目标有帮助的候选人类型。

不管出现什么样的检测结果，我们都获得了有用的模因评估信息。一个不能检测的模因，一个逃避这些关键评估的模因，就无法给我们提供这些信息。危险的模因，或纯粹寄生虫模因，更可能来自这类不能检测的模因，这具有统计确定性。相反，那些服务于载体利益的模因，从统计上来说，更可能来自可检验的模因类别，而且它们通过了实证和逻辑检验。

使得评估它们的尝试受阻的模因案例，经常发生在文学中，它们是信仰、阴谋论和言论自由。[13] 前两个选项很容易理解。某些读者，特别是自由派学者，可能发现言论自由在这个清单上会大吃一惊。因此，对于锻炼模因思维（批判性思考模因的获得和保存）的自由主义者来说，这是一个好案例。它在这个清单上，其实就是在提忠告：我们必须对隐藏在我们模因组（类比于基因组的一个结构）中的模因看仔细，它们打着积极的、自由主义的幌子。

一个中立的旁观者，一个没有安装言论自由模因的人，有可能想知道，是否"人们应该因为他们的种族而被消灭"这一言论的拥护者，在任何一次实证的、逻辑的、道德的、推理的检测中都没有失败。这个尚未接种言论自由模因的中立的观察者，可能会问：保证这种"观念"活着，保证它被人听到，背后的目的是什么？中立的批评家关心言论自由模因丛包含的内容。而他对这一问题的回答，不是保证任何观点被听到将会把我们推到禁止言论的斜坡上，而是这就是言论自由模因丛：它们阻止任何评估它们的企图，让我们没法知道，这些模因是否服务于人们或人们身在其中的社会的目的。

我的观点是，言论自由模因并不能等同于一种纯粹的寄生虫，仅仅在它具有某种抵制评估的特点时才算是。毫无疑问，这一模型给它的持有者，无论个人还是社会，都带来了巨大收益（Hentoff 1980，1992）。当然，言论自由模因的心理圈套，跟历史上基于信仰的模因带来的陷阱、威胁和恐吓相比，简直是小菜一碟。信仰的整个观念就是要解除载体的武装，阻止自己栖身于其中的载体评估自己。对自己的模因建立信仰，意味着你不会经常反省它的来源和价值。基于信仰的模因的整个逻辑，就是禁止批判。比如，基于信仰的模因用来回避评估的一种花招就是培养载体的这种信念：神秘本身就是一种美德（这种策略，能让寻找证据以评估模因细节的努力付之东流、徒劳无功）。在基于信仰的模因中，上面提到的许多模因的敌对属性就会兴风作浪，推波助澜。纵观人类历史，许多宗教模因丛都鼓励它们的追随者攻击异教徒，或至少恐吓异教徒，叫他们闭嘴。

当然，不是所有基于信仰的模因都是坏家伙。有些对寄主有好处。不过，在这种情况下，它们需要有很严格的举证责任。一个人真的应该问一下任何基于信仰的模因：为什么要禁用我们认知武器库里的那些工具（逻辑、理性、科学、决策论）？要知道，这些工具能让我们阻止基因的目标，不理它们的命令，而创造出属于自己的生活计划。这些工具使得机器人叛乱成为可能。而现在另一个（可能更有害？）复制子却告诉我们，关闭这些机制？在这种情况下，本书从头到尾介绍的概念工具都建议你质疑这种做法。

记者乔纳森·劳赫（1993）报告说，在20世纪80年代，当自己作为一个报社记者在北卡罗来纳进行采访时，他发现了一份"学生注意事项"清单，由一个原教旨主义的基督教团体发布。其中一项规则是这样的：不要参与任何一个课堂讨论，这些讨论以下面的话开头：

- 你会怎么做，如果……？
- 你假设的是……？
- 你的意见是……？
- 如果……会发生什么？
- 你看重……？
- ……这样做，道德吗？

很明显，这种模因丛试图实施全面接种，防止载体对自己进行评估。

你也可以思考一下由记者玛丽·布雷德（2001）提供的华威·鲍威尔的案例。鲍威尔被诊断出HIV阳性，而且T细胞的数值只有220。

只要低于 450 的数值，都会被医生作为标准，据此建议他开始采用一种抗逆转录病毒的服药方案。然而，鲍威尔推迟了传统的联合药物疗法，而是在一家提供过程疗法的中心待了 10 个月，这一疗法就是能量转换训练。该疗法承诺能治疗抑郁、不快乐、肠道易激综合征和癌症。华威被告知，过程疗法能提供医学所不能提供的东西，逆转他的 HIV 阳性状态。需要做的就是训练，这样就能消灭"能量阻塞"。过程疗法提供的训练，若要成功，关键之处在于你必须，按照华威的说法，"全副身心投入到这一过程中去；这里没有任何怀疑的余地"（12）。根据记者布雷德的报道，提供这种治疗的治疗师让鲍威尔相信，"要是病毒没消失，那就只能怪自己。因为那意味着，他不够虔诚，信仰不坚定"。（12）

该中心的专职治疗每天花费 100 英镑（在治疗期间，1 英镑折合 1.4～1.5 美元）。华威需要跟高级治疗师采取单对单的治疗，每小时耗费高达 410 英镑。对于居住在新西兰的过程疗法的大法师来说，他通过电话会议进行治疗，收费更高。华威继续上了强化班，见大法师花去了他 4 000 英镑。他参加了一个大法师治疗课程，耗资 7 800 英镑。在治疗末期，华威每天花 10 小时在中心，最后已是负债累累。他刷爆了自己的信用卡（然而，中心给他展期，以便他能参加大法师治疗课程）。在他投身于中心进行治疗的这段时期，他的医生继续抽取 T 细胞数值，但是鲍威尔拒绝听具体信息，以免这些信息对他的能量训练产生不良影响。在这个中心治疗了 10 个月之后，鲍威尔最后让他的医生告诉自己的 T 细胞数值，得数是 270，依然远远低于 450，而这意味着他需要服用抗逆转录药物。这个情况，从统计上来说，没有偏离他在 10 个月之前刚开始的情况，两者是一样的。鲍威尔对这个消息是如何反应的呢？他总结说，"治疗是要你放弃自我，但我依然太傲慢，依然批评太多。对于这个机会，我没有足够感激"。（17）布雷德报道说，要是他能从自己朋友和亲戚那里借到钱，鲍威尔打算继续参加能量转换治疗。

可悲的是，鲍威尔已经被模因病毒俘虏了。这种模因恶意捕食那些在身体上和精神上不健全的人，常常使用抵制评估的种种策略。就像劫机者试图劫持飞机为己所用，载体也可能被模因劫持，成为实现它们（复制子）目的的棋子。纽约世贸中心被令人痛心地毁掉了，这有助于帮很多人理解病毒模因的恐怖主义逻辑：它们将不惜以人类生命为代价而复制自身。这一事件也催生了一场明确讨论：某些模因彻底控制了载体，因而它们变成了致命的武器。比如，《多伦多星报》的一篇文章（Hurst 2001）谈到让恐怖分子的观点"失活"。伦敦的《泰晤士报》，就在恐怖袭击发生后的那个下午，明确提到本·拉登使用了"文字炸弹"（Macintyre 2001）。在人类历史上，殉道模因屡见不鲜。而对把自己完全献身于模因的人来说，对来世做出奢侈奖赏的模因也不断涌现。

抵制评估策略，是寄生虫模因丛的一个共同成分。显然，它们出现在了恢复记忆模因中，这些模因顺利进入了20世纪90年代的临床心理学和社会工作领域。[14] 许多案例报告说，有人回想起童年被虐待的情形，这些事发生在几十年前，但已经在表面上被遗忘了。这些记忆很多都发生在治疗干预的情况下。显而易见，许多这样的"恢复"就是治疗本身诱发的（Piper 1998）。因为这种错误的、治疗诱发的指控，很多人的生活被毁，家庭破碎。这可不是说，咨询师本人明知故犯。许多人不过是用寄生在他们身上的模因丛感染了别人；这些模因丛利用他们和他们的地位作为载体。但是，他们传染给自己客户的模因丛特别有害，不仅是因为它对别人的影响本质恶劣，还因为它还有抵制评估的策略，使得收集证据评估模因的可能性灰飞烟灭，不复存在。

一个可悲的案例由罗兰德·麦（Makin 2001）提供。麦因为使用药物和抑郁接受治疗，他被自己的治疗师告知，治疗师本身就是仪式性虐待的受害者，而且他认为，这可能也是麦对自己父亲愤怒的原因所在。通过一次又一次治疗，来自其他所谓仪式性虐待幸存者的说法也强化了咨询师的观点。麦开始相信，他父亲的确是某个仪式性虐待婴儿邪恶组织的一员。当麦准备就这些信息去跟父亲对质时，他被提前告知，自己的父亲将会否认，而强烈否认某个指控就是这一指控真实存在的证据。当麦的父亲的确否认了这一指控之后，麦认为这说明了咨询师的说法是对的。因此，这个模因丛携带着特有的自我强化策略，能控制自己的寄主。幸运的是，麦后来慢慢明白他是如何接受那些他早年生活的说法，而他事实上对此一无所知。他跟自己的父亲和解了。

为什么模因可能很龌龊（甚至比基因还龌龊！）

这些案例说明，模因丛可以把评估禁用装置吸收进来。其中一种最明显也是最有害的装置，就是明目张胆地抵制批评。它会怂恿模因丛提出这样的假定，要是载体从整体上怀疑模因丛的话，它将无法获得某种预定的收益。在实质上，这种模因说的就是，为了实现它假定的积极效果，载体不能质疑它。这是一种病毒性寄生虫模因丛惯用的禁用策略（"不要质疑我，否则坏事就会发生"）。因此，为了让自己对这种坏模因产生抗体，你可以学习一种规则。这个规则很简单：对于那些告诉你为了获得某种收益你不能质疑它们的模因，质疑它们。

我曾在本书的前面章节中不断强调，使用分析式系统覆盖自发式反应很重要。而某些模因有可能会有组织地禁用试图反对它们的评估机制，这一事实给我的观点提供了新的理由。"直觉"的拥护者提倡我们不假思索地行动。这一观点，其实就是把载体交到两种复制子（基因和模因）手中，可它们中的任何一种，都不会把满足人类自身利益作为自己的主要目标。如果我们不克服来自自发式系统的不当反应，不仅镶嵌在自发式系统中的强约束目标会支配加工过程，而且，那些对我们不利的模因也可能潜入我们的目标结构中。只有通过反思智力检测它们——这种反思智力对保存在载体中的模因持有一定的怀疑——我们才能避免才出狼窝、又入虎穴的悲剧：我们避免了一种复制子制造的非最优化目标（从载体的观点看）的命运，但却让自己去实现另一套同样非最优化的目标。

因此，需要强调的是——以对载体不怎么关心的措辞来说——我们有理由相信，模因可能比基因更龌龊。不同基因存在于同一个身体中，它们一起复制。这一事实指出，任何一种既定的基因都跟载体和其他基因有共同利益。借用理查德·道金斯的一个隐喻，索伯和威尔逊（1998）指出，"在一个有性繁殖的个体体内，基因就像是在一场竞赛中跟另一条赛艇成员竞争的赛艇成员。某个艇员赢得胜利的唯一方式，就是跟其他艇员通力协作。同样，基因也跟其他基因一起'沦落'在同一个有机体身上，它们实现复制成功的唯一方式，就是让整个集体存活并繁殖。正是这种共同命运，使得自私的基因聚集成作为适应单位的单个有机体。"（87-88）

这段话有两个值得注意的事实，它们让基因看起来显得更"友善"：基因必须让一个载体活着，至少要活到它们能复制自己的时候；为了实现这一点，任何一个基因必须跟其他基因合作。而这两点约束都不适用于模因。基因至少会让载体活上十年左右，以便让自己有机会复制自身。相反，模因是后天获得的。它是一个模板，通过释放某种信号，就能在另一个大脑中开始自身的复制反应。它不必跟其他模因或基因合作。它也不需要通过合作保持载体的存活，或以其他任何方式促进载体的福祉。

因此，机器人叛乱比我在前几章中描绘得更复杂，但它依然是认知变革的极为重要的一个项目，重要性丝毫不减。而且，它依然能实现。以反思的态度对待我们拥有的欲望和信念，这是唯一的答案。这一点，对于我们在早年生活中获得的模因来说，更是如此。因为这些模因是父母、亲属或孩子传递给我们的。这些早年获得的模因通常很长命，原因在于，它们避开了对我们有用的有意识的选择性检测。它们没有经受选择性检测，因为它们是在我们还没有反思能力的时候获得的。哲学家罗伯特·诺齐克（1989）就这一点对发出过警告，他提醒我们：

通常我们倾向于（我也一样）生活在自动导航的飞机上，遵循我们自己的观点和我们早年获得的目标，必要时仅仅加以微调。毫无疑问，这样做有好处（无论在野心还是在效率方面）——以有点儿不假思索的方式追求个人的早年目标，这些目标相对没什么变化。但这样做也有损失，我们在生活中得到的指导，可能来自一幅并不完全成熟的画面，它形成于我们的青春期或成年期。……这种情况至少可以说不适当。你会设计这样一个智能物种吗，它的生活持续受到童年的塑造，它的情绪没有半衰期，申请诉讼时效又极为困难？（11）

或者，正如诗人菲利普·拉金的诗句呈现的那样（以一种稍微不同的方式）：

它们搞你，搞你妈，搞你爸
它们没想这样，可它们做了
从基因到模因
它们用自己的错填满了你
为了你，还加了一些额外的

（来自《这算是诗》(*This Be the Verse*) 诗集 [1988]，180）

模因的终极妙计：为什么你的模因想让你仇恨跟模因有关的观点

面对模因观点，为什么有那么多人会惊惶不安？自然，某些专业敌视是因为自己的领域遭人侵犯。模因理论家带着一套新语言，来到某些学术的领域殖民。这些领域曾被宣称为自己研究文化演化的学科所盘踞，比如人类学和社会学。不过，这种敌意仅仅是专业敌意。要知道，很多门外汉也这么想，而且不研究文化的科学家和学者也这么看。

的确，即使像我们这些倾向于认为模因学提供了有用概念的人，也会觉得模因这个概念令人不安。即使是哲学家丹尼尔·丹尼特——他曾最为雄辩地写下了大量跟模因有关的文字——最初也发现，这种看待人类和人类意识的观点令人不快。在他自己的研究揭示出模因科学的含义时，丹尼特写下了他的感受："我不知道你怎么想，但我最初没觉得下面的想法有意思：我的大脑就像一堆牛粪，里面有他人观念的幼虫不断繁衍生息，直到它们把自己副本以离散的方式传播出去。看起来，这夺去了同时作为作者和批评者的我的心智的重要性。根据这个版本的说法，谁是负责人呢？——是我们，还是我们的模因？"（1991，202）。这种模因眼视角下的人类心智，被丹尼特称为"惊惶不安，甚至惨不忍睹"（202）。可丹尼特就像我一样，最后被说服了：如果我们坚持模因科学的概念，习惯于使用它们，它们就不仅会为我们提供一种思考信念的新方式，还能让我们在达尔文时代重新界定自我的本质。

这里，我的目的是要引起大家对模因概念遭受广泛反对的关注。这一事件本身，可能就在告诉我们自己居于其中的一般中间层（模因竞争的知识环境）的性质。[15]要点在于，我们必须认识到，自己生活在一种对于检测信念抱有普遍敌意的认知环境中。批判性思维领域的教育理论家哀叹，说几十年来，培养批判性思维技能（脱钩、对信念的中立评估、视角切换、从当前位置去语境化）进展缓慢，举步维艰。认知心理学领域存在一种所谓的信念偏差效应，即对新证据的解释受到我们当前信念的影响。这些不约而同表明，要求人们从不是为了强化他们认知系统中已有模因的默认角度检验证据，非常困难。当前寄居在你认知结构中的模因，对跟其他模因分享宝贵的大脑空间极其缺乏热情；这些新来者说不定除了想站稳脚跟，还有可能要把它们取而代之呢。[16]

在某种程度上，这仅仅反映了有限承载能力的环境逻辑。不过，我们至少不会愚蠢到不担心某些其他不互相排斥的、令人苦恼的含义。而这其实就是我们大多数人在内心里经历的认知环境——我们大多数人也都具有仇视新模因的特点——它引发了某些令人不安的想法。或许，那些未被支持的模因已经结成了统一阵线，在我们体内营造了一种认知环境，这种环境抵制我们的信念和欲望需要评估的观点。或者，换一种表达方式：如果我们大多数信念都能很好地为作为载体的我们服务，也能在它们的有效性上通过选择性检测，那么，它们为什么不营造出一种倾向于把自己提交给这种检测装置的认知偏差？要知道，在这些检测中，它们的竞争者肯定会失败。相反，我们大多数人的中间层态度消极，它们阻止对我们信念进行真实世界中的严格检测。这就提出了那个令人担心的问题：这些模因在隐藏什么呢？

此时，依我看，我需要重新审视自己的本章开头列举的模因存活和扩散的四种原因，检查在每一种情况下，它们对自己寄居其中的载体的福祉有何影响。第一，模因存在且传播，是因为它们对于存储它们的人有帮助。这是一个好类别。我们大家都希望，自己携带的大多数模因都属于这一类别，而这也的确是实情：大多数信念的传播都是因为它们对我们有好处。它们是真实的，而且对于我们事先其他目标有帮助。然而，要点在于，还存在其他三种类别，而且没有任何一类模因必然对载体有好处。

第二类模因，因为它们跟已有的遗传倾向或领域特殊性进化模块很吻合，于是传播得很广。当一个人思考这类模因是否为载体服务时，得到的答案常常模棱两可。当然，某些模因可以说是在实现基因的目标，而这些目标或许跟载体的目标一致。因此，可以认为这些模因在为载体服务。不过，我在前面几章（比如第 1 章、第 2 章和第 4 章）已论证了这样一个深刻的重要命题，即特别是在现代社会，基因目标跟载体目标并不总是一致。因此，只有当相吻合的基因倾向也服务于载体长期的生活计划时，我们才可以说，跟基因倾向吻合的模因也是有效模因。[17]

第三类模因之所以能扩散，是因为它们促进了某种基因的传播：这种基因使得载体成为这些模因的好寄主。当然，存在有可能让为我们第一时间成为"信徒"的模因。许多学者提出了模因基因协同进化的模型。在这些模型中，至少在某一段进化史上，模因能左右基因进化的历程，使得这种进程创造出对它们有利的模因寄主环境（关于模因驱力，见 Blackmore 1999；Lynch 1996)。有的宗教信念鼓励人们多生孩子，它们就属于这一类模因。这种宗教信念找了一个好寄主。这个寄主的后代很可能也具有某些特征，而这些特征曾使得最初的载体成为该模因眼里的好寄主。

我们很难确定类别三是否应该被视作对"载体"友善的模因。似乎有这样一种感觉，原始寄主的未来后代更"想要"同样的模因。不过，该类别肯定有些方便暗示存在模因的"花招"。站在模因的立场上，貌似存在一种如下的拟人化逻辑。某个模因找到了一个好寄主，一个容易接受它的载体。那么，为什么模因丛不会包含这样的忠告：传染更多同样的寄主？于是，在未来的后代中，会有更多愿意接受这种模因的载体，接着就是一个明显的反馈回路。在某种意义上，这个情况下的模因并不是因为对载体有好处而被选择，而是因为对自己有好处而得以保留。

第四类模因很明显有问题。它之所以能存活并被传播，是因为它们本身具有自我保存的特点。这些模因很可能对我们有害，充其量它们是中性的，仅仅占据我们大脑空间，但不损坏也不伤害寄主。不过，因为这些模因的存在首先不是因为它们对寄主有利，这些模因中有很多就像第1章讨论过的基因一样，很可能会为了实现自身利益（复制成功）而牺牲载体。

当然，没有人知道，落入我所讨论的每个类别中的模因各有多大比例。不过，刚才进行的分析给我们留下了担忧的空间。其中一类含有明显对寄主友善的有效模因（类别一），而另一个（类别四）含有通常对寄主有害或浪费资源的累赘。即使是占有有限记忆空间和有限计算能力的中性模因，也是有害的，因为它们限制了留给友善模因的记忆空间和计算能力。另一类（类别二）毫无疑问同时含有这两种模因，只是不清楚各自的比例有多少。最后一类（类别三）含有跟载体之间关系模糊不清的模因——它们是在我们的进化过程中对基因有利的模因，但它们是否在现代环境中为载体的利益服务,仍然是个悬而未决的问题。也许,有些是,有些不是。

因此,想要把四种类别合而为一,貌似相当令人沮丧。要是你知道,不到 10% 的信念正在伤害你,你是否就不会经历那么多不安了?这可不是一个可以忽略不计的小概率。我们身上有相当多的模因居民正在干着损害寄主的事,而不是帮忙实现寄主的生活计划。若真是如此,出现下面的情况恐怕就一点儿也不令人惊讶了:很多不被支持的模因(一旦遭遇明确评估,它们就难以存活)相互勾结在一起,营造出一种认知氛围,使得我们对模因做外部评估的观点看起来令人生厌。[18]

作为自省工具的模因概念

自从人类有了文化以后的数千年来,模因的概念第一次让我们抓到了把柄,能远远地检测感染我们的文化产物。打个比方,在某种意义上,跟历史上任何时期相比,我们能深入自己的大脑,拉出来一个文化产物,把它抓在自己手里,在远处检查它。这种疏远功能由于模因学语言的获得而大大加强了。[19] 要是拥有它的词汇,就能为我们提供额外的心智工具(Clark 1997,2001;Dennett 1991,1995,1996),以帮助自己完成那个因为深度递归而困难重重的认知自省项目。

这一整个模因自省项目,注定是一个深刻的纽拉特式引导事件。任何能给我们的部分心智以杠杆,以检验另一部分的东西,都将帮我们完成这个困难的认知自省任务。[20] 模因概念有助于认知自我分析的一种策略是,强调信念的流行病学,将间接向很多人(对他们来说,这是一个新颖的深刻见解)暗示信念具有应变性。一种对信念应变性的再次强调,将使人们跟认知上更容易也更习惯的信念保持距离。而且,这种疏远将使检查、评估和拒绝已有信念变得更容易。模因概念是一种认知解放,因为它更容易实现认知疏远,从而帮助我们完成心理自省任务。模因使得信念被去神秘化,它们让信念不再神圣。模因是信念的溶剂,在下述意义上它们就是认识平衡器。通过给所有文化的共同单位提供一个名称，模因学解构了某些已潜入文化的模因未经反思的特权——这些模因通过随机的文化事件，或通过鼓励特权的具体的模因策略，潜入我们的文化中。正是模因的概念，将让越来越多的人意识到这一点：他们需要参加某种模因治疗——思考他们是否是在反思之后才接受一个模因，还是仅仅被某个模因感染，而没有经过他们分析智力的批判。

我们是进化史上偶然出现的动物。进化并不必然产生人类。同样，我们的模因进化也带有高度偶然性，无论是在作为整体的文化层面上，还是在个体层面上。在人类身上，完整地意识到后者，将带来疏远效应，这也使得我们对未经反思而获得的模因不那么自我认同（也许，这对整体的载体福祉而言是一件好事）。

然而，某些人可能有困难，他们不能理解，他们持有的信念是模因进化的一种偶然产物。我自己的研究团队开发了一份问卷。对这份问卷分量表的反应，证明了这种观点对某些人来说是如何不自然（Stanovich and West 1997，1998c）。设计这个分量表，就是要测量他们对自己获得的重要模因丛具有历史偶然性的评估能力，这种能力存在个体差异。这个分量表中有一个题目如下所示，参与者需要表明他们的态度，是强烈同意或不同意，中等同意或不同意，还是轻微同意或不同意：

即使我的环境（家庭、社区和学校）不同，我可能也会获得同样的宗教观点。

宗教当然是一种典型的环境偶然性模因。宗教信念具有极端的环境偶然性（基督教集中在欧洲和美洲，伊斯兰教集中在非洲和中东，而印度教位于印度，等等），而且，它们通常跟抵制评估的基于信仰的策略结合在一起。这些都是极为强烈的暗示：这种类型的信念不是通过反思获得的。然而，在好几个研究中，同事跟我不断发现，大概有40%～55%的大学生会否认他们的宗教观念具有条件性，否认受到他们所处历史条件（父母、国家和教育）任何方面的影响。大概也有同样比例的大学生会否认其他类型信念具有历史偶然性——我们在自己的问卷中，用了其他类似的陈述，要求参与者从他们在宇宙中的偶然位置上挪开，测量他们的反应。简而言之，在许多情况下，来自弗吉尼亚郊区的学生感到，他们将拥有浸信会的基督教信仰，即使他们在印度的新德里长大，因为这是神给自己设定的命运。这看起来相当荒谬，但揭示了这样一个事实：意识到信念的流行病学本质（通过模因概念培养的意识），对很多人来说，将对他们持有的信念带来毁灭性后果。很早就意识到这一影响，可能部分解释了前面提到的某些人对模因概念的敌意。

建立公平竞争环境中的模因丛自我：作为一种认识平衡器的模因论

从远处看待自己模因的观点，将会揭示出基于信仰的模因在中间层享有的奇怪的特权。比如，对于你来说，拉开一段距离，检查你所持有的下列模因，不会有困扰：

"大学教育对你有好处"。

"素食主义是好东西"。

"看太多电视可不好"。

……

同样，你可能对于检验下列模因丛也没有麻烦：

科学模因丛

理性模因丛

社会主义模因丛

资本主义模因丛

民主模因丛

然而，检查作为一种模因丛的天主教对某些人来说就很怪异，特别是如果他们是天主教徒的话。类似地，检测伊斯兰教模因丛也一样。

科学模因丛和理性模因丛作为世界观，跟天主教模因丛一样包罗万象，无论是宗教信仰者还是非宗教信仰者都指出了这一点（见 Raymo 1999）。然而，侮辱前者比侮辱后者更容易被接受，因此前者打开自己，接受检查和批评，而后者不是这样。跟很多其他基于信仰的模因一样，后者给很多文化打预防针。它被认为是一个不容置疑的领域。

科学家和理性主义者常常被自然地问道，他们为什么相信科学和理性。他们也被期望给出满足某种知识标准的主张和证据。但是，问一个天主教徒同样的问题，问他们为什么信仰天主教，看起来就是一种深深的侮辱。根据这样的标准，对科学家问同样的问题，势必要求他们捍卫自己的世界观，这也应该被视为不礼貌。模因概念威胁要消灭这种不对称性，因为它不给任何模因以逃脱检测和批评的特权。

对模因概念的敌意，部分来自这样的事实：模因科学曝光了所有基于信仰的模因玩弄的花招，威胁剥夺它们的特殊地位——我们不会把这种特殊地位给予其他任何含有禁用评估装置的模因丛。不过，因为这种禁用模因的广泛存在，它们提供了模因概念被接收的氛围。它们把认知环境调整成对模因评估持有敌意的样子。

模因学是科学唯物论世界观进展的一部分，它当然也遗传了许多其他模因丛指向后者的敌意。随着科学唯物论作为一种世界观不断发展，基于信仰的模因玩弄的花招就被曝光，而模因学不过是一个公开的广告，广告这个世界正在发生着什么，尽管广告的方式很微妙。在 2010 年 10 月的英国发生了一场讨论，讨论仇恨犯罪立法修正的可能性，而这些主要针对伴随着种族和民族敌意的犯罪，包括宗教引发的敌意。在思想史上，很多人都揭露过基于信仰的模因使用的伎俩，即宗教世界观享有非宗教世界观没有的特权。好几封读者来信都强调了这一点。其中一封写信的读者这样质询："根据政府禁止煽动宗教仇恨的计划，难道宗教被允许侮辱我们的怀疑论,并逍遥法外吗?难道我们这些非信仰者,仅仅指出《圣经》和《古兰经》中有些部分很狭隘就要被判刑吗?"(Philip 2001)。

我们很容易就能证明,人类的宗教信仰带有历史偶然性,而社会很少强调这一历史偶然性(比如在媒体中)。这说明,基于信仰的模因获得了强有力的特权,成功实施了它们抵制评估的策略。比如,在美国大学中教授心理学、社会学或人类学的老师会留意到,仅仅指出宗教信仰具有人口统计学上的偶然性,这一行为就可能被视作轻微的不礼貌甚至是冒犯。有一种观点认为,我们不应该侮辱某人的宗教信仰,但是非宗教的世界观不应该得到同样的保护而不受侮辱。随着模因概念变得越来越广为人知,这一观点作为一种主张将要接受更多的审查。

模因学威胁要拉平认识论的竞技场,因此招致了敌意。拉平信念评估的竞技场招致敌意,这样的事实本身就应该让我们怀疑,怀疑我们一般文化的模因构成。

"血液在静脉和动脉中循环",这个模因并不需要抵制针对它的评估。当把它映射到经验世界时,它要么活下来,要么就死掉。它并不需要一定通过抵制状态(被设计用以使得评估自己的模因失效的状态)来感染这个世界。请留意,模因的抵制功能在两种情况下的运行不同:第一种情况是基于经验观察的模因,第二种情况是基于信仰的模因。看起来,指出"血液在静脉和动脉中循环"这个命题是一个模因,并不带有任何侵犯或侮辱。同样,认为"加拿大是世界上最佳的居住之地"这个命题是模因,让某人认真考虑,也不会被当成侮辱。不过,人们会犹豫着指出"上帝什么都知道"这句话是模因,因为这些模因的寄主被鼓励不要反思它,不要认为它是一个独立的实体,拥有自己的复制利益。

进化心理学拒绝自由漂浮的模因这一概念

我在本书中的观点是,认知科学和决策科学的文化工具(当和复制子跟载体可能存在利益冲突这样一种强大的洞见结合起来使用时），就有可能在我们身上创造出一种批判性的、敏锐性的自我反省。跟决策科学的工具联合起来，载体跟复制子有区别以及模因的概念，将会为人类目标的重构提供新的思想、新的工具。进化心理学家抵制这种外推（他们返回到"被约束的文化"这一观点上）。因为，对于他们中很多人来说，自由浮动的文化产物（对于进化而来的心理机制而言，它们完全是无条件件的、非适应的）这种观点是一个诅咒，难以接受。[21] 同时，由于人类理性部分是模因产物，一套文化工具，进化心理学家很容易就忽视或贬低它的重要性。

进化心理学家不喜欢这样的观点，即模因完全从基因控制中"剥离"——这正是大多数模因理论家的主张（Blackmore 1999；Dawkins 1993；Dennett 1991，1995；Lynch 1996），也是我在这本书中倡导的观点，即人类理性是一种主要的文化工具，允许人类甚至变得更"剥离"。他们不喜欢的观点——也就是我在这里提出的观点——认为，在某种递归水平上，人类心智中充满了文化工具，这些工具以模因丛（科学、逻辑、某些决策科学中的概念，比如一致性、传递性，等等）的形式存在，它们被用来评估其他模因丛和自发式系统倾向。这种心智获得了独立于基因控制的某种自主性。进化心理学家所忽视的，是在一种意识到复制子跟载体不同的有机体身上，寄居其中的评估性模因具有的递归力量。一个意识到复制子跟载体不同的大脑，一个拥有评估性模因比如科学、逻辑和决策论的大脑，可能会从意图水平的心理中裁剪威胁载体的目标，重新安装能更有效地为载体利益服务的模因装置。[22] 这正是工具理性的原则——主要是20世纪的产物——被设计出来所要完成的事业。

这可能看起来像是一个普罗米修斯式目标。但事实上，认知心理学很早就有这样一个传统，强调文化变化和不断增长的科学知识，会引起朴素心理学的改变。目前，在受过教育的21世纪的公民中，违反传递性和无关选项之间的独立性,将带来历史上前所未有的一种认知惩罚。完整理解复制子和载体不同的含义,以及这一不同所强调的各自的最优化标准(可适用于个人和亚个人水平的分析),即效用最大化还是遗传适应度最大化,将带来同样深刻的文化影响。

协同适应的模因悖论

在第 3 章中,我区分了两种理性理论,即所谓的狭义理论和广义理论。前者就是人们熟悉的工具理性,这是本书前几章论述的核心。工具理性常被称作手段/目的理性,因为它把个人信念和欲望作为既定条件。而且,在既定信念和欲望的前提下,执行能够实现欲望最大化的行动。但是,许多欲望,特别是分析式系统中作为高级意识状态运作的欲望,就像许多信念一样,都是模因。[23] 如果我们知道什么是模因,就会立刻明白为什么我们必须把焦点放在理性的广义理论上,这个理论批判进入工具计算的信念和欲望。不然的话,模因目标并不比已安装的基因目标更好。工具理性,正如经典界定的那样,为当前目标服务而不问这些目标来自哪里。它不会询问,这些目标是否可能是"垃圾":它们在自我延续方面做得非常好,但在给携带模因的载体服务方面做得格外差。

一般说来,我们想要确保,自己携带的模因是通过反思获得的,而且对作为寄主和载体的我们很友善。但是,要是载体包括已经安装在其中的模因的话,"对载体友善"在这里就有了递归的味道。这让我们的要求变得好像仅仅是对协同适应的模因有好处,而这些模因跟已安装的模因黏合得很好。这样,我们貌似又回到了一种工具性立场上,因为我们仅仅是在容纳已有的欲望。我们不可能在一个人拥有任何模因之前回到原地。这个世界上不存在"对载体有好处"而又独立于已有模因的东西。

一个人在一个具体时间点的利益,在某种程度上,由寄居在他头脑中的模因决定。如果这些模因对载体而言不是好东西,那么使用它们评估新的工具性需要,就等于要求新获得的模因跟已获得的不适当的模因协同适应。这就是我要谈的协同适应的模因悖论。[24] 我认为，这个问题没有一种基础主义的回答，也就是说，不存在完全中立地评估模因的立场。然而，以一种为寄主服务的方式，科学和理性的模因丛依然可以被用来重构我们的目标层级。这个项目将是一个高度纽拉特式的引导努力。某些模因丛必须被用来评估其他模因。接着，这些原始的模因丛就要成为被其他模因评估的对象。尽管被限制在一个类似心智扭曲和小题大做的逻辑中，科学依然在进步。

另外，我觉得某些其他工具，也能被用于这个纽拉特式的"模因清洗"项目。哲学家发明了这些工具，把它们用于类似的知识项目中（理性偏好，见 Nozick 1993，139-151）。比如，哲学家德里克·帕菲特（1984）提出了一种观点，认为我们可以把未来的自己视作不同的人，然后把这一点包含在我们的道德计算中，决定我们现在做什么（知道这些"未来家属"的生活将决定于我们现在的选择）。他的观点强化了本章前面讨论过的原则。它提供了一个未来的思想工具来帮忙，遵循的是模因评估规则 3 中的约束：对于欲望类型的模因，力争只安装不排除未来其他模因丛被安装的模因。编造未来自我的思想实验，有助于让我们跟现在的自我疏远，而这对坚持这一约束是有必要的。未来的"你"的集合，就像是现在你的赞助者。想到这一点，有助于防止当前自我主导所有的效用计算和行动。

另外一个案例来自哲学家约翰·罗尔斯（1971，2001）的研究。罗尔斯因为发展出了所谓的原初状态这个观念而广为人知。他发明这个术语是为了解决下面的问题：如何进行跟社会正义有关的争论，使得这种正义不受制于参与者自我利益的约束？原初状态是一种想象中的情境，在你不知道自己扮演什么角色的情况下，你说出一个公平正义的社会该具有怎样的原则。罗尔斯想要人们采取推理的姿态，假设自己可能在某个社会中扮演任何角色，在此前提下看待社会结构的正义，以及确定他们想要建设一个什么样的社会。

当我们尝试，想要对目前寄居在自己身上的模因采取一种反省立场时，无论来自帕菲特还是罗尔斯的深刻见解，都是一种有用的工具。帕菲特的工具要我们考虑未来自我的前提下，把焦点放在安装后能说得通的模因丛上。而罗尔斯的原初状态，强制我们想象自己目前还没拥有的那些模因，将允许我们更公平地对待未来的人，为他们承担更多。

简而言之，纽拉特式评估和反思的各种项目，至少在某种程度上，都能帮忙对付所谓的协同适应的模因悖论。一个纽拉特式的科学项目将帮助我们净化模因中的真实内容，我们把这些模因当作信念随身携带。一个纽拉特式的欲望评估项目，将帮助我们净化自己的目标网络，清除作为寄生虫、垃圾和病毒的模因。无论是评估模因，还是发展指导我们人生选择的理性的广义理论，卷入其中的反思性都是重建达尔文时代灵魂模因丛的根基。这个项目，既不是被自发式系统基因编程的倾向所重建，也不是被集结起来构成这个模因丛的模因的偶然历史所重建，而是被反思性地重建在科学和理性的基础上。在下一章也是最后一章中，我将尝试总结，这个项目中有多少已经完成，以及有多少传统的灵魂概念还保留着。现在应该很清楚了，没有实质上的再一次系统论述，它就没法活下去。就像《绿野仙踪》（*Wizard of Oz*）一样，使用模因概念本身作为工具，我们就能通过科学知识和反思，把这个模因丛从前用来诱惑我们的花招给揭开。

迄今为止，某些读者可能会发现：目前得到的结论，以及我将在第 8 章中采取的路线，一点儿都不令人振奋。但是我认为，关键问题其实应该是：在功能上等价于一台自动机是否就令人欣喜呢？——由于各种原因，你为这些亚个人实体（基因和模因）招标：而这两种实体，你要么别无选择（前者），你要么不假思索就接受（后者），或者因为这些亚个人实体在你身上耍了花招骗了你。而在第 8 章中，我最后给出的结论，远比这更令人振奋。

第 8 章

不再神秘的灵魂
在达尔文时代找到意义

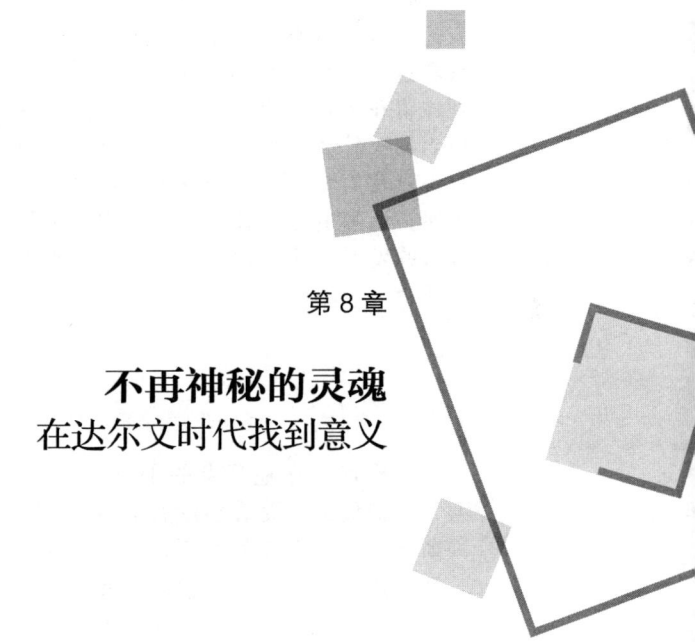

> 我们的祖先是一个愤怒的家伙，他充满激情，但说的话又半真半假；因为他试图说服他人，但同时说服了自己。在代际传递中我们被成功选中，伴随成功而来的是我们的缺陷，深深刻在我们的基因中，就像留在小路上的车辙；当它不适合我们的时候，我们就不能确信前面到底有什么。眼见为实。这也就是为什么会有离婚、边境冲突、战争，以及为什么这尊圣母玛利亚雕像会流血，而那尊象鼻神雕像在喝牛奶。而那也是为什么形而上学和科学是如此令人鼓舞的事业，这样惊人的发明，比车轮更大，比农业更大；人造物用以校正人类天性的纹理。
>
> ——伊恩·麦克尤恩
> 《无尽的爱》
> （*Enduring Love*, 1998, 181）
>
> 大检查官在他复杂的卡拉马佐夫兄弟案中撒谎，以便让他们开心，保护他们不要看到没有上帝的可怕真相。像尼采一样，陀思妥耶夫斯基认为，大多数人不能忍受真相，不能忍心看着生活的进行，它是那么危险，而作为一种有意义生活的创造者，人又是那么脆弱。但我认为，这是在低估人。或许更好：倘若就像其他东西一样，这是一种历史条件决定的。我们将习惯这个消息。
>
> ——欧文·弗拉纳根
> 《自我表现：精神、道德和生命的意义》
> （*Self Expression*: *Mind*, *Morals*, *and the Meaning of Life*, 1996, 209）

现在，越发明显的是，达尔文的宇宙酸开始渗透进普通文化中。比如，小说家开始吸收认知科学和进化心理学的洞见，还把这些深刻思想反映在他们的作品中。布克奖得主、小说家伊恩·麦克尤恩，承认他的小说《无尽的爱》受到很多人启发，包括爱德华·威尔逊的《人性论》（*On Human Nature*），史蒂文·平克的《语言本能》（*The Language Instinct*），罗伯特·赖特的《道德动物》（*The Moral Animal*），以及安东尼奥·达马西奥的《笛卡尔的错误》（*Descartes' Error*）。而且，据说伊恩还主持了一场在伦敦经济学院举行的"今日达尔文主义"的学术会议（Malik 2000，150）。在她最近的小说《桦尺蠖》中，玛格丽特·德布拉尔使用线粒体 DNA 作为一个剧情设置。该书题目中的桦尺蠖说的是凯特威尔（1973；Majerus 1998）对自然选择导致进化的著名验证；他通过观察这一物种体色的适应性变化发现了这一点。在他迁移到苏塞克斯一个小农场的回忆录中，记者亚当·尼克尔森（2000）通过生物学家理查德·道金斯提供的视角，写了他第一次照料农场动物的亲密经历：

> 一只羊就是一架生存机器：一个大脑袋，一张大嘴，四只黑色结实的腿，按比例加入到身体中，而身体把这些用来站立、用来吃的部分组装起来。母羊有一只丰满的乳房，小羊羔很快就找到了吮吸的方式，摇动着它的尾巴，这是本能的驱动，进入她肠道的是宝贵的初乳。生存……我发现母亲站着时很警觉，眼睛睁得很大。无论是我靠近羊圈，还是抱起小羊羔看看它的肚脐和皱缩的脐带，或者摸着它鼓鼓的令人满意的小肚子时，母亲都会压住两只前蹄，如临大敌。母羊很紧张，她想保护自己的孩子。她是自己遗传命运的仆人。她的生命将只能献给这些脆弱的、过渡性的时刻，生死攸关。因此，这个瞬间，在羊圈里跟刚生下来几小时的小羊羔在一起，跟紧张地想要保护孩子的母亲在一起，这就是你接近"热血世界"的时刻之一，让本质的果汁在日常事情的表面流淌，当帷幕被拉开时，你发现自己面对面地看着事情进行。（144-145）

这种道金斯式的主题出现在现代非科学类的著作中，是一个明确的信号：它们已开始在文化中引发共鸣。某些小说家和作家可能被这些主题给吓坏了，但是他们都正确看到，这些洞见将重塑未来人类居于其中的宇宙的概念。在最近的一本书《思考……》(*Thinks...*, 2001)中,戴维·洛奇向我们讲述了一个故事,其中所有的主题都来自认知科学、对意识的科学研究以及进化心理学。除了引用,在洛奇的致谢中,他提到了平克的《心智探奇》(*How the Mind Works*),丹尼特的《达尔文的危险观念》,塞尔的《心灵的重新发现》(*The Rediscovery of Mind*),以及埃德尔曼的《清新的空气,热烈的火》(*Bright Air, Brilliant Fire*)。洛奇让他的一个核心人物表达了这么一段话,可视作对本书基本原理的一个最好总结。他笔下的主人公拉尔夫使者,概括了我们目前的困境:

在进化史上,智人是第一个也是唯一一个发现自己必死的物种。那么,他如何回应呢?他编造故事,解释自己为什么陷入这种境地,以及自己如何摆脱它。他发明了宗教,设计了葬礼习俗,他编造了来世和灵魂不朽的故事。随着时间的推移,这些故事变得越来越精致。但是在最晚近的文化阶段,在进化史上也就是一个瞬间,科学异军突起,开始给我们讲一个我们来自哪里的不同故事,这样一个更为强大的解释,把宗教打得措手不及。没有多少聪明人再相信宗教故事了,但他们依然坚持宗教那慰藉人心的一些概念,比如灵魂,比如来世,诸如此类。(Lodge 2001,101)

我们在第 1 章中就看到,科学的确讲了"一个我们如何来到这里的不同的故事",也的确带有拉尔夫使者暗示的那些含义。不过,拉尔夫使者似乎过于随意,他否定了一种可能找到慰藉的方式。当人们渴望通过科学上的同类概念(或者,要是没有可类比的概念,至少是能引发相似类型情感共鸣的概念)找到一种概念比如灵魂,这种方式至少能给人们提供一些他们想要的东西。诚然,当我们消化现代认知科学和达尔文的宇宙酸之后,灵魂这个概念,对于任何人来说,不再能表示它在词典中的定义——"人类生活、感受、思想和行动的原则,被认为完全独立于身体"(兰登书屋大学词典,1975)[1]。然而,对于渴望拥有灵魂这个概念提供的独特性和超越性的人来说，我们是否还有可能提供给他们一个令人满意的答案呢？灵魂提供的这种独特性和超越性，其实也就是意义。我们能否以一种尊重科学的方式，满足他们的渴望呢？这样一个项目，纵然艰巨，考虑到它的回报，也值得我们付出努力。

就像《绿野仙踪》中的情形一样，尽管灵魂模因丛正经历某些剧变，但这种模因丛引诱我们的方式将被科学所揭露，这没有任何疑问。另外一种着手这种概念重组的方式，如果你想到了，恐怕会相当侮辱人。通过使用反映大脑是如何工作、人类实际上如何评估和选择的科学概念，找到意义的另外一种方式就是把头埋在沙子里。正如丹尼特（1995）指出的那样，"认为我们能通过欺骗自己来保留意义，是一个更悲观、更虚无的一种观点，我难以忍受这种看法。如果那是我们能做的最好的选择，我就会得出结论，什么都不重要"。（22）

丹尼特是对的。有人说我们是地球上最复杂的生物体，但认为我们必须回避自己最复杂的大脑发现的知识；我们必须像个小孩一样，把自己藏起来，不受我们发现的影响。的确，这很难被看作一个令人振奋的观点。把本书讨论的那个精灵留在瓶子里，这看起来难以想象。那个精灵包括复制子跟载体的不同，不同的心智，自发式系统驻扎在你的大脑中以一种你意识不到的方式运作，人类理性的来源，等等。认为我们可以选择忽视它们，这种想法很愚蠢。

为什么这些精灵不可能回到它们的瓶子里去？这里还有另外一个原因，即进化论在概念上的深刻见解，跟我们不愿放弃的科学技术难以切割。简单地说，科学交付货物。人们想要技术给他们提供好处：他们想增进健康，他们想吃更便宜的食物，他们想增加流动性，他们想更方便、更舒适。不过，跟人们想要的技术走在一起的，就是科学发现引发的概念和形而上学的洞见：我们是生存机器；不存在非物质性的灵魂——意识产生于其中，而你的"我"在其中决定；普通人的自由意志观念完全是一团乱麻（Dennett 1984；Flanagan 2002）。我们的生活中充斥着摩托雪橇、DVD 光盘、微波炉、平板电视、移动电话、个人数据助理、PET 扫描仪、腹腔镜外科手术、任天堂游戏以及癌症治疗。伴随着这些技术而来的，将是一种不可避免的影响：人们自己持有的最亲密、最热切的信念，将被破坏掉（正如我在第 1 章中讨论过的，原教旨主义的有神论者对这一点的认识比自由主义者更深刻）。

不过，我们缺少自己从没见过的极权主义的专断，即人们不可能要一个，不要另一个。他们不能既要计算机和癌症疗法，但不要自己的观点受损害：这种观点涉及人类在宇宙背景下扮演的角色，具有的位置。科学交付货物，但它也同时破坏了很多人们认为有意义的概念。过去，人类不断有机会在货物和意义之间进行选择，而他们每一次都是选货物。

但，这是一件坏事吗？也许不是，如果我们（也许在不知不觉中）放弃的意义一种妄想、一种幻觉、一种民间传说，就像洛奇小说中的主人公拉尔夫使者所说的那样，很久以前被炮制出来，以便慰藉自己——这是在手边没有必要的工具（科学、逻辑），因此不能解释和控制世界时人类迫不得已的选择。也许，现在我们有机会拥有它们了——来自科学的物质利益，以及理性建构的自我意识（在新的意义上的一种自主和独特的自我，我们自身意义的创造者）。这将是本章所要讲的故事的积极面，可以说是"昂扬向上"，但也存在着阴暗面，正如我们看到的那样，危险依然存在。科学唯物论的现代胜利将会带来持续的压力，哪怕承受压力的是一种理性重构的个人意义概念。认知科学已经毁掉了传统的灵魂概念，但是正如我们将要看到的，一种理性重构的意义感也会吞噬自己。为了避免这个结果，人们面临着发展元理性的挑战。但在解释它从哪里来之前，我将探讨人类寻找意义的几个死角。接着，我将提出自己的概念，一种理性重构的自我意识，一种达尔文时代的灵魂。

大分子和神秘果汁：在所有错误的地点寻找意义

产生体外自我复制的大分子，为了计划中的社会遗传目的而操纵DNA（根除遗传病、克隆军队），已经触手可及。这些进展，需要我们全面修改自己的概念字母表。数千年来，曾作为所有神学和目的论叙事的构造模块，自然神论假定了一种来自某些超级建筑师的通用设计，假定了个人的、单独的命运归属。这些现在正在被抹去，或要从根本上重新思考。

——乔治·施泰纳《勘误表：被检查的生活》
（*Errata: An Examined Life*，1997，161）

我们发现，我们能同时从两面认识我们自己：一方面，作为已经出现的、偶然被帮助的、来自原始的黏糊糊的蛋白汤，另一方面，作为贝多芬和林肯的亲属。我们变得能不再假装，就像缺乏社会安全感的暴发户一样，认为我们的起源跟后来获得的尊严相当。

——理查德·罗蒂（1995，62-63）

在生活中寻找意义时，人们会不停地犯一种错误：他们试图在人类起源中找到它。这个特殊死胡同背后的基本思路，看起来是：因为我们高度重视意义，而意义来自我们的起源，那么我们的起源必然格外崇高。请原谅我刚刚用了大白话。正如小说家洛奇的书中人物拉尔夫使者前面提到的，当我们想到这一点时，我们并非正在全速前进——这是文雅的说法。正是这种孩子气式的逻辑，在所有特殊创造的神话中尽情表演，它们寄居在宗教和其他古代的世界观中。

进化论的洞见给了我们一个更准确的看法，以及伴随而来的更好的思考方式。正如丹尼特（1995）解释的那样，来自达尔文的危险思想的一个核心观点就是"意义并不格外高尚，并非来自高处；它从下面渗透进来，从最初盲目而毫无意义的算法式过程的发展中逐渐获得了意义和智能"（205）。自我复制的大分子链（丹尼特称之为"宏命令"）开始它们的进化旅途，导致了我们的诞生。这些宏命令，按照丹尼特的观点，最好是视作盲目的自动机，即机器人。丹尼特使用这个事实来强调我们的平民出身。他问，你是否想要把自己的女儿嫁给一个机器人。他的提问是对他幽默观点的一个设置："嗯，要是达尔文是对的，你的祖祖祖……奶奶就是一个机器人！实际上就是一个宏命令。"（206）。因此，如果我们正在寻找一个令人振奋讲述我们起源的故事，以支持我们，我们可能找错了地方。它是一路走来的大分子。[2]

人们寻找意义的另外一处地方，就是他们自身，在他们有意识的反思中。当人们思考他们自己心智的本质时，人们想要找到的是我在第2章中称作普罗米修斯式控制器的东西："我们想要把自己视作神一样的观念创造者，可以心血来潮地操纵和控制它们，站在一个独立的奥林匹斯山上判断它们"。（Dennett 1995，346）

显然，普罗米修斯式控制器的观点是心理学家称为侏儒（"头脑中的小矮人"）问题的一个版本，我在第2章中详细讨论过它。这一观点试图解释大脑中发生的现象，最后却指出其实是另一个"头脑中的小矮人"在做决策、拉杠杆。这样的解释相当于什么都没说。相反，它留下了另一个问题需要解释，即在这个小矮人的脑子里又发生了什么？这样的解释仅仅是在回避问题。

大多数非专业人士持有的心智模型，最后通常都会指出，一个普罗米修斯式控制器（灵魂的座椅）是行为的核心，虽然这种倾向现在也对我们的心智产生于大脑活动的观点表示些许尊重。然而，这种科学面包片最终都会敷衍了事，因为这种基于侏儒的模型维系了围绕意识的大多数求之不得的神秘，因为普罗米修斯式控制器的心智内部依然令科学难以触及。因此，普罗米修斯式控制器为大多数人保留了重要的意义感，即他们需要跟科学调和的宗教需要。有意识的普罗米修斯式控制器在他们内部（对很多人来说，直接跟上帝沟通），是代表他们本质、他们灵魂的东西，一种离散的、不变的、一贯的实体。

当然，麻烦就是我们在第 2 章中看到的内容，意识绝不是一种离散的、不变的、一贯的实体。现代认知科学已经炸掉了几乎任何一种门外汉的普罗米修斯式控制器观点背后的假设[3]。大脑是一个复杂系统，安排例行的程序输出，收集信息，重构知识。现代执行功能的概念语言，以及相继控制行动和内部加工的子系统联盟的观点，能解释这样一个复杂系统。[4]大脑中没有小矮人，也没有它们走到一起来的地方，也没有"我"坐的地方。我们内部没有普罗米修斯式控制器，对大脑而言，就是灵魂。

我最后的措辞（"对大脑而言，就是灵魂"）是要故意让你留意到这样一个事实：我们的朴素心理学，已经变成了非唯物主义者形而上学和科学的奇怪混合物。人们想要承认科学证据，因为他们意识到，他们生活在一个科学社会，试图维系他们知识的完整性。因此他们知道，他们自我意识的来源存在于他们的大脑结构中，跟大脑有关的信息应该被吸收进他们的模型中。然而同时，他们想要把"神秘果汁"喷射注入自己的概念中。他们知道，自己不能完全不考虑神经科学，但是他们也同样坚决，认为不能让神经科学解释**一切**。

就像特殊创造（意思是，我们生命的意义能在一种特殊而魔幻的人类形成方式中找到）的概念一样，有一种观点认为心智的架构表明，带有神奇力量的普罗米修斯式控制器中栖居着的就是意义，这也是一种知识上的错误。要是去看我们的起源，我们所有人能发现的就是复制子，自我复制的大分子。在转向心智的架构以找到意义时，我们将会发现同样令人倒胃口的一些东西（在你无意识中运作的自发式系统，多样的和不断变化的大脑系统参与注意活动的监控，我们称之为执行控制）。在现代，寻找灵魂已经转变为理解自我这一概念。这被证明是一个危险举动，因为当科学开始分析自我时，科学就开始消除它背后的神秘性。在认知科学的审查之下，自我已经发生了变形——"我"、笛卡尔式剧场、普罗米修斯式控制器，它们全都溶解了。

然而，讽刺的是，在这一章的后面，我将主张，人类的独特性和价值观（这是在一个科学年代，最接近于我们能称之为灵魂的东西）实际上确实来自人类心智的一个特征。但是这个特征，可不是被流行科学的高级祭司青睐的东西——意识。它也不是普罗米修斯式控制器。它是人类能力更微妙的一种特征，经常跟前面提到的两种东西混为一谈。重要的是，它是一种认知特征，跟理性比跟意识的关系更近。

即使在进化面前，我们也想把自己跟其他野兽分开。我认为，我们能做到这一点。不过，意识并不是能提供分离的最好概念。意识是人类认知的道德超越性特征导致的附带现象，而后者才真正把人跟动物分开。最近，哲学家约翰·塞尔提出了一个问题。我将从这个问题开始，论述把人和动物分开的这些特征到底是什么。

人类理性仅仅是黑猩猩理性的延伸吗？人类判断的语境和价值观

在最近的一本书中，塞尔（2001）谈及理性，就以心理学家沃尔夫冈·柯勒研究的著名的特纳利夫岛黑猩猩开头，而这些黑猩猩表现出的解决问题的才能已成了很多教科书中的知识。在其中一个场景中，研究者把一个箱子和一根棍子放在一只黑猩猩面前，一串香蕉遥不可及地挂在天花板上。这只黑猩猩想到，它应该把箱子放在香蕉底下，自己爬上箱子，用棍子把香蕉够下来。塞尔要求我们判断，这只黑猩猩的行为在多大程度上满足工具理性的标准——它使用有效的手段实现了自己的目的。获得香蕉的主要欲望，通过采取合适的行动而实现了。

塞尔用了柯勒的黑猩猩具有工具理性这个例子，提出根据所谓的理性经典模型，人类理性不过是黑猩猩理性的延伸而已。他所描绘的理性经典模型，是一个相当受限和收缩的模型，而且，根据最近认知科学和决策论的进展，它有点儿像是讽刺漫画。不过，我这里不是要挑起争端。相反，我想强调的是，我跟塞尔在某个方面观点一致（虽然出于不同的原因）：人类理性不仅仅是黑猩猩理性的延伸。

思考一下被称为无关选项独立性的理性原则。诺贝尔奖得主、经济学家阿玛蒂亚·森讨论过它。无关选项独立性原则（更准确地说，它是首要属性），可通过一个假想的幽默场景来说明。一个服务员通知吃饭的客人，说这一天有两道菜，牛排和猪排。客人选了牛排。5 分钟之后，服务员又来了，说："哦，我忘了，除了牛排猪排，我们店里还有羊肉。"于是，客人说"哦，这样的话，那我选猪排。"客人违反了无关选项独立性原则。而且，通过这个极为奇怪的选择场景，我们能看出为什么这个特点是理性选择的一个基本原则。形式上，这个客人面对 X 和 Y 的时候，选择 X，但是在面对 X、Y 和 Z 的时候就选择 Y。

再考虑另一种情况。一个客人在聚会上看到一只碗里有一个苹果。这个人把苹果留在了碗里，因此他选择了什么都不要（X），而不是拿走苹果（Y）。几分钟之后，主人把一个梨（Z）放在了碗里。此后不久，那个客人把苹果拿走了。请问，这个客人的做法，跟前面的用餐者一样吗？面对 X 和 Y 时，客人选择了 X，但是在面对 X、Y 和 Z 时，客人选择了 Y。那么，无关选项独立性原则是否被违反了呢？恐怕大多数人都会说没有。在第二种场景下，选项 Y 跟第一种场景下的选项 Y 不一样，因此，违反该原则的条件看起来不具备。在第二个场景中，选项 Y 仅仅是"拿苹果"。而 Y 在第一个场景下则语境化了，它很可能被理解成"在公开场合，拿走最后一只苹果"，以及所有跟礼貌考量有关的负面效用。[5]

森（1993）的案例说明，备选项具有的不仅仅是客观效用，完全独立于它们所呈现的语境，而是还有其他含义。有时候没必要在涉及的消费效用之外，也把场景考虑进去，这是对的。在第一个案例中，把第二次提议的 Y 理解成"猪排，当羊肉在菜单上时"，而把第一次提议的 Y 理解成"猪排，当羊肉不在菜单上"，这样做就说不通。一个在牛排和猪排之间比较的选项，不应该跟什么在菜单上有关系。然而，就像第二个案例一样,有时候场景的语境就会**被**适当地整合进所提供物品的消费效用中。在评估跟场景有关的效用时,把第一个 Y 做如下理解:吃掉那个苹果的正面效用,加上拿走碗里最后一只水果引发的尴尬带来的负面效用。这在社交层面上就很合理。

这个案例说明,在某种情况下,人类的理性跟动物不一样——人类通常会把语境信息编码纳入决策选项。动物更多地基于客观的消费效用做反应,而不是同时对微妙的社会或心理语境进行编码,可它们指导着人类的行为(当然,我不否认,许多动物会根据它们社会环境的变化做反应,这显然是真的)。[6]

有一种观点认为,面临某种选择场景时,人们会把许多心理、社会、情绪的特征纳入他们的选项。想给这种看法找证据并不难。比如,如果我给你 5 美元,没有义务,没有附加条件,大多数人都会要。为什么不要呢?要是你什么都不做就拿别人的钱不舒服,那就按你的想法,把它捐给慈善机构吧。不过,要是在最后通牒博弈的场景下,我给你 5 美元,你很可能会拒绝我。

经济学家研究的最后通牒博弈(Davis and Holt 1993;Thaler 1992)典型模式如下:有两个玩家,其中一个叫作分配者,另一个叫作接收者。这两个玩家不会相互沟通。研究者给分配者一笔 100 美元的资金,他要按照自己的想法,把这笔钱的一部分分给接收者。我们可以把这一部分资金数额称为 X。而接收者则决定是否接受这个分配方案。要是接受,他就得到 X 美元而分配者得到(100-X)美元。要是不接受,两个人就得不到任何钱。假设你是最后通牒博弈中的接收者,有一个分配者给了你 5 美元。如果你跟大多数该博弈实验的参与者一样,你会拒绝,放弃这个 5 美元的礼物。

跟大多数人一样,你被分配者的贪婪给激怒了。惩罚贪婪行径,很明显对你来说值 5 美元。泰勒(1992)指出,从学术层面来说,参与者的这种选择违反了经济学理论的约束。泰勒开玩笑,说如果我们认可大多数过度盲目的经济学理论的理性假设，把它推向极致，对于这个问题的最佳解决之道就是分配者应该只给对方一分钱，而接收者应该接受！毕竟，双方都能从这种做法中实现个人利益最大化。

得知几乎没有人遵循这种纯粹的经济学约束，你一点儿也不会惊讶。在泰勒（1992）描述的一个实验中，分配者平均把37%的资金分给了接收者，而最典型的分配方案就是对半分。分配比例低于30%的提案，将面临被否决的严重危险。这些实验中的参与者，违反严格的经济学理论预测的最大化反应。这揭示了一个真理：在生活中，还有比钱更重要的东西。他们的反应绝不只是由客观呈现的价值决定的。或许，这种情况让我们再一次确信，人类理性绝不只是动物理性的延伸。有一种假设认为，当面临类似场景时，哪怕只被分给一颗食物小球，大多数饥饿的动物也会接受。[7]人类把效用也附加在他们带入决策场景中的价值观上，比如公正。公正考虑意味着吸收提议如何做出的语境细节，而不仅仅是提议给出的金钱价值。就像碗里的水果一样，这样的考虑代表了另一种情况，即语境因为价值观和社会考量而重要，人们明确想要把它们跟选项中的效用整合起来。

在最后通牒博弈实验中，几乎所有人都拒绝了严格的最大化反应。这说明了森在他一篇著名的论文《理性的傻子》（*Rational Fools*）中提到的观点。他说"**纯粹的**经济人事实上类似于一个社会白痴"（1977，336）。在最后通牒博弈中，作为接收者的纯粹的经济人，面对哪怕是只给自己一分钱的提议也会接受。事实上，他看起来的确是一个理性的傻子。这种行为暗示着，这个人没有认识到社会考量，没有价值观，在他的选项中仅仅考虑金钱。在这个人的心理构造中，我们感觉到有些不人道的东西。我承认，这是一个正确的感知。理性选择，要是没有价值观的支持，没有根据更大的人生目标而进行反思性评估，将跟动物的理性一样。跟塞尔（2001）一样，我打算说，人类理性（也应该）不止于此。然而，跟我社会向善论者的倾向一致，也跟我对理性个体差异的实证研究（Stanovich and West 1998c，1999，2000）一致，我还会提出一些额外的观点。特别是，我打算争辩说，我们所有人都比黑猩猩更理性——只是或多或少而已。我们可以做得更好。我们大多数人拥有的理性都比黑猩猩更多，但还没有想象中的那么多。

生活中有比钱更重要的，也有比幸福更重要的：体验机

为了理解这一节标题的真谛，我打算借用一个名叫体验机（experience machine）的思想实验，这是由哲学家罗伯特·诺齐克（1974，42-45）提出的。我改动了他的设计，但整个思想都是他的。

想象一下，这是数百年后的未来，你儿子把一个东西带回了家，这是神经生理学游戏产业制造的一种最先进的机器。他把一台电脑联结到墙上，接着给自己头上戴了一顶头盔（有点儿类似于当今穿戴的虚拟现实装备），把头盔连上电脑，然后就在沙发上一天躺两个小时。接着是一天躺四小时。接着是一天躺六小时。接着是八小时。

看起来这台机器处于它的"享乐设定"模式下。它把愉快的感受（真切的幸福）传递给你儿子，只要他带着头盔就行。你希望他一生的大部分时间都生活在这种状态下吗？

我发现你有些犹豫。于是，我会问你，为什么犹豫呢？你想让自己儿子快乐，不是吗？你提倡工具理性——个人效用最大化[8]——不是吗？这台机器做的就是这个。你儿子快乐极了。他说，戴着头盔的时候"感觉好极了"。除了这些，你还希望他得到什么呢？诺齐克要你思考下面的问题："除了我们体会到的内部感觉之外，还有什么东西对我们来说很重要？"。（43）

你的反应很可能是，你可不想你儿子只是拥有弥散的"快乐体验"，而是要他**体验生活**，然后快乐。"你早这样说就好了"，你儿子回答，"这台机器上还有生活体验模式，就在这里，我要更改模式设定了"。这时，他又戴上头盔，一口气体验了六小时。

看起来，生活体验模式在使用者的大脑中模拟了很多**现实**体验，包括这个人在一生中实际想要做的很多事情：交朋友、蹦极、打棒球、开飞机、滑雪、绘画，等等，等等，也包括伴随这些活动完成之后的快乐。再戴上头盔之前，机器表单上会列举尽可能多的活动，用户想选择多少活动就选择多少活动，想体验多长时间就体验多长时间。但凡是你儿子能想到的事情，都会作为一个选项呈现在这个表单上，应有尽有，包罗万象。一旦戴上头盔，你儿子任何经历都不会错过了。他正在拥有的经历，事实上就是你和他都想让他做的事，也包括你想让他拥有的快乐。他躺在沙发上，享有你希望他所拥有的一切。现在，看不出来有任何理由让他把头盔摘下来了，对吧？

然而，你不认可。不知怎的，你跟诺齐克的观点一样（1974，43），认为人跟那种机器连在一起，就相当于自杀。我们关心的，不仅仅是我们如何打发时间，我们也关心**我们是谁**。换句话说，你想让你儿子成为某种类型的人，而不仅仅是拥有愉快的经历。体验机思想实验证明，你愿意交易，拿后者换前者。你持有这样一种价值观：只有当你儿子跟这个世界有一种真实的因果关联时，这种价值观才能实现。希望在有意义的活动中，跟这个世界建立有效的因果关联，这是你所拥抱的价值观，它比快乐体验的初级偏好对你来说更重要。

体验机思想实验，针对的就是工具理性的倡导者（特别是那些持有更简单的享乐效用概念的人）。而工具理性是狭义的，它不批判欲望的内容和结构。这个实验的目的就是向我们展示，没有人想要停留在一种狭义理论的水平上。只有阿玛蒂亚·森笔下"理性的傻子"，才会把自己连在体验机上。也只有一个理性的傻子才会认为，除了快乐体验，生活中别无他物。

我们都有价值观——我们都想成为某种类型的人。为了成为那种人，我们需要（跟狭义理论相反）包括对我们欲望内容的评估（Dworkin 1988；Frankfurt 1971；Taylor 1992）。广义理论都会这么做。在这样的模型中，我们用来批判自身欲望的机制，由我们持有的高阶价值观构成。[9] 成为某种类型的人，不是一个单一事件，可以像一件消费品一样被离散地体验。成为某种类型的人，跟他最深层的价值观保持一致，这具有符号效用（symbolic utility）㊀。我们执行某种代表另一种效用的符号活动，由此而体会到的效用就是符号效用。罗伯特·诺齐克（1993）有力论证了符号效用的概念，行为科学家应该明确承认它。

诺齐克阐述符号效用

诺齐克（1993）界定了涉及符号效用的场景。在这种场景下，一个行动（或它的一个结果）"象征了一种情境，而这个象征情境的效用，则通过跟行动本身的符号联结估算出来"[10]。诺齐克指出，我们习惯于把对符号效用的关切视作非理性。这在两种情况下可能发生。第一种是，符号行为跟实际结果之间缺乏因果联结，这很明显，可这种行为还是不断被执行。诺齐克提到，很多禁毒措施可能都属于这一类。在某些情况下，不断有证据指出，某种禁毒措施对于减少实际的毒品使用没有因果影响，但项目会持续，因为它已成了我们关心减少毒品使用的一个**象征**。在其他情况下，要是一个人身处给予他们意义或表达的符号关联体系之外，符号行为也会看起来很古怪或非理性。诺齐克认为，对"证明自己是男人"或丢脸的关切，属于上面提到的这一类。

把很多由于符号效用而被执行的行为归类，认为它们非理性，要么是因为跟实际承载效用的结果缺乏因果关联，要么是因为支持符号联结的社会意义系统具有历史偶然性，这很容易。诺齐克警告说，选择性地把符号行为从我们的生活中移除时，我们需要很小心。体验机观点引发的大多数反应说明，没有人想过一种没有任何象征意义的生活。对"作为某类人"的关切，就是对过一种嵌有价值观生活的关切，这些价值观并不直接提供效用，但是它们会告诉我们，哪些行为能做到这一点。

㊀ 即符号价值或象征意义。——译者注

不过我们很容易就看到，在现代社会，符号效用在一个不断升级和回荡的"意义制造"电路中横冲直撞、胡作非为。正如诺齐克指出的那样，"通过不停升级问题的重要性，引发暴力，冲突很快就会卷入符号意义中。特别需要避免的是这样一种危险情况，即某种行为的因果结局极端负面，而其积极的符号意义如此巨大，以至于这种行为依然持续进行"（1999，31）。紧随着世贸中心的毁灭，诺齐克的警告充满寒意，特别是加上我们对下面这种情况的了解：这个世界存在着基于信仰的模因丛，它们抵制批判性评估（见第7章）。

然而，即便有这些警告，人类还是会因为符号效用而做出某一行为，这是人类行动的一个核心部分。此外，在我们追求成为某类人时，它还能提供关键的反馈。诺齐克（1999，49）提供了一个特别好的讨论，符号行为有助于维持一个有价值的个人概念。它们并非不理性，尽管它们缺少跟预期效用之间的因果联结。人们可能充分意识到，做出某一具体行为是某类人的特征，但他们不会下大力气，做有助于使自己成为那类人的事情。但是，在把这样一个人的榜样符号化时，做那样的事能使这个人维持他的**形象**。他自己作为"那种人"的一个强化的形象，可能会让他做出某些行为更容易。事实上，这些行为**可以**有效地使他成为那种人。因此，追求维系自我形象的符号效用，根据直接有效的行为结果，**的确**最终能直接兑现，带给个人他们想要的东西——成为某类人。

对许多人来说，投票行为就有这种象征意义。我们很多人都知道，政治系统的投票影响带来的直接效用（根据选举情况，权重只有100万分之一或10万分之一），远低于我们为了投票而投入的努力（Baron 1998；Quattrone and Tversky 1984）。可是，我们不想错过任何一次选举！投票对我们而言具有符号效用。它代表着我们是谁。我们是严肃对待选票的"那类人"。我们不仅从投票中获得符号效用，而且投票还维持了一种自我形象，事实上有助于支持相关的行动，而这些行动要比全国大选中的一次投票更有效。投票行为在工具性层面上是徒劳的，可我的自我形象受到了它的强化。或许，有朝一日，它就鼓励我把一大笔钱捐给牛津救济委员会，或积极参与当地的政治议题，或承诺购买本地商家的产品而不是去逛连锁商店。

购书对许多有知识的人来说具有象征价值。很多时候，符号效用变得完全跟消费效用或使用价值毫无关联。跟很多人一样，我买了不少自己从来都不会读的书（我完全知道，自己说"我退休之后就有时间了"，不过是痴人说梦）。最近几年，虽然我读的小说越来越少，但总是会追踪最新的布克奖得主，买他们的作品。即使书评中的描述和评价表明，我很可能根本不会读这本书，我也照买不误。事实上，阅读小说给我带来的消费效用在减弱，可我依然是阅读有品位小说的"那类人"，或至少当我购买最新布克奖得主的作品时，我在对自己发出同样的信号。（即使这本书是玛格丽特·阿特伍德的《瞎眼的刺客》（*Blind Assassin*)，我也敢**打包票**，自己永远都不会读它！）

若干年前，斯蒂芬·霍金的《时间简史》（*A Brief History of Time*）这本书常常被放在咖啡馆的桌上，几乎从来都没被读过，这是为什么？忽视才智地位的展示带来的效用，我们许多人从购买这本书中获得了符号效用，尽管它永远不能产生像消费品一样的效用。要么因为主题的壮美宏大，要么因为尊重作者的生活，抑或是两个原因的独特组合，对于这本极畅销而又总是少有人读的书而言，我提到的候选人，就是一个令人印象深刻的符号效用的传播者。

"这是意义问题，不是钱的问题"：表述理性、伦理偏好和承诺

我们对意义和价值具有很高的期望，我们理解挑战自我以求卓越。也许，对于我们中某些人来说，我们是生命意义的优等生。

——欧文·弗拉纳根

《自我表现：精神、道德和生命的意义》

（1996，201）

人类理性，不是黑猩猩理性的延伸：符号效用在人类理性判断中扮演关键角色，但它不存在于黑猩猩的理性中。人类的表征能力，使他们能达到一种符号生活的水平，而这个高度，任何其他动物都难以触及。许多文献指出，这些表征能力引导人类获得知识、调节行为[11]。这些表征能力对人类理性模型而言很有意义。这里，我把重点放在（我认为，深度）相关的问题上。为了给符号效用腾出空间，认知进化为人类开辟了新的表现可能，新的评价途径，这些途径不只是黑猩猩理性的延伸。

认识到行为的表现功能通常把反应跟它在手段－目的下的理解分离，这是一个在经济学和心理学理论发展中引发震荡的开端。比如，哈格里夫斯·希普（1992）认为，需要把工具理性跟他称为表现理性的东西区分开来。参与表现理性活动时，主体是试图阐明和发掘自己的价值，而不是为了完成它们。他们参与，表现自己在一定价值观中的信念，监控自身跟这些表现有关的反应，而且使用这种递归过程改变或澄清自己的欲望。对于成本－收益计算来说，这种探索性活动不是一个合适的输入，因为这种计算要求个体具有完全清晰的价值观，还要心无旁骛地实现初级偏好（E. Anderson 1993）。

在对理性选择理论的批判中，阿贝尔森同样（1996）认为，需要区分工具动机和表现动机，而他对后者的界定跟诺齐克（1993）对符号效用的理解非常相似。根据阿贝尔森（1996）的观点，表现行为是一种表现价值观的行动，它的意义就在于自身。他留意到了下述符号行为背后的狂热（以及它们引发的反应）：联盟国国旗在美国的飘扬，英格兰爆发的反对猎狐的行为，在医院诊所前举行的反堕胎的示威，以及两名黑人短跑运动员在1968年奥运会上的抗议。如果因为这些行为不符合严格的理性计算，一种理性理论就不能解释它们，那么，这种理论根本就不完整。

诺齐克（1993）的符号效用概念，也在经济学的伦理偏好这一概念中找到了知己。经济学家阿玛蒂亚·森（1977，1987，1999）认为，在经济学理论中，需要把承诺这个概念吸收进来。有一种经济学观点强调，孤立的市场参与者仅仅关心他们自己的"消费组合"。跟这种观点不同，森（1977）讨论了同情和承诺的概念，我随后会谈到他给出的定义。想象一下，知道有人遭受酷刑，这消息让你厌恶。因此，你有动机做点什么阻止这件事，而且你做了。根据森（1977）的界定，你产生了同情。其他人的遭遇直接影响了你自己的体验效用，而且，在帮助他人的时候，你不仅仅影响了他们，也影响了你自己直接的体验效用。森把这个人跟另一个人对比。第二个人也承诺她会阻止酷刑，但是她的体质跟你不同。想到折磨**实际上**并没有让她恶心。听到酷刑的消息也损害她的价值观，但并没有让她产生持续恶心的感觉。成功干预，阻止酷刑，这符合她的价值观，但她从这种干预和阻止中没有得到直接的体验效用。根据森（1977）的说法，这是一种承诺的情形。

在某种意义上，承诺不像同情那么自我中心。一个根据承诺而行动的人表现某种价值观，但不寻求增加自身的工具理性。而根据同情行动的人，自身则受到另一个人快乐状态的强化。森（1977）讲了一个幽默的故事，以说明同情和承诺的不同。这个故事中有两个男孩，他们需要从两个苹果中各选一个，而这两个苹果一个大一个小。男孩 A 说"你先选"，结果男孩 B 立刻拿走了大苹果。男孩 A 被这种行为激怒了。男孩 B 大感不解，他问男孩 A 如果他先选，他会拿哪一个苹果。男孩 A 说"当然是小苹果了"。对此，男孩 B 回应说，"这样的话，有问题吗？你不是得到了你想要的吗！"森（1977）指出，要是男孩 A 的提议"你先选"基于同情的话，从字面上理解，男孩 B 说得没错。男孩 A 被激怒了，这暗示着，他提议别人先选是基于承诺的礼貌原则，而不是说，他富有同情心地认可男孩 B 的享乐主义影响。要真是这样，当男孩 B 拿走大苹果的时候，男孩 A 将获得效用，会高兴，而不会愤怒。

森（1977）指出，跟同情比起来，承诺是对传统经济学假设更大的一个威胁，因为承诺不像同情，它是插入选择和个人福祉之间的一个楔子。基于承诺的选择，有时候其实会降低我们的个人福祉（如果经济学家测量的话）。比如，我们或许会投票支持这样一个政治候选人，他违背我们的物质利益，但却表现出其他我们珍视的社会价值观。在离经叛道的经济学文献中（Anderson 1993；Hirschman 1986；Hollis 1992），很多人在讨论伦理偏好。这个概念具有同样功能，即切断观察到的选项（根据这个学科的说法表现出的偏好）跟经济学文献中工具最大化假设之间的联系。

20世纪70年代抵制非工会的葡萄，20世纪80年代抵制南非商品，20世纪90年代出现的对公平贸易产品的兴趣，这些都是伦理偏好的案例。这种偏好影响人们的选择，切断了选择跟个人福祉最大化之间的联系，而后者对于标准的经济学分析很重要。标准的经济学分析坚持认为，这些选择来自未经分析和反思的"口味"（见Hirschman 1986，在经济学理论中讨论了这个假设）。这些"口味"可被转换成一个形式主义的单维度量表，通过快乐最大化的狭隘视角过滤世界，而且没任何不良影响。伦理偏好给这种世界观带来了莫大的麻烦。霍利斯（1992）指出，"这是一种施加在效用概念上的张力。一个喜欢五分之一苹果而不是四分之一梨的个体，可被认为具有既定口味，不需要理由。通过内省我们可以知道，对他来说，五分之一苹果具有更大效用。因为橙子产于南非，橙子的多汁性就要被打折扣，这背后有什么通用标准吗？"（309）。

尽管传统模型有各种问题，决策理论家后来还是明确强调，或早或晚，我们的模型需要纳入符号因素——所以，或许我们现在就可以开始了。在一系列跟决策内在意义有关的论文中，麦丁和同事（Medin and Bazerman 1999；Medin, Schwartz, Blok, and Birnbaum 1999）强调说，决策不仅仅是把效用给予当事人，还包括把有意义信号传递给其他行动者，象征性地强化当事人的自我形象。麦丁和贝泽曼（1999，

541）指出，在最后通牒博弈中，不少人拒绝了分成在 50% 以下的提议，这些接收者可能就在向其他人发出信号，他在惩罚一个贪婪分配者的行为中看到了正面价值。此外，他可能还参与一种发信号的象征行为，也许是发给别人，也许是发给自己，表示自己不是那种纵容贪婪的人。麦丁和贝泽曼讨论了很多实验，当他们的保护性价值受威胁时，其中的参与者要么不愿意交易，要么不愿意把它们跟其他项目作比较（Anderson 1993；Baron and Leshner 2000；Baron and Spranca 1997）。比如，人们不想在市场交易中出售下面的东西：他们的宠物狗，一块属于家庭好几十年的土地，他们的结婚戒指。在麦丁和贝泽曼的实验参与者中，面对这些交易，他们认为这是侮辱的一个典型说法是，"这是一个意义问题，不是一个金钱问题"。

超越休谟式关系：评价我们的欲望

把意义带入方程式，这使得经济理性的狭义理论中的工具性计算变得格外复杂。事实上，基于意义的决策和伦理偏好绝不只是让一阶偏好变复杂（把"我喜欢橙子而不是梨"变成了"我喜欢佛罗里达橙子而不是梨，但是喜欢梨而不是南非橙子"）。相反，我在本章讨论了相互关联的一系列基于意义的概念：符号效用，伦理偏好，表现行动，承诺。它们代表了这样一种机制，这种机制能把传统的人类理性的狭义理论（把信念和欲望作为既定前提，只考虑如何有效实现这些未加批判的欲望）转变为更准确、更广义的人类理性观念，这种观念不认为人类理性仅仅是黑猩猩理性的延伸。

这些概念，也能用于一个正在进行的人类自我提升的文化项目。我们可以使用这些高阶概念，批判我们自己一阶欲望和目标的性质。那些有助于人们评估他们目前渴望和欲望的概念工具的发展，代表了人类文化史上一种开创性的成就。它是一种历史偶然性的发展，一个人类历史的持续项目。

回想一下，我们在第 3 章中讨论了休谟著名的论断"理性是，而且应该是激情的奴隶，除了服从激情，为它服务之外，理性永远不能扮演其他的角色"（[1740] 1888，bk. 2，part 3，sec. 3）。根据这种狭义的工具观，理性的唯一角色就是服务于未经分析的一阶欲望。然而，正如诺齐克（1993）所说，"如果人类仅仅是一种休谟式存在，这看起来就是在贬低我们的身价。人类是唯一不满足于仅仅做一个动物的动物⋯⋯并非我们所有的活动都是为了满足自身既定的欲望，这对我们来说具有重大象征意义"（138）。诺齐克认为，拥有符号效用是一种超越他称为"休谟式关系"（业已存在的欲望，跟具有工具理性的主体的行为存在正确的因果关联）的方式。他认为，我们把自己视作超越了休谟式关系的存在，这对我们很重要。我同意这个强力提议，但是为什么要把逃脱机制仅仅局限于象征本身呢？

正如前面讨论过的，过多的符号行为被正确地视作非理性，跟实际的效用产生行为完全没关系，而这些行为曾经跟它处于因果关联中。回顾我们在上一章的讨论，过多的象征仅仅代表把坏的或无用的模因搅拌或重新组合在一起，这毫无疑问。这种类型的符号化开始看起来不过是随着时间的推移，一种大脑袋哺乳动物活动的副产物。我们可以做得更好。

陷入休谟式关系中的理性概念，不允许任何认知变革的项目。休谟式工具理性把一个人目前已有的欲望视为既定前提。为什么不打破休谟式关系，把我们的分析式加工能力用于象征，以便援助一个在第 7 章讨论过的纽拉特式的认知变革项目呢？为什么不使用我们的符号能力，撬动我们自己，对我们目前已有的欲望进行反思性评估呢？

具体说来，我们可以享受在各种情境下体验到的符号意义，但我们也可以把它们用在其他方面。正如前面讨论过的，表现行动可被用来帮助维系自我形象，而这反过来就是一种可用于未来目标调节的机制。认知科学家提出了跟听觉自我刺激有关的猜想，认为在我们的进化史上，这种刺激导致了大脑不同模块之间的认知通路的发展（见 Dennett 1991），而来自表现行动的反馈也有助于塑造目标和欲望的结构。这一领域正在不断获得进展。然而，在下一节中，我将以一种更明确、更反思的方式探讨使用我们的符号能力以超越休谟式关系——参与一种评估我们一阶欲望的过程，以便检查它们是否真正反映了我们想要成为的那类人。

二阶欲望和偏好

> 休谟的论文在意义方面的主张很糟糕。人们认为有些东西值得拥有，不管事实上一个人想要什么，而其他的东西不值得拥有，即使一个人的确想要它们。我们似乎理解这些说法，认为它们可理解，对此进行分析会很好。
>
> ——阿兰·吉巴德
> 《聪明的选择，灵敏的感受》
> （*Wise Choices*, *Apt Feelings*, 1990, 12）

在经典的现代主义者寻求他们最真实个人身份的过程中，哲学家很早就强调自我评估的重要性。比如，查尔斯·泰勒（1989）强调他称为强评估（strong evaluation）的重要，它涉及"区分对错、好坏和高低，不被我们现在的欲望、倾向和选择视为有效，但独立于这些而存在，还提供它们可以被判断的标准。因此，尽管不能被评价为道德失败，但我现在过的生活真的不值得或充实，以独立于我自己口味和欲望的标准的名义判断，用这些词来描述我简直就是在谴责我"。(4；见 Flanagan 1996，对泰勒的强评估概念有出色的讨论)

这一章中前面讨论的基于意义的概念（符号效用，表现理性，承诺，伦理倾向，等等）代表了强评估的某些机制。大多数人因为他们一阶欲望之间的冲突而受谴责（如果我买了我想要的夹克，我就不能买我同时想要的光碟）。然而，一个具有伦理偏好的人会制造出新的冲突可能性。比如，我观看电视纪录片，了解到很多巴基斯坦小孩不能上学，因为他们的工作就是缝制足球，于是我发誓有人应该为这事做点什么。两周之后，我在体育用品店里，发现自己本能地回避更昂贵的手工缝制的足球。我面临着一种新的冲突。我可以尝试重组我的一阶欲望（比如，学会不再自动地偏爱更便宜的产品），这是一个艰难的任务，或我必须忽视一种新形成的伦理偏好。带有政治、道德或社会承诺的状态不佳行为（Sen 1977，1999），类似地，也创造出了一种不一致性。读者可留意承诺如何引发了一阶欲望和行动的"逆转"。价值观和承诺会创造出一种新的、引人注目的不一致性。而在一个人仅仅意识到自己需要采取行动，以完成某个一阶欲望的时候，这种不一致性是不存在的。

简单地说，我们用以启动欲望评估的主要机制，就是我们的价值观。要是我们的行为跟价值观不一致，就表明有必要进行规范性批判，以及同时评估我们的一阶欲望和价值观本身。因此，价值观为欲望结构的可能重组提供了一种动力。它们能让人类理性成为广义理性——其中，欲望内容很重要——从而跟黑猩猩和其他动物具有的典型的工具理性有了区别。

我一直提倡的批判个人自身欲望结构这种说法（以及泰勒的强评估概念），有更正式的阐述。在哲学家哈里·法兰克福（1971）广为引用的一篇文章中，他提出的二阶欲望（想要拥有某种欲望的欲望）这个概念能做到这一点。根据经济学家和决策论者更为常用的语言（见Jeffrey 1974），这种高级状态将被称为二阶偏好：对具体一组一阶偏好的一种偏好。[12] 法兰克福推测，只有人类拥有二阶欲望，而且，他还生动形象地把没有二阶欲望的生物体（其他动物以及人类的婴儿）称为"玩偶"（wanton）。说一个玩偶并不具有二阶欲望，并不意味着它们对自己的一阶欲望不顾一切或粗枝大叶。根据纯粹工具性的界定，可以说玩偶是理性的。因为在它们的环境中，玩偶能以最佳效率实现自己的目标。玩偶根本不会反思它们的目标。玩偶想要，但它们不关心自己想要什么。

为了阐述他的这个概念，法兰克福（1971）使用了三种瘾君子的案例。玩偶瘾君子仅仅是想要获得毒品。这就是故事的结尾。玩偶认知装置的其余部分，仅仅屈从于寻找最好的方式满足这种欲望，即这个玩偶瘾君子可以说是具有工具理性。玩偶瘾君子不会反思他的欲望，并不这样想或那样想，以判断它是不是一个好东西。欲望就是欲望。相反，不情愿瘾君子跟玩偶瘾君子拥有同样的一阶欲望，但是拥有不想这样做的二阶欲望。不情愿瘾君子想要不再嗑药。可是，想要不再嗑药的欲望，不像想要嗑药的欲望那么强烈。因此，不情愿瘾君子最后就跟玩偶瘾君子一样，继续嗑药。不过，不情愿瘾君子跟他行为之间的关系，跟玩偶瘾君子的情况不同。不情愿瘾君子跟他的嗑药行为有一种疏离感，而玩偶瘾君子不是这样。不情愿瘾君子甚至可能在嗑药时感觉违背了自我形象。而玩偶瘾君子嗑药时永远都不会有这种感觉。

最后，还存在一种有趣的情形，那就是情愿的瘾君子（人类有这种可能）。情愿的瘾君子思考过他嗑药的欲望，还认为这是一件好事。事实上，他想拥有想嗑药的欲望。法兰克福（1971）为了帮助我们理解这种类型，特别指出，如果想嗑药的欲望减退的话，情愿的瘾君子会想办法让自己继续上瘾。跟不情愿瘾君子一样，情愿的瘾君子也**反思**过嗑药，但他决定**认可**一阶欲望。

法兰克福的三种瘾君子都表现出同样的行为，但是，他们欲望层级的认知结构千差万别。这些差异，尽管没有表现在当前的行为中，但对继续嗑药的可能性有影响。不情愿瘾君子（当然是在统计意义上）发生行为改变的可能性最大。他是三个人当中唯一有内心挣扎的瘾君子。可以想见，这种挣扎至少有可能让一阶欲望被打乱，或被削弱。玩偶的特点是没有这种内心挣扎，因此，他们打破一阶欲望的可能性要小一点。不过，需要留意的是，跟情愿的瘾君子比起来，玩偶事实上更可能戒除毒瘾。前者有一种内在调节器，试图保持毒瘾，即想要保有嗑药欲望的二阶欲望。情愿的瘾君子将采取行动，避免毒瘾的自然衰退。而毒瘾的自然衰退在玩偶那里畅通无阻，他会简单地做点别的事。这些事在他的一阶欲望层级中占据较高的位置。玩偶不会因为毒瘾的消失而悲伤。当然，他也不会高兴。根据他自身的逻辑，他对自身欲望的来去起落不加思考。

实现理性的欲望整合：形成和反思高阶偏好

我们是动物。但在某种程度上，我们在自我创造。对于像智人这样的动物来说，自我创造、自我控制和来源身份如何成为可能，这是能被解释的。跟"表演者"似乎到处撒神奇灰尘不一样，它不是一个神秘之物。

——欧文·弗拉纳根
《自我表现：精神、道德和生命的意义》(1996, viii)

显然，作为人类，我们有时像法兰克福谈论的玩偶一样行动，有时则不像。当我们偶尔像玩偶一样行动时，我们应该认为它有问题吗？采用从前章节中的概念（总结在第7章的图7-1和图7-2中），这种情形有问题还是没问题，需要具体分析。很多时候，自发式系统中的一阶欲望很有用，它们服务于载体的整体目标。不过，前面几章的讨论也说明，玩偶的行为带有危险性。某些基因安装的目标是进化时代的残留，而且在某些情况下，会妨碍现代环境中载体的利益。另外，某些欲望是未经反思而获得的模因，而它们实际上是寄生虫，服务于它们自身的复制利益，但对帮助它们的寄主兴趣不大。这样两种目标促使社会向善论者提出下面的忠告：为了实现人类的广义理性，有必要持续对一阶欲望进行反思批判。

这项认知变革项目的逻辑基于高阶欲望的概念。我们可以借用一种符号把它讲得更清楚。这个符号来自杰弗里（1974）一篇跟二阶评估有关的论文。他使用了在决策论中出现过的偏好关系，那是效用理论形式公理化的基础（Edwards 1954；Jeffrey 1983；Luce and Raiffa 1957；Savage 1954；von Neumann and Morgenstern 1944）。我在这里，将非学术和非正式地使用偏好关系，[13] 以便在谈到高阶偏好时能不那么佶屈聱牙。

假设有一个人，他在 A 和 B 之间更喜欢 A，那么，这种偏好关系可以表达成：A pref B（简单地用以表示，某人喜欢 A 甚于喜欢 B）。我在第 3 章已阐述过，根据这个简单关系和一些基本公理，预期效用理论（工具化的理性选择理论）的整个结构就能建立起来。但这不是我现在关心的，因为我仅仅想要使用这个符号。

想象一下，有一个名叫约翰的人，他有两个选择，一个是抽烟（S），一个是不抽烟（～S）。约翰抽烟，因此我们就有这样一种关系：

约翰喜欢抽烟。
S pref ～ S

同时想象，根据泰勒（1989）的说法，约翰具有强评估倾向。他会评估和反思自己的一阶欲望。而且，约翰博览群书，知识渊博。他知道，吸烟代表一种毁灭性的健康风险。因此，他希望自己不喜欢抽烟。就像前面提到的不情愿瘾君子一样，约翰想要不再继续吸烟。因此，约翰具有一个二阶偏好：

约翰喜欢不抽烟甚于喜欢抽烟。
（～ S pref S）pref（S pref ～ S）

在这种场景下，约翰拥有的二阶偏好跟他的一阶偏好有冲突。在二阶偏好的水平上，约翰更喜欢不吸烟的欲望；然而，作为一种一阶偏好，他喜欢吸烟。由此引发的冲突表明，约翰在他的偏好结构中缺少诺齐克（1993）所说的理性整合（rational integraiton）。而这是诺齐克理性广义理论的一个特征，即人们应该想要追求理性整合。就像不情愿的瘾君子一样，约翰对于自身欲望在不同水平上的不匹配格外不舒服。诺齐克的原则（事实上是他广义理性理论约束中的原则 IV）仅仅说的是，约翰应该做出努力解决这种不一致。它没有说，约翰应该**怎样**解决这种不一致。

在高阶偏好的早期哲学著述中（比如 Taylor 1989）有这样一种强烈倾向，即假定高阶欲望应该永远战胜低阶欲望。在前一章中，我们已明白为什么这是一个危险的假设。是的，有些情况下，高级欲望的确应该战胜低级欲望。比如，自发式系统决定的偏好，假如对载体不是最优化的，就应该由一个经过反思而获得的高阶偏好取而代之；这种高阶偏好跟人的价值观步调一致。不过，第 7 章中讨论过的许多例子都表明，还存在另外一种可能性。也许，一个自发式系统决定的偏好事实上对载**体有好处**，但跟一个未经反思就获得的模因相冲突。这个模因具有高度的复制能力，而且成了个人价值观结构的一部分，即便它并不能很好地为当事人服务。[14] 在这种情况下，对个人来说，没用或有害的就是二阶偏好，而不是一阶偏好。因此，我们并不需要总是遵循泰勒（1989）的观点，要求强评估务必推翻一阶偏好。高阶评估并不应该总是享有对低阶欲望的特权。相反，高阶欲望仅仅是整体结构的一部分，个人需要对这个结构反思权衡，以便实现理性整合。

也许，我们应该离开吸烟的例子。很显然，对于一个中性案例而言，它带有强烈的倾向性。假设：

比尔喜欢 Y 甚于喜欢 X。

以及

比尔喜欢他喜欢 X 甚于喜欢 Y。

哪个要改变？这可没有硬性规定。然而，前面讨论的概念这时就能帮忙了。特别地，对基因利益跟载体利益可能错配的批判意识，以及对模因利益跟载体利益可能错配的批判意识，自然应该让我们首先问这样一个问题：某个分析水平是否看起来要牺牲作为载体的我们的利益，而服务于任何一种复制子？至少，在尝试实现理性整合时，对载体长期的身体福祉有不良影响可以作为一种初步有效的标准。如果，就像在吸烟案例中一样，Y 看起来像是一种自发式系统的反应，伤害载体，而 X 代表着一种经过反思而受人尊重的行为，对载体的长期健康有利；那么一个符合载体福祉的标准就会下指令履行二阶偏好，采取措施，改变一阶偏好。

相反，情况也可能是另一个样子，Y 要么对载体有利，要么对载体而言是中性的，但是 X 是一种代价高昂的身体牺牲，由一种基于信仰的模因决定。在这种情况下，举证相反。二阶偏好有双重举证责任要克服。对于反思者来说，有两个理由让他质疑对它的认同。第一，二阶评估是由一种抵制批判评估的模因丛导致的；第二，它下指令牺牲载体的身体健康。这样两种考虑表明，在反思检测之下，二阶偏好得到的支持减弱了。

然而，载体福祉的标准并非永远都很明确。它可以也应该在某些时候被改写，特别是当它跟融合在一起的其他标准和决策规则背道而驰的时候。比如，道德或伦理考虑有时能联手战胜载体福祉，特别是在后者的牺牲非常微小时。[15]

总之，想要实现偏好的理性整合是合理的，但应该怎么实现这一点，没有任何一个理性理论能提供准则。总是让一阶偏好臣服于二阶偏好，这不明智，反过来做也一样。相反，我们需要一个更为纽拉特式的过程（见第 7 章）——通过做出某种假设以便实现一贯性，而一贯性就靠这种方式获得。不过到后来，我们在检查其他连锁的偏好目标时，可能会认为这些假设自身不安全，需要进行后期改动。可以肯定的是，每个人都应该有动力实现理性整合。而开始这种整合的一种方式就是，当存在一阶偏好和次阶偏好的不匹配时，构建另一个层级。

当然，不存在可被构建的高阶欲望的层级限制。[16] 但是，人类的表征能力可能会设定某些限制。德沃金（1988）指出，"作为一个偶然事实，人们要么不愿，要么不能详细地进行迭代"（19）。我这里不会涉及超过三个水平，这看起来就是大多数人在非社会性领域中的现实约束。诺齐克（1993）认为，对于人们来说，想要实现理性整合是合理的。这意味着，当一个一阶偏好没有得到一个二阶强评估的认可时，当事人应该采取措施，调和一阶偏好和二阶偏好之间的冲突。我们能使用的一种认知工具就是询问我们三阶偏好的状态。我们构造出一种三阶偏好的类型，就是要评估某人到底是更认可他的二阶偏好，还是更认可他的一阶偏好。因此，当我们前面讨论的吸烟者约翰检查自己的感受时，可能意识到：

他偏爱他偏爱不吸烟的偏好而不是吸烟的偏好。
[（～S pref S）pref（S pref ～S）] pref [S pref ～S]

在这种情况下，我们可以说，约翰的三阶判断认可了他的二阶强评估。[17] 假定这种对二阶判断的批准，增加了改变一阶偏好的认知压力——通过采取行为措施，约翰让二阶偏好获得更大的支持（参与禁烟项目，咨询医生，寻求亲友的帮助，待在烟味呛人的酒吧外面）。另一方面，一个三阶判断可能妨碍二阶偏好，它不认可对方：

约翰可能偏爱吸烟而不是偏爱他偏爱不吸烟的偏好。
[S pref ～S] pref [（～S pref S）pref（S pref ～S）]

在这种情况下，尽管约翰希望他自己不再吸烟，但这种偏好不如他想要吸烟的偏好强烈。我们可能会怀疑，这种三阶判断可能不仅阻止约翰采取强硬的行为措施把自己从成瘾中解救出来，而且随着时间的推移，它也可能会削弱他的二阶偏好本身，由此而实现三个水平的理性整合。

三阶偏好的观点有时很难掌握，因此，这里我提供了其他思考它的方式。首先，在一般情况下，高阶判断可能被认为是在问"我的这种偏好对吗？"，偏好对象自然是低阶偏好。或者，另外一种思考高阶判断的方式是问"我想要成为自己低阶判断的强评估者吗？"正是对一阶偏好的强评估第一次导致了理性整合的缺乏。玩偶没有理性整合的问题，因为他们不做强评估。然而，一旦做出了强评估，在三阶偏好水平上思考立场的一种方式就是，问你自己下面的问题：我想在这件事上成为一个强评估者吗？我想认同强评估而不是支持一阶偏好吗？或者，我希望自己一开始就没有做强评估，因为我想维持一阶偏好吗？

现在，除了吸烟之外，我将讨论一些案例，上升到某种三阶偏好；这种偏好不怎么偏向于反对一阶偏好。我想以此说明，实现理性整合是一个持续的过程，相互调整，约束满足，由反思和评估在许多不同水平的分析上驱动进行。

还是个孩子时，泰莎就一直喜欢圣诞节。她爱装饰自己的圣诞树，帮着父母把灯串挂在外面，也装饰屋子内部。泰莎喜欢给别人包装礼物，但不包装她自己的。作为一个35岁的成年人，现在的泰莎依然喜欢圣诞的各种装饰物：圣诞树（她会像小时候一样努力打扮它），圣诞歌，剧团表演的圣诞歌曲，所有的圣诞电影和电视上的音乐节目。因此，毫无疑问：

泰莎喜欢庆祝圣诞节甚于不庆祝它。

圣诞节 pref 非圣诞节

唯一的问题是，泰莎在年轻时就失去了她对上帝的信仰。在整个青年期，这种信仰都在不停地减少，包括现在，泰莎已经当了好几年的无神论者了。她的确想知道，是否一个无神论者庆祝圣诞节也没什么可奇怪的。有时候她感觉可能有，因此，强评估悄悄潜入了她的心智中。这里的二阶判断是：

泰莎偏爱不过圣诞节的偏好。

（非圣诞节 pref 圣诞节）pref（圣诞节 pref 非圣诞节）

也就是说，要是她真的不想庆祝圣诞节了，可能情况会更好，她有时候会这么想（因此，她的一阶偏好和二阶偏好之间不匹配，这创造了一个缺乏理性整合的情况）。

面对这个问题时，泰莎有时通过做出一个三阶判断，寻求解决缺乏理性整合的方法。她会思考，她拥有的这个二阶偏好是否是对的？她想知道，在自己的这个生活领域她是否应该做一个强评估者？当她思考时，她发现，有理由怀疑她是否应该担心自己对她的具体偏好进行强评估。没有人因为她的行为而受伤害（她的其他家庭成员，或者是也喜欢圣诞节的不可知论者，或者也过圣诞节）。她从圣诞节中得到的快乐，看起来远远超过了做出不庆祝决定带来的满足，这种决定只是一个轻微有效的展示，告诉别人她是一个无神论者（仅仅轻微有效，因为大多数了解她的人都知道她的无神论信仰）。此外，泰莎想到了经常被提及的抱怨"圣诞节中已无基督"，这难道不就意味着它已成为科学唯物论者的完美假期了吗？当地的报纸宗教栏目里也频繁抱怨"圣诞节中已无基督"，这不就是意味着，至少在北美，对她而言很便利的这个节日已变成了一个唯物论者的狂欢节：购物、装修、唱歌和庆祝，一个拥有生活乐趣的科学唯物论者的完美假日！考虑到这些，泰莎判定，她的强评估没有得到一个更高分析水平的认可。相反，

泰莎更偏爱庆祝圣诞节甚于她偏爱自己不庆祝它的偏好。

[圣诞节 pref 非圣诞节] pref [（非圣诞节 pref 圣诞节）pref（圣诞节 pref 非圣诞节）]

根据这个三阶分析，她的二阶偏好没得到支持，泰莎不太可能改变

她庆祝圣诞节的一阶偏好。相反，更有可能的是，当泰莎的二阶偏好由于受到三阶判断的破坏而削弱时，她的理性整合程度将提高。

然而，在很多情况下，低阶欲望的理性整合没法实现。因为三阶判断的性质到底是什么存在不确定性，具体地说，就是二阶评估是否应该被认可。事实上，我们社会中的许多政治和伦理争议都跟二阶判断的适当性有关。比如，对某些伦理偏好是否合理的争议。吉姆喜欢把车停在好事多、沃尔玛或其他折扣店门前。他喜欢便宜货，喜欢看到某样东西在镇上别的店里价格高于现在的店。吉姆喜欢前面讨论过的来自巴基斯坦的便宜足球。简而言之，吉姆喜欢买便宜货甚于他喜欢不买便宜货（错过了一次打折购物机会）。对于吉姆而言，他的情况很明确，就是：

吉姆偏爱便宜货甚于更昂贵的商品。

便宜货 pref ～便宜货

不过，自从他有了这些习惯之后，吉姆渐渐留意到全球贸易的某些阴暗面。比如，他在新闻60分中看到一个特别报道，说是巴基斯坦的小孩在血汗工厂里谋生，工作很长时间，而薪水低得可怜，这就是为什么吉姆能给儿子买到这么便宜的球。在过去几年中，吉姆觉得全球化的整个场景变得令人很反感。他读了很多触目惊心的报告：整个印度次大陆的童工，某些公司威胁转移到第三世界去以此试图削减工人福利，以及在美国边境加工厂附近的大量污染和环境恶化（墨西哥的自由贸易区）。他明白了，所有这些都紧密相连，要不然沃尔玛的商品不会这么便宜。现在，他听说了公平贸易产品，他也意识到自己的一些朋友经常有意购买更昂贵的工会产品。吉姆现在开始相信，他如此酷爱便宜货，很可能不是一件好事。他开始发展出一种伦理偏好。事实上，他现在宁愿他不那么偏爱便宜货。

吉姆宁愿他没有那么偏爱便宜货。

（～便宜货 pref 便宜货）pref（便宜货 pref ～便宜货）

吉姆的一阶偏好和二阶偏好不匹配。为了实现理性整合，他必须扭转他的一阶偏好，或收回他对自己一阶偏好的强评估。但是，他发现自己在三阶水平上陷入困境。吉姆承认，要是他没有二阶偏好的话，他会舒服很多。现在，他跟自己以前未有过的欲望展开搏斗。他更喜欢自己能像一个玩偶那样购物，仅仅满足于实现一阶欲望而不考虑其他。

吉姆的朋友告诉他，他对自己购物的反思态度让他成为一个更好的人，而且，以前他不过就是一个购物机器人，在垃圾箱里清空上一次的便宜货，接着又一次贪婪地被购物自动机填满。他告诉他们，这或许是真的，不过作为一个购物机器人，他很开心。他的朋友提醒他巴基斯坦的儿童，全球经济的必然逻辑，以及竞相杀价，为了让东西越来越便宜而把成本外部化。他们告诉他，想一想有两家洗涤剂公司（A 和 B），它们制造的洗涤剂成本一样，质量相同。他们指出，如果公司 A 找到一个方式剥夺员工的健康福利，那么出现在沃尔玛的洗涤剂 A 就会更便宜，而像老吉姆这样的人就会把它们一扫而空，这就逼迫公司 B 也做同样的事情。正当吉姆打算屈服于这些论述，正当他认为做一个强评估者对他来说是对的，正当他打算相信：

他偏好他不偏爱便宜货的偏好甚于他偏爱便宜货的偏好。

[（～便宜货 pref 便宜货）pref（便宜货 pref ～便宜货）] pref [（便宜货 pref ～便宜货）]

他读到了《经济学人》和《华尔街日报》(*Wall Street Journal*) 的不同观点，这些主张认为，对他的购物行为持有任何二阶偏好都是错的，购物而不担忧他购物篮里的东西是如何制造的，不仅会让人更开心，而且也会让世界上的其他人过得更好。吉姆以前听说过潘格洛斯博士，但这些似乎把事情提高到了一个新水平。这些人是严肃的。他们实实在在相信这些事情。这些备受尊重的出版物编辑告诉吉姆，巴基斯坦的孩子用变形的手指缝制足球，无论如何也不会去上学，因为他们的国家太穷了。未来的孩子想上学，唯一的方法就是靠这些缝纫的孩子创造更多财富，把这个国家的经济生产力提高，这样就能让未来的孩子有学上了。而对于那些失去了健康福利的工人来说，也许他们的公司 A 对工人很苛刻，但所有人都能受益，因为这个公司将创造更多的利润，然后通过公司和经济的反馈，以及由此而提升的生产力，这就能在某些领域为那些已被解雇的工人创造更好的工作。（嗯，严格来说或许不是为这些工人，但是为未来某些时候的某些人。）

令人惊讶的是，这些甚至会让潘格洛斯博士也大吃一惊，吉姆在这个世界需要的所有信息都被总结在产品的价格中了，因此，为了让这个世界变成一个更好的居所，他不得不正视的、唯一的事情，就是随便看看价格。这是一个多么惊人的说法。这几乎足以使吉姆认为，在一种三阶判断的水平上，他的确这么想，他的确不认为他需要做一个强评估者，在这个领域中对他的偏好指手画脚。不过到了这个份上，吉姆意识到让他停顿的东西，这个在《华尔街日报》上告诉什么是正确的新观点似乎也有一些问题。在这个过分乐观的世界，只有他的购买行为看起来有意义。我们就是我们买的东西，而世界就是我们购物的场所。吉姆认为，这也很恐怖。如果我不对某个价格有反应，这些人就会说，什么好事都不会发生。如果我待在家里，读书给孩子听，而不是买两盒录像带和一件新衬衫，这个世界的总体效用就会**流失**吗？这些人本质上说的就是这个。吉姆发现，这很难让人信服。还有，什么是价格的负面影响呢？吉姆可不想发生下面的事：在他那风景如画的小镇上，镇中心的商店都被沃尔玛取而代之了。可这就是正在发生的事。在他附近和当地小镇的状况，就是沃尔玛商品价格的一种间接影响，可这些商品并没有广而告之：当地商店被吞并了，或它们对当地环境的其他影响（交通更忙碌），这是它们成本的一部分。吉姆获悉，甚至有经济学家研究这种被称为外部性的现象，可《华尔街日报》并没有引用这些研究。

吉姆发现，他不能认同自己的强评估，但他也无法被说服要推翻它。他面临着现代世界中我们许多人都面临的问题：努力让他的高阶偏好跟低阶偏好保持一致。不过，事实上，实现理性整合不是个人自主或个人身份的标志，正如前面在文献中对待二阶欲望概念时强调的那样；仅仅是**参与**二阶评估项目就已经足够了（见 Dworkin 1988；Lehrer 1997）。跟这种高阶判断角力，就是人类状况的显著标志，没必要调和所有的不一致。

在许多政治争议中，争论者希望改变或强化某个具体的人类行为或选择。这些争论的性质是，人们做出的某个强评估是否是合理的。在早期历史上，导致所谓的维多利亚式道德崩溃的文化潮流，本质上就是三阶主张，认为某些对我们行为的二阶判断（支持性节制的维多利亚式训诫，偏好对某种类型的性行为的不偏好）跟一阶偏好本身（比如，对性的一阶偏好）相比，不应更受青睐。

三阶斗争的任何结果，对于理性整合是否最终实现（如果是的话）都有很大影响。如果二阶判断被认可，它将使得分析倾向于支持二阶判断；如果没被认可，分析将支持一阶判断。不过，我们不应该假定：三阶过程就是决定性的，而理性整合就是简单地构建更多层级，机械地计算结果。反思当然比这要更深刻。这很显然。因为根据上一章中的观点，仅仅是更高阶的判断还不够，因为有可能二阶和三阶判断都可能来自同样的寄生虫模因。法兰克福（1971）的高阶欲望概念中，没有任何东西能保证高阶判断不被坏模因感染，而它们不能有效实现载体的福祉。

模因评估的纽拉特式项目，必须伴随理性整合的认知项目，这在两个例子的比较中得到了揭示。想象一下，我们从前提到的吸烟人约翰，使用一个三阶判断认可了他的二阶评估：偏爱不吸烟的偏好。同时也想象一下，在这两个高阶判断拥有充分的认知分量，足以使他做出某种行为举动（比如，进行治疗）以推翻它的一阶欲望，而他也这么做了。然而，这会令人不安地想到，约翰的欲望结构和决断跟袭击纽约世贸大厦杀死数千人的劫机犯的欲望结构是完全一样的。

一个（很明显过于简单的）模型可能如下：像大多数人一样，即使是劫机者（至少有一次）也有玩偶的求生欲望，这种欲望超过了他们想象中的宗教式殉难：

他们偏爱生命甚于殉难。

生命 pref 殉难

不过，在他们生命中的某一时期，一个基于信仰的模因丛发现他们是很好的寄主，而该模因丛也成了他们一阶欲望的二阶判断的基础。在他们生命中的某一时刻，尽管他们偏爱生命甚于殉难，他们开始希望他们不这么想。他们开始评估成了恐怖主义殉难者的人们，尽管他们不想成为其中的一个。他们开始希望自己也能成为这些人中的一个：

他们偏爱对殉难的偏好甚于生命。

（殉难 pref 生命）pref（生命 pref 殉难）

也许不匹配的偏好结构，同样给吉姆带来了不适，他继续喜欢便宜货，尽管他决定他希望他不喜欢便宜货。不匹配的偏好结构带来的不适，引发了实现理性整合的动机。这就会催生对二阶偏好的三阶评估，这个人可能会问自己：我拥有这种偏爱殉难甚于生命的二阶偏好，对吗？不过，因为这个人沉浸在同样的引发原始的二阶判断的概念社区中（这一社区也是模因丛促使他做出强评估判断的环境），就像在吸烟案例中一样，很可能他的三阶判断将认可二阶偏好：

他们偏爱他们偏好殉难甚于生命的偏好甚于他们对生命的偏好。

[（殉难 pref 生命）pref（生命 pref 殉难）] pref [生命 pref 殉难]

不过，就像在吸烟案例中一样，这样就开始了认知行为的串联，导致一阶偏好的反转，理性整合以谋杀数以千计无辜者的方式得以实现。

这个令人不安的例子说明，除了对代表每一个判断水平的木板进行纽拉特式检查（依次递归）之外，没有其他选择。我们实现一贯性，我们在船上漂浮了一会儿，把一个不同的判断水平带入问题中。也许，反转一个偏好关系引发了不连贯，必须被再次纳入反思平衡，这一次或许通过给予不同的判断优先权来实现。

我的观点是，理性整合并不简单地要通过反转偏好来实现，在所有水平的分析中，这只是一种少数情况。当然，它也不能通过把优先权给最高水平这样一个简单的规则来实现。理性整合的一个部分就是评估形成价值观的模因，而价值观是高阶评估的基础。还需要注意的是，基于模因而形成的可不仅仅是高阶偏好。正如在前一章中讨论过的（见图7-2），某些高阶评估通过练习，就能成为反射式的自发式系统一阶目标的一部分（Ainslie 1984）。这当然是类似维多利亚式道德准则的东西不断重复的目标。它们的促销员希望把这些变成反射式反应，而不是分析式反思的客体（其中的批判过程可能会拒绝它们）。

哲学家担忧构建更高阶判断时存在潜在回归。而且，他们倾向于让他们的分析跟自己构建的更高阶欲望保持一致，在界定一个人所谓意志的时候，给予这种高阶欲望以独特的优先权。[18] 现代认知科学，以本书中讨论的很多概念的形式——自发式系统、分析式系统的表征能力、模因、狭义理性和广义理性——相反，将提出一个纽拉特式的项目，其中，没有任何一个水平的分析享受独特的优待。哲学家认为，除非我们拥有一个认知分析水平（最好是高阶的）作为基础，否则我们自己看重的某些东西（在哲学文献中各种各样的候选项包括人格、自主性、身份和自由意志），将处于岌岌可危的状态。不过，就像哲学家苏珊·赫尔利（1989）雄辩指出的那样，即使不存在一种人类认知的基础形式，我们也能重建自我，评估人类的存在。

赫尔利（1989）指出，哲学家一直致力于寻找高阶评估回归中的最高点，把它作为基础，把它界定为真实自我，或者试图找到一种欲望层级之外的观点，以实现同样的目标。不过，赫尔利（1989）认可纽拉特式的观点，认为在欲望的连锁关系之外，不存在一个"最高平台"或一个所谓的真实自我。她认为，"行使自主性涉及依靠我们的某种价值观作为基础，以批评或修改其他偏好，但并不独立于它们之外。自主性并不依赖于回归到越来越高的倾向，而在于第一步"。（364）简而言之，自我界定的独特的人类项目开始于第一步，当一个人开始攀登价值观的层级阶梯时——当一个人，第一次，拥有一个理性整合的问题时。

在赫尔利（1989）对纽拉特式过程的描述中，自我不是某种难以琢磨的消失点，位于越来越高的评估的终点处。相反，"当我们在回归过程中没走多远时，自我就已经跟我们在一起了……人格依赖于反思和评估个人自我态度的能力，依赖于自我解释的能力"。（322）使用我在前一章中介绍过的纽拉特式重建小船的那个类比，赫尔利指出，我们可以使用位于某些层级的欲望来批评其他欲望，"依赖于它们中的某些，作为批评和修改其他欲望的基础；但我们必须在这个过程中占据自我。自我决定不依赖于从我们**是**谁的整体中分离出我们自己"。（322）

我们怎么才能知道，一个人深度参与了这样一个自我决定和理性整合的过程？有趣的是，也许最好的标志就是，当我们探测到一个人正在他的一阶欲望和二阶欲望不匹配的难题中挣扎。这个人公开承认一套价值观，这意味着，他应该喜欢做某些事情而不是做另一些事情。比如，一个人的购物**行为**跟他的一阶偏好相一致：他们喜欢便宜货。但你知道，这个人的价值观告诉你，他们更想自己不喜欢便宜货，而且这就是那个人向你公开承认的。这个人在一阶欲望和二阶偏好之间的挣扎，对我们而言很明显。不过，当我们没有探测到这种挣扎时，那个人的偏好层级则模糊不清。这个人可能很好地参与了强评估，而且有一个二阶偏好支持他的一阶偏好，因此，没有任何挣扎会表现在行为中，因为没有。或者，这个人也许仅仅是一个玩偶，一个没有在不同层级偏好之间挣扎的人（玩偶当然有可能经历横向的挣扎，即在不同的基本欲望之间发生的一阶挣扎)。至于人类，我们当然也可以问。比如，我们可以用法兰克福（1971）的一个词"情愿的瘾君子"，说他的确是一个情愿的瘾君子——他仔细思考了自己的成瘾行为，经过反思之后，他决定拥抱这种喜欢嗑药的偏好。

不过，重要的是，记住，我们打算怀疑某些人，因为我们从来没有在他们身上发现一阶偏好跟二阶偏好之间的挣扎。即使这个人声称，他通过形成二阶偏好检查了自己的一阶偏好，接着发现，天哪，它们两者总是惊人的一致！现代生活充满了太多矛盾，因此，没有人可以声称自己的行为**总是**跟高阶价值观维持一致。事实上，生活如此复杂，充满了潜在冲突的伦理选择和个人选择，不要羡慕那些声称他们的行为跟二阶判断完美一致的人，我们需要怀疑这些人，他们很可能也像玩偶一样活着。他们仅仅是做了他们想做的，不过，在现代社会，成为一个强评估者受社会赞许，因此，他们公开宣称他们拥有二阶偏好。我们这样怀疑是对的。[19] 有人展示令人尴尬的一阶偏好和二阶偏好之间的不匹配，我们想要了解他们，就要看什么时候，他们把在实现理性整合时他们经历的内在挣扎透露给我们。

冒名顶替的现象，即有人只不过在冒充自己是一个强评估者，暴露出现代道德生活令人困惑的现象背后的逻辑。虚伪的指责刺伤了现代道德的约束，这对真正的强评估者来说伤人感情。这种指责的逻辑造就了某些怪异的结果。第一，只有做出许多二阶判断的人才会被指责为虚伪。玩偶和冒名顶替者完全逃脱了这种指责。考虑一下露丝这个人。露丝是一个素食主义者，她住在合作社的房子里，以社会工作者的身份工作，而且还有其他一些兴趣，这些兴趣会让人把它们跟露丝的刻板印象联想在一起。她是一个强势的环保主义者，参与了反对全球化的示威活动。露丝的叔叔拉尔夫不断针对她，还把她叫作伪君子。他喜欢搜出她的衣服标牌，露出马来西亚制造（"嘿嘿，这里没有工会制造"）。而且，拉尔夫还会开心地指出，在露丝冰箱里放着的方便食品都对环境不友好，也违反她的素食主义原则。

露丝发现这令人很不安（以前她购买这些方便食品时，它总是让她心烦意乱）。而且，更令人头痛的是，拉尔夫看起来做的事情，没有一点让她有机会指责他虚伪。他讨厌纳税，而且在20世纪80年代持续地投票给罗纳德·里根，后来又投票给老布什以及后面的小布什。他开着一辆巨大的运动型多用途车（SUV）到商店去买一品脱牛奶，随后，他又认为担心燃料使用和全球变暖的环保主义者是"疯子"，因此，他的行为中没什么不一致。露丝发现这一切令人格外沮丧，因为她找不到一个办法回应他对她的指责。

露丝需要做的是，认识这一点：还有比作伪君子更糟糕的事情。因为她是一个试图达到理性整合的强评估者，她很关心虚伪的问题。她应该意识到，至少一个伪君子也在尝试着通过强评估进行自我界定，尽管可能没有实现理性整合（而且可能表现出道德软弱，如果一阶偏好逆袭的话）。拉尔夫叔叔是一个更差劲的家伙。他是个玩偶。或者，更准确地说，拉尔夫叔叔冒充强评估者，因为他声称自己做了二阶评估。事实上，他可能从来就没有认真地检查过二阶偏好，因为从一个外在的、第三人的角度检查他的生活，将揭示出拉尔夫可以做的（但他没做）诸多的强评估，而这些将导致跟他一阶偏好之间的不一致。

跟这种猜想一致的是，拉尔夫看起来没有留意到，在他声称持有的价值观中存在排序的不一致，即使在同一水平的分析中也能看到这一点。拉尔夫叔叔说他支持传统的价值观、稳定的家庭、有凝聚力的社区，以及自由市场的资本主义。不过，最后一个因素可都跟前面三个方面不怎么和谐。跟不加限制的资本主义相比，还没有任何其他因素能比它更具有持续的破坏性。我们报纸的商业版以及我们公司控制的电子媒体，总是不断告诉我们，资本主义是"创造性破坏"（抛弃落后的生产方式，为了促进跟更有效的或更新的生产方式），而这产生了我们时代可观的物质财富，这很可能是真的。不过，遭受资本主义"创造性破坏"的最明显的东西就是传统的价值观、稳定的社会结构、家庭以及有凝聚力的社区。当代的雇佣机构，比如万宝盛华和沃尔玛，就是以毁灭小城镇的商业生活而著称；它们是两家美国最大的公司。因此，拉尔夫叔叔的一阶偏好跟他对全球资本主义的支持一致，但跟他来源于二阶偏好的信念，比如稳定的社区和家庭不相符；或者说，如果他对这种缺乏理性连贯现象视而不见的话，它们也不会变连贯。

作为一个玩偶或一个无意识的伪君子，拉尔夫在自我界定的水平上**低于**露丝。虚伪的指责，仅仅当人们**尝试**通过执行二阶判断来自我界定时，才会出现。当一个人，像露丝那样，留意到而且被缺乏理性整合烦扰时，人格的额外层面就实现了。

为什么老鼠、鸽子和黑猩猩都比人类理性

露丝二阶评估和她一阶偏好之间的许多不匹配，跟拉尔夫叔叔玩偶式欲望导致的选择相比，可能会让她在现实世界中呈现出更多的不一致，而这对理性的概念将产生重大影响。因为某种形式的一致性或一贯性是工具理性公理化取向的定义特征（见第 3 章以及 Luce and Raiffa 1957；Savage 1954；von Neumann and Morgenstern 1944），很有可能露丝的选择跟拉尔夫相比，违背了更多公理。根据工具理性的标准，拉尔夫比露丝更理性。这个结论对吗？

第一，研究发现，许多非人类动物的行为的确严格遵循理性选择的原理（Kagel 1987；Real 1991），许多动物看起来至少拥有相当程度的工具理性。正如塞茨和费雷约翰（1994）指出的那样，"鸽子在遵守理性选择理论的原则方面，表现得相当理性"（77）。某些研究者看到了悖论的存在。他们指出，本书第 4 章的证据表明，人类常常违反理性选择的原理。某些研究者（通常是过度乐观者，他们批评展现人类错误的实验）想到，根据蜜蜂和鸽子之类低等动物拥有较高水平的工具理性这样的发现，存在一些令人费解的事，或者，这些指出人类缺乏工具理性

的实验或许有问题。比如,吉格仁泽(1994)强调这一事实:"大黄蜂、老鼠和蚂蚁都看起来是优秀的直觉统计学家,对于它们环境中的频率改变相当敏感……读到这些文献的人不禁思考,为什么鸟类和蜜蜂看起来做得比人类强多了"。(142)

然而,认为理性应该随着有机体复杂性的增加而提高,这种假设是错的。恰恰相反,低等动物跟人类相比表现出更多的工具理性,这没有任何可奇怪的,因为当有机体本身的认知架构更简单时,理性选择的原理事实上遵循起来更容易。

这里不存在悖论(蜜蜂比人类表现出更多的工具理性一点儿也不令人意外)的一个理由是,理性选择的原理说白了,就是以这种方式或那种方式,让自己的选择不受无关语境的干扰。正如在第 4 章中看到的那样,选择原理把下面的观念操作化了:对于所有潜在选项而言,一个人具有的既定偏好是完整的,有序的,稳定的。当面临不同选项时,个体只需要咨询稳定的偏好排序,选择能带来最多个人效用的选项。因为每种偏好的强度(选项的效用)在选项呈现之前就存在于大脑中,因此,跟呈现语境有关的任何因素都不应该影响偏好,除非个人判断语境很重要(以某种重要的方式改变选项)。可还是有摩擦。人类,作为这个星球上最复杂的有机体,对语境特征格外敏感。因此,他们更可能处于这样的情境中:他们不清楚是否要使用某种选择原理,这使得选择原理变得模棱两可,因为一个语境特征是否要被编码纳入选项无定论。这种争论的一部分是内在的(就像露丝跟她一阶欲望和二阶欲望斗争的情形),因此会导致不同选择情境下的不一致,违背了理性选择的公理。

前面对无关选项独立性原则的讨论(Sen 1993)说明,选择公理会排除语境效应。回想一下,这个原则说的是,如果在选项 X 和 Y 中选 X,那么当选项扩充为 X、Y 和 Z 时,人们不可能选 Y。在这个例子中,我们看到,人类的社会语境导致对这一原则的违背,如果对这些选项进行狭义界定时，或当人类社会语境的复杂性假设被正确地编码进入选项中，这一原则将被遵守（"当我在公共场合时，拿走碗里的最后一个苹果"）。要点在于，那个原则禁止无关的语境化选项。当 X 和 Y 在不同情境中都真正一样时，面对 Z 选项的加入，一个人不应该切换自己喜欢 X 甚于喜欢 Y 的选择。

同样，其他所有理性选择原则具有类似的含义，无论是以这种还是那种方式，无关语境不应该影响判断。再以传递性（如果你喜欢 A 甚于喜欢 B，喜欢 B 甚于喜欢 C，那么你应该喜欢 A 甚于喜欢 C）为例。这个原则包含一个内在假设，你不应该把选项语境化，比如你把第一种比较下的 A 称作"A 在跟 B 有关的比较中"，而把第三种比较下的 A 称作"A 在跟 C 有关的比较中"。否则，这个原则将丝毫不会约束你的行为，而你也不能被认为在最大化个人效用。这个规则指出，你不应该根据被比较选项是什么而改变 A 选项的价值。

其他理性选择公理也有同样含义，这些选项应该被适当地去语境化。考虑另外一个在风险情境下的效用最大化理论的公理，即所谓的独立性公理。（这是一个跟无关选项独立性不同的公理，有时候被称作可替代性，见 Baron 1993a；Broome 1991；Luce and Raiffa 1957；Savage 1954；Shafer 1988；Slovic and Tversky 1974）这个公理指出，如果在世界的某种状态下结果在不同选项之间是一样的，那么，这个世界的这一状态就应该被忽视。再一次，公理指定了语境应该被忽视的一个具体方面。而且，就像无关选项独立性案例一样，人类有时候会违背它，因为他们的心理状态受到某些语境特征的影响，而该公理认为这些特征不应该被编码纳入该选项的评估中。著名的阿莱（1953）悖论就提供了这么一个例子。阿莱提出了下面的两个选择问题：

问题 1，在两种选项中选其一

　　A：肯定得到 100 万美元

　　B：0.89 的可能性得到 100 万美元

0.10 的可能性得到 500 万美元

0.01 的可能性什么也得不到

问题 2，在两个选项中选其一

C：0.11 的可能性得到 100 万美元

0.89 的可能性什么都得不到

D：0.10 的可能性得到 500 万美元

0.90 的可能性什么都得不到

许多人发现，问题 1 中的选项 A 和问题 2 中的选项 D 最有吸引力，不过这些选项违背了独立性公理。为了理解这一点，我们需要明白，0.89 的可能性在两套选择中都是一样的（Savage 1954）。从纯数字上来看，无论在问题 1 还是在问题 2 中，选择者实质上就是面临着两个选项：0.11 的概率获得 100 万美元，或 0.10 的可能性获得 500 万美元加上 0.01 的可能性一无所获。如果你在问题 1 中选择 A，独立性公理就指出，你应该在问题 2 中选择 C。同样，要是你在问题 2 中选择 B，那么就应该在问题 2 中选择 D。

许多理论家分析过，为什么人们发现 D 选项有吸引力？即便如此，他们在第一个问题中为什么又被选项 A 所吸引（Bell 1982；Loomes and Sugden 1982；Maher 1993；Schick 1987；Slovic and Tversky 1974）。他们提出的许多解释，都涉及这样的假设：人们把诸如后悔之类的心理因素纳入到他们对选项的理解中了。不过，来自部分选项的后悔这种心理状态，按照公理，不应该作为语境的一部分而予以考虑。比如，选项 B 中一无所有的结果可能被编码为类似于下面的说法，"当你错过了能得到 100 万美元机会后，你什么都没得到！"而选项 D 中 0.01 的微小概率被转换进 0.90 的概率中，没有在心理上进行同样的编码。这种基于后悔的语境化是否合理一直是个激烈争论的话题（Broome 1991；Maher 1993；Schick 1984，1987；Slovic and Tversky 1974；Tversky 1975）。不像前面的案例中"当我在公共场合时，拿走碗里的最后一个苹果",在阿莱悖论中,我们不怎么清楚,选项 B 中 0.01 的概率是否应该被预期心理状态的消极效用语境化,而这又来自一种没有实现的结果。

这里,我的观点不是要解决阿莱悖论的争议;这个悖论争论了几十年,依然是个死结。相反,我的要点是强调,人们意识到在决策问题中,存在微妙的语境因素,它们会让人们的选择变复杂,甚至导致他们的选择不稳定。因为决策理论家争论对这些语境因素回应的合理性,我们不难想象,这样的争论还在决策者的头脑中继续进行(无论是明确意识到了,还是没有意识到)。不管这种内部争论有什么结果,可以肯定的是,这种内在斗争将会导致反应的不稳定。这种变异性,毫无疑问,将会导致一系列违反一贯性约束的选择。而在萨维奇(1954)和冯·诺依曼以及摩根斯坦(1944)的公理化取向下,这种约束界定了效用最大化这个概念。

需要注意的是,假如一个人缺少微妙的心理,他就不会留意到相互冲突的心理状态,也就不会对其进行深入思考。一个不受后悔影响的主体,更可能在处理阿莱问题上,认为 A 对 B 和 C 对 D 在结构上是相同的。这样一个心理贫乏的主体,将更有可能坚持独立性公理,而且被认为具有工具理性。

考虑无关选项独立性、传递性、以及独立性等原则,我试图强调这些公理之间的一个共同特征:它们都要求决策者把选项从语境环境中抽象出来,就像其他理性选择原则要求的那样(见第 4 章中讨论的描述不变性和程序不变性,以及这里没有讨论的其他原则,比如组合彩券降级公理)。正是这个事实跟其他假设结合起来,解释了为什么低等动物能比人更好地实现工具理性的约束,这实在不是什么悖论,而是一个事实上可以预期的结果。人类,是一个伟大的社会语境化者(这种基本计算偏差在第 4 章中有详细讨论)。我们在语境环境下应对微妙的环境线索,对于社会变化和细微差别很敏感。所有这些都意味着,人类把语境化特征编码纳入选项中，可能缺乏稳定性，既有好的理由（这个社会性世界并不稳定），也有坏的理由（这些线索太多，太容易变化，以至于不能每次都进行一致编码）。

从一个场合的另一个场合，人们拥有了对语境线索差异化编码的更多能力，他们也创造了更多违背任何决策公理的机会，而所有这些公理都要求在不同选择中对选项进行一致性编码。当这种语境线索被越来越多地编码时，人类在不同决策中想要保持一致性就越来越难了。人们想要纳入决策中的信息复杂性，恰恰就是使得他们难以遵守选择公理一致性要求的东西。跟语境线索有关的情境类似于露丝的挣扎，这在前面描述过。露丝层级目标结构的复杂性使得她的一阶偏好不稳定，要是她从来没有反思它们的话，它们反而更稳定。或者换句话说，因为她关心自己的广义理性（而不仅仅是把她的欲望作为一个既定前提接受下来），她参与了对自己一阶欲望的批判。因为试图在所有纵向水平上寻求理性整合，因此露丝参与了二阶强评估或高阶批判，而这事实上就意味着要牺牲一定程度的工具理性。由于一阶偏好不稳定而引发的任何工具性损失，因此都是由于她尝试参与批判低阶欲望的广义认知程序导致的，这种批判通过形成高阶偏好而来实现。而拉尔夫叔叔的工具理性，则不受任何这种去稳定化程序的影响。

逃离被约束的理性

在这里和前面的部分，我找出了三个原因，说明为什么人类的选择会表现出较少的一贯性和稳定性，而这两个特点界定了什么是工具理性，正如它在被操作化为效用理论公理中看到的那样。我打算分别把它们称为语境复杂性，强评估斗争，以及符号复杂性。第一个语境复杂性是上一部分的主题。因为把更多语境化特征编码纳入他们的选项，跟认知不那么复杂的动物相比，人类冒着表现出更多行为不一致的风险（这导致了对理性公理的违背），而这些动物的自发式系统以更刻板的方式对环境刺激做反应。

　　强评估斗争可通过露丝形成许多二阶偏好来阐述。因为她持有很多价值观（过度消费不好；所有的行为都影响环境；在一个相互关联的世界上，第一世界的所有选择都影响第三世界的贫穷；等等），这就要求她对未经反思的人类反应持有批判立场。基于纯粹的统计基础，这么多二阶偏好制造了一阶偏好跟二阶偏好之间发生矛盾的机会。这些冲突引发一阶偏好的不稳定，进而导致人们对选择一致性的违背。最后，以跟语境复杂性同样的方式，符号复杂性引发了维持工具理性的问题。在某种程度上，选项在部分程度上以符号效用的方式获得评估，社会背景将对这些反应有重大影响（比如 Nozick 1993，强调了符号效用社会创造的本质）。假定决定符号效用的社会线索是复杂的，变化的，正如在语境复杂性假设看到的那样（的确，这两者可以被认为是同一类别的不同部分），这种变化将带来不一致，打乱界定工具理性的一贯性关系。

　　所有这些机制——语境复杂性、强评估斗争以及符号复杂性——导致人类行为偏离了工具理性的规定。许多学者谈到，在约束较大的环境下（在市场竞争的公司里，或在自给自足社会里的人，在充满天敌的环境下生存的动物），实体的行为将跟理性选择模型达到最好的匹配（比如 Clark 1997，180–84；Denzau and North 1994；Satz and Ferejohn 1994）。对这些实体而言的严酷的简单环境，仅仅允许它们在乎最狭义的工具理性——以自我为中心，满足自身基本需要的做法，否则它们就会灭亡。此外，这些环境都受到进化或准进化（比如市场）选择过程的影响。只有那些符合工具理性狭义标准的实体环绕着我们，供我们研究。除了小额的捐款之外，公司显然不在乎符号价值（任何看重符号行为的公司超过底线就会迅速在市场上被消灭）。他们也不参与欲望之间的斗争，在利润和更高阶偏好之间徘徊。公司，就像活在严酷环境下的动物一样，实现着被我们称之为约束性的工具理性。倾向于歌颂人类理性、过于乐观的经济学家也倾向于分析没有选择的情境。或者，更具体地说，他们分析的情境设定会无情地剥削没有做出工具性最优选项的人。

现在，大多数人都不在这种限制性选择的苛刻环境中生存（除了许多有意设置约束的工作环境，比如市场）。他们能自由追求符号效用。因此，他们创造出复杂的语境依赖性偏好，这些偏好很容易就违背界定工具理性的一贯性约束。不过，这些违背并不使人类在工具理性方面弱于鸽子。追求不同复杂性目标的实体之间的理性程度缺乏可比性。一个人不能简单地计算出违背的次数，然后粗暴地宣布，违背次数少的实体具有更高的理性。工具理性的实现程度，必须根据所追求目标的复杂性而进行语境化。

除了追求符号效用之外，人们还通过其他方式参与评估自身欲望的危险项目：比如，通过形成高阶偏好，或检查他们是否在理性上符合自己的一阶偏好。我说这个项目危险，是因为它有可能导致潜在的理性整合的匮乏（一阶偏好和高阶偏好之间的冲突），因此把工具理性置于岌岌可危之中。只要这个认知批判和理性整合的项目继续运行，一阶欲望满足的最优水平将被打破。这种工具理性要承担的成本，就是人类为了成为一个物种，一个唯一能在乎他们在乎什么的物种所交的学费（Frankfurt 1982）。通过指向自我提升和自我决定的内在认知，打破欲望的稳定性，瓦解它们的一贯性，我们是这样做的唯一物种。

双重理性评估：人类认知架构的遗产

人们向往的是广义理性，而不仅仅是工具理性。人们想要满足自己的欲望，但他们也在乎有**正当**欲望。如果这些欲望是自发式系统，服务于古老的基因目标而不是当前的生活目标，那么它们就需要被分析式系统覆盖，后者追求的是经过思考、具有环境适应性的长期目标。如果某些欲望是童年或过度练习而获得的规则，并不适合于当前情境，[20]那么，这样的自发式系统反应也需要被分析式加工覆盖，后者服务于经过反思检验的某个模因丛。全面的机器人叛乱，将在一种持续批判这些被追求欲望的语境下，通过对工具理性的追求来实现。

人类向往的是广义理性而不是狭义理性。于是，对他们的理性进行双重评估就很有必要。正如在上一节中描述的那样，考虑到所追求目标的复杂性，以及分析认知批判的动力学，我们必须评估自己的工具理性。换句话说，无论是狭义理性还是广义理性都需要加以评估。检验工具理性的原则已得到明确阐述。我们要用哪些标准评估广义理性则更复杂，也更有争议（见 Nozick 1993，他讨论了 23 种评估偏好的标准）。不过，下面的内容肯定要有：执行的强评估的程度；一个人发现缺乏理性整合令人讨厌，以及愿意采取措施加以修正的程度（Nozick 1993，原理 IV）；个体能否为所有二阶欲望说出一个理由（Nozick 1993，原理 VII）；一个人的欲望是否有下述特点：根据它们行动就会导致非理性信念（Nozick 1993，principle XIV）；一个人是否避免形成不可能实现的欲望，以及其他标准（见 Nozick 1993）。[21]

你的生活目标就是在你大脑中具体的目标结构，包括携带遗传上强约束目标的自发式系统，决定目标结构的通过反思而获得的模因，以及做同样事情的未经反思而获得的模因。因此，为了实现双重理性，我强调：①通过分析式系统选择性覆盖自发式系统很重要；②通过反思获得信念很重要；③通过反思获得欲望很重要。我们要感谢自己的认知架构中某个特征，它使得后两者成为可能。在持有、思考和评估跟一阶欲望相冲突的二阶欲望时，我们是在认知上面对这一种假设的心理状态，对我们而言，它事实上不是一种真实存在。我们能表征一种并不映射到实际的、因果活跃的、我们自身的心理状态。我们能标记一种并非现实的心理状态。许多认知理论家（见注释 11）强调，能够区分一个信念或欲望跟它与这个世界的耦合（把它标记为一种假设状态）极为重要（对人类心理而言也极为特殊）。这就是分析式系统的表征能力（强大的语言工具使其大大增强）能做到的事。这些表征能力允许你对自己说，

"如果我拥有一套不同的欲望,有可能这套系统比我现在拥有的要好",这看起来是人类独有的能力。

这些元表征能力,使得高阶评估能力成为可能,我们也因此能判断自己是否在追求正确目标。它们使得在我们的生活和行动中加入符号效用成为可能。它们也提供了信念疏离,而这对模因评估很有必要。这些元表征能力,使得对我们持有的模因和我们一阶欲望的批判成为可能,也使得评估基因或模因是否正在牺牲作为载体的人类有了可能。

亚个人实体令人毛骨悚然

进化生物学作为一门学科,它所面临的困难……是不同于使得其他学科(比如物理)显得困难的东西。这些社会和进化问题上面临的困难,不是逻辑或数学的严格链条,也不是几何学的复杂性……问题是,思考社会性上不可思考的东西。

——W. D. 汉密尔顿

《基因土地的狭路》

(*Narrow Roads of Gene Land*,1996,14)

想到两种实体(基因和模因),最优化它们自身而不是他们的寄主(我们),这个发现严重打击人类的士气,带给他们无尽的烦恼。尽管隐含在 20 世纪新达尔文主义综合中有一段时间,所谓的生命的基因眼观点(Barash 2001;Dawkins 1976;Dennett 1995)也只是在过去 20 年里才被明确表达,而在过去 10 年里才成为社会话语的一部分。这可能就是背后的原因。

不过,这些令人不安的事实,并不是我们扭头不看它们就会自行走开的鬼魂。它们是我们表征能力和科学的文化成就的伴随物,使得人类能以一定的清晰度进行自我反省,而在其他构造更简单的生物体那里,这是不可想象的事。人类自我反省的清晰度,尽管带来诸多好处,也会带来全新的、人类必须面对的可怕概念，即令人毛骨悚然的概念：自私的基因，和同样自私的模因。思考这些概念就叫人害怕。这些亚个人的实体构造和组成了我们的身体和心智，它们这么做并不一定是为了我们。或者，换句话说，它们不是**为了**人实现最优化，而是**通过**人实现最优化。这里，就是它们怎样让人害怕的描述：

可怕事实 #1：大脑中没有一个能意识到一切在进行、也能控制一切的"我"的存在。

对无意识心理的讨论其实早于弗洛伊德。现代认知科学做的就是填充了很多细节，揭示了我们没有意识到的大脑过程是什么。这些研究所揭示的就是：在大脑中，没有任何一个单独的部位可以被确定是"我"——灵魂的座椅。我们所体验到的"我"，仅仅是监控式注意系统的内部感受，而它事实上分布在整个大脑中，而且尝试着优化使用和安排自发式系统的输出，而这些操作通常并不产生意识体验（比如 Norman and Shallice 1986；Shallice 1988）。这跟下面的事实相互作用：

可怕事实 #2：构建我们大脑的实体，并不**专门**想要实现对我们有好处的目标。

特别令人不安的是，想一想这两个可怕事实如何相互勾结。反射式运作的自发式系统意味着，大脑中有一个自动化部分试图实现复制子的远古目标，而不是载体正在执行的目标，可它就是生活在一个复杂的现代世界、作为人类的我们拥有的目标。因为有可怕事实 #1，可以说自发式系统的输出"汩汩冒出"，从下面给分析式系统提供可安排的选项。但是怪异之处在于，来自"汩汩冒出"的输出，事实上主要来自用以实现复制子成功的子系统，它们不是为了载体。[22]

在第 1 章中，我讨论了一个令人不安的逻辑：围绕着我们、当前构成身体的复制子，都是在进化史上当跟载体利益冲突时，为了复制子利益而牺牲载体的复制子。任何不自私的复制子，当两者冲突时选择载体而不是复制，从来就没有机会在我们周围讲故事。强约束的自发式系统目标永远含有这种危险，即载体和复制子的目标可能发生冲突。这为什么吓人？因为自发式系统以一种盲目的方式处理它的业务。我在第2章中讨论了盲目的生物体如何做复杂的事情（想一想那一章中的掘地蜂），这也很可怕，因为它们引诱我们把所有有价值的特征都赋予它们（聪明、意识和思考，等等），但当我们把它们打开时，我们一无所获，只看到自动机盲目的机械逻辑——它们是真正的机器人，做它们所做的事，但从来没有意识到它们在做什么。同样，自发式系统盲目的复杂性令人不安，特别是它就位于我们的大脑中！（回想一下克拉克[1997]使用过的说法"约翰大脑中的火星人"，我在第2章中讨论过）。想到你身体里有东西让人不寒而栗。它们不是那种一时的病毒只是让人感冒，而是深深地嵌入你的大脑中，控制你的身体，而且①你还意识不到它们；②它们可能并不以你的利益为重；③你所认为代表你的"我"并不是你的整个大脑，而它也不控制你的整个大脑；④因为你大脑的目的不是为"我"服务（你的大脑被构造出来是为了服务于亚个人的复制子）。

正如我们看到的，面对这些令人不安的结论，唯一的逃生出口——载体反对基因把它当成一架生存机器，发动叛乱的唯一方式——就是依靠分析式系统设置服务于载体长期利益的目标，使用这些目标监控自发式系统的自动化输出，通过执行监控式注意控制而覆盖或重新调整它们。更简单地说，分析式系统必须秣马厉兵，增强能力以便在必要时覆盖自发式系统。不过，这样就会使我们面临：

可怕事实 #3：还存在另一种亚个人的复制子，它们组成了用以监控自发式系统的分析式系统的软件。而且，这种亚个人的复制子就像基因一样，可能具有跟载体福祉相冲突的利益。

在本章的前面和上一章，我讨论了认知评估的纽拉特式项目，为了防止可怕事实 #3 令人毛骨悚然的后果发生，我们必须推进这一项目。然而在这一节中，我想提醒大家，那些引发我们痛苦的可怕事实具有一个共性：我们从任何没有人类意识处于行动中心的行动中退缩。[23] 我们发现，有些做法没有把人类（或更准确地说，是人类意识）置于中心舞台（也许是因为，我们的朴素心理学还没有习惯于一种没有小矮人的心智观），要承认它们的根本重要性很难。

自发式系统在没有意识控制的情况下运作；基因自行其是；模因汲汲于复制，而不管对我们是否有帮助。这些都干扰了我们"人类优先"宇宙观的正当性感受。我们担心这是正确的。如果人类的福祉被认为是最高的价值之一，那么，我们担心那些在单独个人水平上不起最优化作用的亚个人实体，就是对的。

现代文化可被视作在尝试阻挠亚个人实体的不良影响，因为人们发现，它们跟人类利益是对立的。基因工程的特色就是终极的（第1章中提及的）机器人叛乱，在这个星球上，这是亘古以来的第一次：载体为了自身目的使用复制子，而不是相反的情形。同样，文化制度有时候也在不断演化，防范那些可能会伤害它们寄主的自私的模因。某些国家的政府宣布传销（一种非常糟糕的寄生虫模因）非法，就是为了保护他们的公民不被这种模因感染，导致经济损失，从而损害他们的个人福祉。本书就代表了一种文化产品，试图引发公众注意，要他们留心，亚个人的实体能损害他们的福祉。

跟美元连在一起的欲望：另一种幽灵般的亚个人最优化

然而，文化演化总是抛出新的挑战，而我们正在接近其中一个。我们可能正在到达这样一种社会、经济和技术发展的阶段：如果我们想要保留自己来之不易的能力，看重载体而不是亚个人实体的目的，那么我们就需要有一种元理性。

所谓的囚徒困境和公地困境，已得到了决策理论家和认知心理学家的广泛研究。（Colman 1995；Hargreaves Heap and Varoufakis 1995；Komorita and Parks 1994）不必细说，这些多主体互动情境的本质特征如下。第一，对于一个单独主体而言，想要最大化个人效用的话，根据决策论的原则（通常是主导原则），有一种反应是理性反应（在狭义理性的角度上，可称之为 NR）。不过，这个博弈是交互的，即一个人的收益依赖于另一个人的反应，而且如果每个玩家都采取 NR 反应的话，每个人的收益都很低。另外一种反应（C，代表合作）在技术层面上具有主导性，即无论另一个人做什么，你如果选 C 的话，结果总是较差。但是，如果每个人都选 C 的话，大家得到的收益就要高于他们都选 NR 的结果。

这里有一个扔垃圾的逻辑：驱车穿过一个遥远的城市，从车窗里扔出一满纸杯饮料。这东西不便携带，对我来说是个麻烦。这么做，我赚了。因为我再也不会看到这纸杯了，它对我也没什么不利影响，毕竟我没有在自己的城市扔垃圾。在非常狭隘的意义上，这样扔垃圾对我来说的确很理性——这是一个 NR 反应。问题在于，这种狭义的理性，对于任何司机来说也一样。然而，每个人都做出 NR 反应的结果，就是我们将身处一个自己看着都讨厌的肮脏之处。要是我们都牺牲一点小小的便利，不随手扔杯子（做出 C 反应），我们就能享受没有垃圾的景点带来的巨大好处。在集体层面上，C 反应更好，但是请留意，NR 反应占有普遍的主导性。如果你们都合作，都不扔杯子，那我就扔我的，我得到了没有垃圾的景点提供的好处，我也得到了扔垃圾的便利（跟我也做出 C 反应相比，这个选择更好）。如果你们其余人都扔杯子，那我最好也扔杯子（NR），因为要是我不扔，景点依然垃圾遍地，臭气熏天，可我同时也没有得到扔杯子的便利。问题在于，每个人都看到了同样的支配性逻辑，因此，每个人都会扔杯子。跟我们都做出 C 反应相比，大家只会更不开心。[24]

囚徒困境和公地困境表明，理性必须监督自身。我们必须时不时地问自己一个问题：当每个人都（狭义）理性时，结果是不是合理？或许世界历史已进入了这样一个阶段，理性自身正在以某种方式改变环境，从而引发了一系列非常特殊的类似于囚徒困境的问题，这就需要元理性出马了——使用理性判断来控制理性自身。如果我们不上升到这个层面，我们将被其他类型的亚个人最优化挫败，而它们在某种程度上就是理性的产物。

无数的社会评论家描述了这样一种悖论式的糟糕状态。这一状态已降临在西方社会富裕的、成功的大多数人身上。[25] 我们貌似有过多的商品，自己没有任何想要放弃它们的迹象，但是，我们也发觉自己的环境正在恶化，而我们不知道该怎么办。在过去十年里，许多北美城市的通勤时间都翻了一倍；童年已被转变成了一段长长的消费狂潮；小社区消亡了，因为年轻人看到想要拥有一个好工作，一个人必须生活在更大的卫星城里；音乐和电影变得越来越粗制滥造，而孩子们越来越早地接触这些东西；食物中毒和水中毒事件，在频次和范围上都不断增加；当我们想要参观有自然美景的地点时，我们必须在拥堵的汽车队列里等待；辛勤工作的年轻人在经济上被边缘化了，因为他们缺乏必要的学历；哮喘和自体免疫疾病不断增加；青少年肥胖程度处于历史最高水平；我们的农村和小城镇被不断增加的"大盒子"商店还有丑陋的建筑给搞得面目全非；30年前当我们没有多少钱时，图书馆全天开放，可现在他们缩短了开放时间；夏季，在大多数北美城市，烟雾警报逐年增加。与此同时，我们享有为数众多的丰富的商品和服务，范围之大，前所未有。

有些人雄辩地写道，囚徒困境的逻辑引发了这么多问题，它也是这种悖论的原因（比如 Frank 1999；Frank and Cook 1995）。其他人则讨论了民主进程中财富集中的影响，认为这扭曲了社会优先事项，加剧了这些问题的产生（比如 Greider 1992；Lasn 1999；Lindblom 2001）。这些分析（不相互排斥）毫无疑问在某种程度上是对的，不过我在这里可不想旧调重弹。相反，我想做一个类比以揭示这一过程令人气馁的逻辑——类比于进化——这些现象不是在个体水平而是在个体间实现最优化。令人吃惊的是，市场社会把这一逻辑置于个人欲望中，或许在某种程度上导致了我们目前的糟糕状态。

在本书中，我在讨论理性的某些方面时使用了最大化效用和最优化这样的说法，它们也常被用来描述经济市场的正常运作。市场被认为有效，能实现最优化，能满足需要，能带来最大限度的偏好满足，或最终，以更通俗的说法是，"给人们他们想要的东西。"[26] 比如，麻省理工现代经济学词典在界定最优水平时告诉我们，"经济学很多时候关心的是群体或个体如何实现最优化的安排……通常来说，它假定个人欲望的满足是经济系统的目标"（Pearce 1992，315-316）。这看起来令人很开心，不过当我们继续读下去，就会在这段定义中发现下面的内容："为了实现最优化状态，我们通常受到商品和资源基本稀缺性的约束，个人受到他们收入的约束"（316）。

满足人们欲望的"最优化安排"受到"个人收入的约束"，这种说法意味着什么呢？耶鲁大学经济学家查尔斯·林德布洛姆（2001）稍微给我们解释了一下。他承认，声称市场系统有效因为它能回应大众的偏好，这说法用他自己的话来说是夸大其词。相反，他指出"充其量，市场只反映能通过技能和资产的自动报价表现的偏好。改变技能和资产的分配，市场需要回应的偏好就会随之发生改变"（168）。这暗示了当麻省理工词典谈到收入约束的时候，它到底在说什么。市场实现的最优配置，是受到资产支撑的欲望的满足。

面对这种情况，来自密歇根大学的一个哲学家伊丽莎白·安德森，坦率说出了所有的经济学术语含糊其辞的地方："市场是一个欲望相关机构。它对'有效需求'做反应——这种欲望得到了支付能力的支撑"（1993，146）。这就是麻省理工词典中上流社会的术语"受收入约束"所要说的，也是林德布洛姆的术语"资产自动报价表现的偏好"想要说的。我建议，我们把话说得更直白一点。我要对自己的非美国读者道歉㊀，不过下面的说法会把事情谈得更清楚：**市场优化的是跟美元相连的欲望**

㊀ 即作者用美元指代金钱。——译者注

的满足。这种思考市场的方式,跟哲学和心理学中认知的信念欲望分析走得更近了,而且也使我们根据这些学科的视角更容易评估:到底发生了什么事情,为什么它会跟前面提到的现代性的糟糕状况联系起来?

个人欲望就是一个亚个人的实体,而市场需要优化的是整个人。麻省理工词典谈到的最优化,不是**人们**满足欲望的最优化。可这么想代表了市场拥护者积极倡导的一种误读。门外汉自然会把在大众媒体上看到的"市场给每个人他们想要的东西",理解成市场会导致让大多数人满足的结果。但我们刚刚看到,这可不是经济效率的内容。"人们的欲望"这一术语,按照自由市场的说法,代表**很多人欲望的总和**。因为只有跟美元相连的欲望才能在市场中得到满足,我们看到,市场事实上最优化的是亚个人的数量——即人们跟美元关联的欲望的总和(当然,这些人在跟他们欲望关联的美元方面差异巨大)。

亚个人最优化的不正当后果通常未被认识到,因为当尝试实现分配最优化时,我们习惯于以满足人们分配的方式思考。比如,公平的考虑,要求我们关注个人,把它作为分析的单位。当万圣节的捣蛋鬼们来到我门前,我会要求他们都选两种糖果。当训练儿童足球队时,教练尝试给每个队员平等的指导时间。教练和我都认为,要是每个队员得到大致相同的指导时间,要是每个捣蛋鬼都得到两种糖果,事情会有相当美好的结果。就跟在市场中一样,这两种情况下都存在约束:糖果的数量以及时间。对于门外汉来说,这些情况下的最优化分配,就是每个人都得到平等的机会满足自己的欲望(无论是糖果,还是指导)。

在想到分配问题时,大多数人的自然倾向,就是把整个人作为相关单位,以便决定结果的效率。市场效率的概念,以一种极端的方式,颠覆了这种默认假设。[27] 功利主义道德理论遭遇了常见的困难,因为它类比于一种根据总人数来评估结果的规定。[28] 最大多数人的最大幸福的学说,无论在处理想象还是实际情况时都有问题,因为这时人的独立性似乎无关紧要。诺齐克(1974,41)有一个涉及所谓的"效用怪兽"的思想实验，我拿这个做例子加以阐述。这个效用怪兽有这样一种特点：看到他人痛苦，它能获得巨大效用。当五个人受苦丧失了效用，这个效用怪兽则收获颇丰，它得到的效用比五个人的损失加在一起还要大。仅仅把不同人的效用加总起来的一种功利主义的计算，将会要求那五个人牺牲以成全效用怪兽，因为这样就能得到最多的总效用。

喂养这个效用怪兽，看起来很奇怪；把所有人的满足汇总起来而没有意识到人的独立性，也同样奇怪。而这，其实就是市场均衡要实现的结果。它们在关联到美元的不同欲望之间优化有利的交易，但没有意识到存在下面的事实：同一个人两个欲望跟两个独立的人各有一个欲望是不同的。在市场经济中，某些人最后拥有了像诺齐克案例中效用怪兽一样的地位，他们拥有跟自己欲望相连的巨额财富，也因此能在一个市场系统中使得世界按照他们的意志运转。

作家华莱士·肖恩，在他的剧本《发烧》（*The Fever*）中，通篇使用第一人称叙事，生动地捕捉到了这一逻辑。他首先描述，在历史上的某一天，这个世界拥有固定的做事能力——一个固定数量的欲望满足将会发生：

> 在每个特定的时刻，我能看到这个世界拥有某种极特殊的能力，制造出人们需要的东西：有一定数量的土地将被开垦，有一定数量的工人，有一定数量的机器库存……而每一天的能力看起来有点儿渺小。它是固定的，确定的。它的每一个部分也是固定的。而且，我可以看到一整天发生了什么，在每一件事情上，都有确定数量的人在工作，有确定份额的地球资源被开发和使用，有确定的小堆货物被制造出来。如此之小：在无限可能的网格中，这种有限的能力被分配给每一天。（Shawn 1991, 63-65）

当然，地球的固定容量意味着，通过每天做不同的事情以满足人们欲望的固定能力。在他的独白中，肖恩问，这是怎么确定的（"在所有可能发生的事情中，有哪些事情事实上发生了"）？要知道，事物存在无限的不同组合，因此，在任意确定的一天都有无限的欲望设置。答案是：

> 金钱的持有者决定做什么，每个人都根据他们拥有的钱数出价买他们想要的东西，而每份金钱能决定一天里活动的一部分。因此，谁的钱少，谁决定的就少，谁的钱多，谁决定的就多，而谁没有钱，谁就什么都不决定。接着，这个世界就遵从金钱的指令，除非达到金钱的上限，然后它就停止运作。它已尽其所能。这一天结束了。某些事情发生了。要是钱被用来买首饰，金子就被弯成环形。如果有人出钱听歌剧，戏装就会被缝好，吊灯就会用看不见的线吊起来。
>
> 还会有令人吃惊的时刻：每一天，在这一天开始前，在市场开放前，在招标进行前，总是有混乱。钱是沉默的，它不说话。跟它有关的决定被拒绝、悬置、栖息、准备。每个人都知道，这个世界将不会做今天的一切：如果要为饥饿的孩子买食物，那么，某些歌剧就不应该表演；要是某些表演已在进行，那么食物就不会生产，孩子们就会死掉。（65）

伴随着令人信服的金钱发言和金钱缄默的场景，肖恩为我们完成了图像和背景的关键性逆转——我们倾向于把单个的人类演员作为中央舞台的倾向，被进行了重要的后台处理。不过，如果我们想要理解这一比例在市场上如何实际运作，这种倾向于就必须被抑制。在这个世界上，人们采取的按比例决定，标准不是人而是钱。这个世界仅仅对跟美元连在一起的欲望做回应，因此说市场"使**人们**得到他们想要的"，这是错的。相反，用我在前面谈论基因和模因的语境下使用的拟人化语言来说，跟美元连在一起的欲望得到它们想要的。正如在第 1 章中讨论过的，我以这种方式强调，这类似于发生于不同个体之间的基因最优化，丝毫不在乎从一个人到另一个人的效果平等。同样，被满足的跟美元连在一起的欲望是一个人的，还是很多人的，市场不在乎。每个**人**的欲望满足了多少，跟市场最优化无关。

人们很早就觉察到了这一点，但不知道如何表达（除了使用一些陈腐老套的说法，而这些早就被市场支持者给成功抹黑和边缘化了）。他们关心跟我们财富有关的事，比如现在出现了无数亿万富翁（《福布斯》2002年3月18日列出了多达497名亿万富翁；Kroll and Goldman 2002），这令人反感。我想说的是，人们觉察到但无法表达的是这样一个事实：亿万富翁类似于一只效用怪兽。正如肖恩描述的那样，跟这个世界的普通人相比（甚至跟美国的普通人相比！），亿万富翁的欲望以一种不成比例的方式影响世界，这是在嘲弄我们认为每个人价值平等的信念。

每天，一个亿万富翁想做什么就能做什么——今天，明天，在他生命中的任何一天里。根据亿万美元的资本净值，做出相应调整。跟任何一篇经济学论文相比，肖恩的作品更好地引发了这种判断，不管亿万富翁事实上是否买东西（在某种意义上，相当于这个人在街上看人买卖）。比如，整个明天，有个亿万富翁拥有价值10亿美元的美国国库债券。这个亿万富翁想要实现的欲望包括：我想要保持自己的资产（而且得到公平回报，尽管我们假定，根据他的状况，回报跟保值相比显得不那么重要）。如果明天，这个亿万富翁把他的10亿政府债券转给孟加拉国，就能对世界立刻产生巨大影响。这样做，他甚至能得到更高的回报。然而，他这样做也会招致更大风险。根据他没有这样做的事实来判断，我们推测，他更想保持自己的资产而不是获得额外回报。这个欲望，实际上看起来就是"我真想保住我的资产"。要实现这一点，持有美国政府国债要比持有孟加拉国政府债券要更好。

需要注意的是，购买孟加拉国国债（就像一个效用怪兽所做的那样）会导致影响许多人的涟漪效应。孟加拉国10亿美元国债的额外需求，将不可避免地降低该国需要在世界市场上提供的利率，减少债务负担，造福一国数以百万计的人。不过，没人买这个债券，没有额外需求，孟加拉国也没发生任何变化。因此，一个怪兽，以肖恩描述的方式，每天在全世界市场上做能影响世界的事。这种异化甚至连市场经济中的富人也能觉察到。因此，在某种程度上，它由一种亚个人的最优化导致（就像基因和模因），令人反感，因为它忽视了人类的边界，而这对大多数人都很重要。孟加拉国案例的情况揭示了极端倾斜分布的、跟美元相连的欲望的逻辑，而这种逻辑的运作不管持有美元者的道德和个人倾向如何，他们可能会也可能不会采取措施缓解这些影响。我在这里阐述的重点，不是个人道德，而是情境的内在逻辑。

最优化跟美元相连的欲望目标，事实上做了两件令人沮丧的事。我已集中探讨了第一件事：它最优化的是实体而不是个人。不过，第二种令人沮丧的特征也很重要，而且跟第一种存在相互影响，即市场不能识别实际的市场选择行为没有表达的价值。豪斯曼和麦克弗森（1994）指出，对于我在这一章前面概述的认知变革项目——尝试通过寻求一阶偏好跟高阶偏好之间的一致，以实现理性整合——大多数经济学理论避之唯恐不及，它们对此没有兴趣。

经济学理论把偏好视作既定之物，不让它们接受理论的质询（Hirschman 1986）。对于市场和经济学理论来说，它们不关心这些偏好如何产生，以及价值是否存在于它们背后。正如豪斯曼和麦克弗森（1994）所言，"市场不是一个政治论坛，个人的**理由**在那里不重要"（264）。

人们发现，这是主导现代生活的市场令人格外沮丧的一面。如前所述，人们把效用赋予符号，他们拥有伦理的二阶偏好，他们出于表达理性而行动，而且他们基于意义做判断。然而，这些对于市场而言都不是什么事儿，除非它们能被一个实际的消费选择给兑现了。但是，我们看重很多自己不会买的东西——公共物品，比如清新的空气和公园。此外，也包括经常被遗忘的许多非公共物品，这些我们看重但却永远不会购买，因此它们也没法在市场上体现自身价值。我看重这样的观点：廉租房应该提供给收入微薄的人们。不过，作为一个富人，我自己将永远不会购买廉租房，因此也永远不会督促市场，帮着创造一种对廉租房的需求。市场不给我提供任何机制，让我表达这种价值观。这种价值观没有影响力，因为它没跟金钱连在一起，没法刺激市场让它发生变化。

当然，这是政府和民主要管的事情。在它们那儿，在一人一票的基础上，我们通过参与这种政治过程表达自己的价值观。（为了简便起见，我很宽容地绕过明显的500磅重的大猩猩，市场力量也试图扭曲基于个人的政治过程；见Greider 1992；Johnson and Broder 1996；Lindblom 2001。）民主是一种人们表达他们价值观的方式，这种方式更明确地意识到人的重要性，至少尝试平等衡量他们的观点。然而在过去的30年里，几乎每一个社会和经济趋势方面的评论者都同意，政府的力量减弱了，而市场的力量增强了。

因此，随着我们在物质上不断进步，我们表达跟我们的消费偏好无直接关联的价值的能力减弱了，而这部分解释了我们在21世纪早期的生活中体会到的不适和异化。即使不少人缺乏经济学词汇表达他们感觉到的变化，在我们时代翻腾的所谓"涡轮资本主义"中（Luttwak 1999），随着生活和购买步伐的逐渐加快，某些东西正在被最优化。但不管它是什么，它看起来不是个人的处境，也不是他们在乎的东西。貌似某些东西**的确**正以越来越有效的方式运作着——不过，看起来被最优化的并不是正确的东西。

如前所述，经济学极力抵制这样的观点：一阶欲望需要批判。因为，正如我在本章中主张的那样，参与这种批判是一种人们寻找生命意义、利用他们独特认知能力的方式。怪不得人们发现，一个被市场主宰的世界，充满异化，令人沮丧。经济分析（比如，正式的和高度量化的最优化分析）的前提就是，人类是玩偶。这种分析完全被下面的观念给破坏了：人类是强评估者的观念，他们能偏爱自己没有的东西，他们看重自己不消费的东西，或者，某些欲望，当充分考虑之后，是不合理的。

赫希曼（1986，145-147）讨论了经济学家如何抵制二阶偏好的概念，以及他们如何觉得下面的观念特别让人反感（因为它扰乱了他们优雅的模型）：通过协调一阶偏好和高阶偏好而实现理性整合的系统尝试，有可能会引发一阶偏好的改变。事实上，赫希曼（1986）认为，经济学家其实更喜欢这样的假设：一阶偏好的改变是"高深莫测的，通常反复无常"（146）。这是因为，如果一阶偏好改变就像玩偶在追求一阶欲望的满足那样，那么，自私自利和最大化的经济学假设，以及它们所支撑的最优化分析就会安然无恙（这种逻辑类似于，我们假定约翰尼得到了 A 而不是 C，得到了 B 而不是 D，天哪！认为约翰尼将一直位列光荣榜岂不是很棒）。

然而，人们的感觉跟经济学家不一样。他们认识到，市场不会对没有转化为跟美元相连的欲望做反应，因此，这导致了道德消费主义在 20 世纪 90 年代以来日益高涨。诸如道德共同基金和公平贸易咖啡的产品获得青睐，而道德生产的概念允许人们在市场上反映自己的价值观。道德消费者运动代表了一种明确的尝试，把价值观插入到市场中，而这些价值观的缺失已经导致了由物质主义引发的悖论式感受：事情正在变糟，就像它们正在变好一样确定。如果我们承认，现在支配我们生活的市场的确是一种强大的机制，能满足跟美元相连的一阶欲望，但是它们完全忽视了一系列其他欲望和价值——它们是没有跟市场行为相连的价值，以及没有跟美元相连的一阶欲望，因为个体缺乏金融资产——那么，这个悖论将被解决。

市场有一个方面，跟前面讨论过的强评估存在强烈的相互影响，即它会影响理性整合的走向。前面已经强调，在一种纽拉特式理性整合过程的观点中，所有的表征水平都要经受批判。高水平的偏好表征不应该享有任何特权，这跟哲学文献中的早期观点背道而驰。然而，跟纽拉特式约束直接对立的是，市场把过多的特权给予了一阶欲望。二阶欲望没有在市场行为中得以表现，因此市场对其视而不见。如前所述，经济学家把欲望当作口味，认为它们是既定的，不可分析。他们倾向于把欲望的改变视作反复无常和不可预料的口味的改变，而不是一个理性考虑和高阶判断整合的过程。把市场上的人们视作纯粹的玩偶有助于对人类行为进行正式定量建模，因此，经济学家自身很容易只关心一阶欲望。

假设偏好改变反复无常，这种观点在多大程度上正确，当然很值得商榷。不过，这里还有更重要的一点：市场的做法使得这个假设成真。也就是说，市场的做法是在鼓励玩偶行为。在她对价值表达和经济学的分析中，安德森（1993）指出，经济学"假定人们仅仅通过满足他们未经检查的偏好，就能充分表达他们对商品的价值判断……市场只对既定欲望做反应，而不是评估人们想要拥有这些商品的理由"。（194）

有很多方式能都说明，市场如何只关注人类行为中玩偶的一面。其中一种方式是回想吉姆，那个不情愿的喜欢便宜货的人，我在本章前面说过他的例子。吉姆有一个一阶偏好：他喜欢便宜货。不过，吉姆在这一点上类似于不情愿的瘾君子，因为他同时还有一个特别的二阶偏好：他宁愿自己不那么喜欢便宜货。不过，我们再假设有另一个人，他的名字叫唐，这个家伙也喜欢买便宜货。不过不像吉姆，唐是一个玩偶。他从来没有思考过自己的偏好。现在，两种行为都在一阶偏好这边。吉姆是未来改变的候选人，因为他缺少自己欲望的理性整合，在某个稍后的时间点上，他有可能会推翻自己的一阶偏好。作为一个玩偶，唐的行为很少有机会发生改变。吉姆和唐的心理结构完全不同。

重要的是，我们这里要意识到，市场不会区分谁是吉姆谁是唐。只要吉姆没有成功地推翻他的一阶偏好从而实现理性整合，市场就对他的二阶偏好漠然置之，也对他实现理性整合的心理挣扎漠然置之。事实也许比这还要糟。因为吉姆的一阶偏好跟大多数其他消费者的重合，市场会每日做出调整（通过经济规模，通过广告，通过作为"亏本商品"的大众偏好，以及通过其他经济和销售方式），使得吉姆一阶偏好的满足变得越来越容易，因此把它改造成一个更强大的习惯，也使得它更难被高阶道德判断给推翻。[29]

市场只认可人类行为中玩偶层面的另一种表现，就是跟另一种亚个人的实体阴谋勾结（当然是心照不宣）。自发式系统中会被安装很多强约束的基因目标，这些目标带有普遍性。因此，它们创造了许多跟美元相连的欲望。毫不奇怪，市场对这些基因创造的利益做出了回应。经济规模使得实现这些欲望既廉价又容易。的确，它们近乎普遍性的存在，使得市场难以抵抗它们的启动（为了参与进来，通过它们而获利）。弗吉尼亚大学经济学家史蒂芬·罗兹（1985）指出，企业将不可避免地给烤肉架和达拉斯（一种玫瑰）打广告（他写这些时是在20世纪80年代），而不是宣传历史书籍和莎士比亚。这"不是因为他们内在地反对高雅文化，而是因为想要让人们购买后者，需要做出更多的说服，也就要花更多的钱"（158）。强约束的基因目标创造了许多容易启动的欲望，它们跟美元挂钩，而市场的必然逻辑就是便宜地实现这些目标。接着，实现这些目标的便宜性就成了正反馈环的一部分——在其他条件相同的情况下，人们更喜欢能便宜实现的欲望，因为他们这样就能为实现其他欲望留下更多的钱。

每个人都有强约束的基因目标，然而只有一小部分人是拥有二阶欲望的强评估者。当然，人们也能通过市场表达经过反思的、更高阶的偏好（比如，自由放养鸡蛋，公平贸易咖啡），不过它们在统计上只占很小的份额，很难通过广告而引发，也缺乏经济规模。围绕着考虑不周的、基于自发式系统的欲望的正反馈环，甚至能影响人们的二阶判断——"嗯，既然每个人都在这么做，这一定不怎么糟糕"。我们必须发展诸多符号选项和伦理选项，以反对强约束的自发式系统目标，市场已经习惯于有效地实现它们。这样的符号和伦理偏好相当不普遍，同时也在其拥有者身上不会持续活跃（在大多数时间里，哪怕是强评估者也是玩偶——除非二阶判断经过充分练习已成为自发式系统的一部分）。它们也不广泛存在，因此，市场没有把它们变成便宜的欲望。

使得基于自发式系统的欲望变便宜的正反馈环，跟埃尔斯特

(1983)讨论的所谓适应偏好有关(我们也可以把它称之为便利偏好)。适应偏好说的是那种在个体生活的环境中特别容易实现的偏好。市场自动把广泛的、容易满足的欲望变成了适应偏好。如果你喜欢快餐、电视连续剧、视频游戏、车内消遣、暴力电影以及酒精,市场就会让你很容易以一种合理的价格得到它们,因为这些都是便利偏好。如果你想看原创绘画,看戏,行走在原始树林中,看法国电影,吃没有脂肪的食物,那么,在你充分富裕的情况下,你也能实现这些偏好,不过,它们跟前面提及的偏好相比,实现起来更困难,花的钱也多。因此,偏好在适应性或便利性上有区别,而市场会加剧未经反思的一阶偏好满足的便利性。强约束的自发式系统偏好,不是经过反思而获得的,毫无疑问也很便利,因为它们有普遍性,也只有一小部分人能通过二阶评估推翻它们。于是,这些偏好无处不在,满足起来很便宜。因此,市场使得对一阶欲望的批判变得困难,可如前所述,这是我们人格的一个核心部分。无论是你的基因还是市场,它们都不关心你的符号效用或你的二阶欲望。[30]

元理性的需要

价值观在人类行为中扮演着广泛的角色,否认这一点,不只是相当于背离民主思想的传统,还束缚了理性的手脚,限制了理性的范围。正是理性,使得我们能思考我们的责任和理想,以及我们的利益和优势。否认了这一思想的自由,不啻为严重制约理性的影响范围。

——阿玛蒂亚·森
《作为自由的发展》
(*Development as Freedom*,1999,272)

从上面的讨论可以看出,市场在我们生活中获得了支配地位,它反而开始成为我们广义理性的一个威胁。这是一种深层的反讽,因为西方的市场社会恰恰是工具理性的化身，而工具理性则是界定现代性的一个特征。我在这一章的前面，讨论了受限制的理性——实体最符合理性选择模型的行为，常常存在于高度受限制的环境中，它们此时面临着强大的选择压力。公司比个人表现出更多的工具理性，部分是因为对于前者而言，人们意识到公司跟亚实体（工人）目标冲突的可能性，而在后者这边，个人跟亚实体（自发式系统）目标冲突的观念，直到最近才引起了人类的重视。

在个人层面和公司层面的理性程度不匹配，自然容易导致个人对公司利益的剥削。这种剥削众所周知，而且在很大程度上，也是广告有效的原因所在。市场迅速行动，利用人类的非理性来牟利（比如信用卡债务的利率）。当然，当市场对个人非理性的利用变成了一般环境的一部分，它就具有了一种塑造行为的力量。

诺齐克（1993）指出，这种制度理性将以一种长久改变社会的方式，有区别地奖励行为特质。在讨论了马克斯·韦伯（1968）从礼俗社会（社区和个人关系）向法理社会（正式规则和机构）社会性转变的研究之后，诺齐克强调，制度嵌入的工具理性原则允许理性的模因丛扩展自身的领域。以一种具有明确目标扩展自身范围的机构（比如公司）的形式，一种狭义的工具理性观：

> 正在不断进展，改造世界来适应自身，不仅改变它自身的环境，同时也改变其他特质寻找自我的环境，扩展只有它自己能繁荣昌盛的环境。在这样的环境中，理性的边际产品增加了，而其他的特质消失了；那些曾经具有重要协调作用的特质，现在被放在了一个不重要的位置上。这对理性的热情，以及它的想象和真诚都提出了挑战：它能创造出这样一个系统，让其中带有其他特质的事物能活得舒适，蓬勃发展吗？（Nozick 1993，180）

很有趣也很反讽，这些其他特质中包括反映广义理性关切的特质，它们通过调用价值观、意义和伦理偏好来批判一阶欲望。工具性取向的机构，在它们的形象中塑造世界（包括个人）的能力事实上给我们获得更高理性形式的能力带来了威胁——这种理性能充分使用人类的表征能力，重塑他们自身的价值观和目标。

我可不想在这里被误解。本书的一个主题是，理性（以及它在机构中的体现）提供了一种手段，能创造出个人水平而不是基因水平的最优化状态，而这就是机器人叛乱的开始。然而，另一套人们最近获得的自我洞察（即第二种复制子模因的影响），把问题变得更复杂了。个人认可的目标（它们被用来界定工具理性的载体最优化过程的成功）不应该被视为理所当然，不然，我们就将再次把主动权拱手相让，让给复制子的利益。它们需要接受一个纽拉特式过程的批判。

正是这个后面的认知变革计划，受到了当前制度支配性的威胁，这些机构强迫我们在一种最狭义的程度上考虑工具理性。正如我在这一节的标题下阐述的，我感觉，我们需要一种元理性形式来避免这种结果。理性将不得不批判自身。重要的是，它要尝试计算出：什么时候我们应该允许强大的工具理性最优化计划按照自己的意志行动；以及相反，什么时候它威胁通过阻碍我们的目标评估而限制我们的尝试，于是需要得到相应的调整。

这种理性递归检查的必要，在诺齐克（1993）前面给出的引文中得到了暗示。请留意下面的文字："正在不断进展，改造世界来适应自身"，"不仅改变它自身的环境"，"扩展只有它自己能繁荣昌盛的环境"，"这对理性的热情提出了挑战"，"它能设计一个系统"。如果不使用这些词，诺齐克（1993）就是在把工具理性当作模因丛，拥有自身生命的一套连锁观念的矩阵。随着这套模因丛跟社会和制度模因丛"市场资本主义"协同进化，它已不能期待自身会参与一个自我批判的项目。相反，它所能期待的就是复制自身。中间层已选择了它的复制成功，而不是当它跟寄主重视的其他模因丛遭遇时遏制它。相反，恰恰是寄主，必须参与一个纽拉特式项目，使用理性的一部分去批判理性自身。

不仅仅是寄主（而不是模因丛）必须参与这个认知变革的过程，而且，如果需要限制模因丛（也就是说，如果工具性考虑需要暂时被减少，以便对欲望的理性整合能实现），就不能期待它们会合作。是的，我们为了自身的目的使用这个模因丛；不过，它的**存在**并不是为了我们的目的。如前所述，这种协同进化的模因丛可以预期会保护自己。事实上，一旦它们被安装在寄主的头脑中，它们就会给自身接种，防止遭受反思性检查。比如，安德森（1993）指出，人们对于认为他们在市场社会中作为工具理性最大化者的观点，未经反思就接受了。然而，当不加反思就思考和行动时，他们看起来不能逃脱这种默认设置的影响。安德森推测，"造成这种结果的原因是在我们生活中特别突出的市场，以及促进它们几乎无限扩张的意识形态……市场把重要的评估问题置于它们的决策框架之外：不管通过市场规范控制我们跟某个具体商品有关的行为是否说得通，它都不管"（219）。

当然，正如在第7章中讨论过的，许多成功的模因丛都包括抵制它们自身被评估的策略。这种策略的运作，就是为了保护人们在市场上追求的、协同进化的狭义工具理性模因丛。这个事实被这种模因丛表现出的敌意揭示了：对于任何人类追求的广义理性整合项目（批判一阶欲望），它都有敌意。比如，道德消费行为、公平贸易产品，以及生态友好生产的运动，常常被《华尔街日报》、商业拥护者，贸易代表以及市场支持者严厉指责、痛加挞伐。表面上看，这似乎令人费解。毕竟，生态友好生产依然还是生产，公平贸易还是贸易，道德消费行为还是消费行为。人们怀疑，模因丛防止可能会侵蚀某些建立它自身假设的滑坡，这样的模因丛更容易扩张它的领域。比如，通过破坏所有相关信息都会总结在商品价格中的假设，这些变革将会把市场变得更复杂。它们还挑战下面的假设，即愿望仅仅被当作一种既定口味，在市场中唯一的行动方式就是寻找最有效的方式，以满足个人未经检验的一阶欲望。所有这些变革都会挑战模因丛,使它变得更加复杂,不再能适应所有的语境,因此而损害它的复制能力。也许,这就是对这些抵制的解释。这些抵制貌似比这些市场的保护性变革应该保证的更激烈。

面临许多亚个人威胁时,个人自主的配方

> 社会的道德进步,不依赖于模仿宇宙过程,也不在于逃离它,而在于跟它斗争。
>
> ——T. H. 赫胥黎
> 《进化与伦理学》
> (*Evolution and Ethics*,[1894] 1989,141)

对于个人自主而言必需的、纽拉特式自我反省的完整程序,在我看来,现在已经出现了。对于完整的个人自主而言,工具理性是一个必要条件,而不是一个充分条件。是的,我们想要工具理性,但如前所见,即使是蜜蜂也能做到这一点。如果人类想要实现自主理性——这是一种除了人类,其他所有动物都难以达到的理性高度——那么,我们就需要认知变革的更为广义的程序。比如,除了追求工具理性,对于人类来说,重要的是同时追求提升认识理性的程序。如果我们的理性追求的目的,来自对我们的世界本来面目的错误理解,我们将远远不能满足自己的欲望。我们信念的模因是它们自身的复制者,拥有它们自己的利益,因此必须加以评估。

我们的欲望也是。首先,我们应该很小心,不要把我们的利益等同于存储在自发式系统中的一阶欲望。这些可能是用来实现古老的基因利益的目标,而跟我们当前的长期目标不兼容。不过,同样,我们的分析式系统使用的长期计划也必须加以评估,因为它们中有很多都是模因。

即使有这样的危险,重要的是参与一种强评估的项目,以评估一阶欲望。当我们的一阶偏好跟二阶评估之间不匹配时,我们必须参与一

个纽拉特式理性整合的项目。就像所有的纽拉特式项目一样，它有风险——我们有可能站在一块腐烂的木板上。

所有这一切，距离蜜蜂的理性相当遥远，跟黑猩猩比起来也差不多。这个项目可以被正确地称为元理性（meta-retionality），即理性被用来评估自身，评估机构——理性也嵌入了后者理性演化而来的文化产品中。在实现全面的人类理性整合（逃离休谟式关系）的过程中，创造性和开放性的可能被低估了。这任务看起来相当艰巨。我们能胜任吗？

我们胜任这个任务吗？在我们的精神生活中寻找重要之物

基于前一节的主张，根据人类理性的文化演化的说法，市场社会的狭义工具理性也许是观念演化中的一个局部最大值。有理由认为，人们能胜任一个追求广义理性概念的任务吗？我认为，我们事实上能胜任这个任务。我对我们广义评估能力的乐观主义，理由来自我们调用自身表征能力的驱动强度。

人类想要使用自己的表征能力，参与二阶评估的欲望很强烈。这里有一个悲戚而动人的小插曲，来自作家乔纳森·弗兰岑（2001）；这件事跟他父亲有关。他父亲患了阿尔茨海默病有一段时间了，他们家人把父亲从疗养院接回家里过感恩节，一起吃晚餐。根据那时他父亲老年痴呆症的发展，弗兰岑告诉我们，"除了比上一年更老之外，在我的印象里，父亲没有任何其他的变化"（89）。他描述了那个悲伤的场面：父亲被他妻子带过来蜷缩在椅子里，以沉默和耸肩对这个女人做了回应。弗兰岑的父亲曾感谢过他的其他儿子，因为他们给他打了电话，但也仅此而已。不过在晚饭之后，当弗兰岑把父亲送回疗养院，一件令人惊奇的事情发生在疗养院门前。弗兰岑的妻子跑进疗养室，推了一辆轮椅出来，而弗兰岑和他父亲坐着，看着通向家里的路。这时，他父亲突然说道："最好不要离开，而不是再回来。"

弗兰岑被他父亲的这个举动给惊呆了，这意味着至少在这一瞬间，父亲对自己的处境有了意识，还对此进行了评估。弗兰岑说："首先，无论如何，根据他**意志**明显持续的状态，我很吃惊。我无力地不敢相信，他对身体的其余部分施加了自我约束，包括存在于意识和记忆之下的某些肌肉力量储备，于是他使尽全力，振作起来，在疗养院外面对我说了这么一句话。同样，我无力地不敢相信，他在第二天早上崩溃，就像他的第一天晚上住院时崩溃一样，相当于放弃了他的意志"（89）。我认为，弗兰岑这里说得很正确。即在他的观点中没有什么不连续性——深深地浸入这凄凉的时刻——从最独立和最冷血的认知科学的观点来看。而后者对这件事说了什么呢？首先，作为一个阿尔茨海默症受害者，弗兰岑的父亲丧失了尊严，这是由盲目的和漠不关心的被称为基因的复制子的逻辑导致的，它们一点儿也不关心生存机器，一旦他们的繁殖前景丧失的话。如果它们关心的复制目标早已实现，无论生存机器以任何方式解体，复制子都会很开心。我们的创造者丝毫不关心我们最在意的东西——我们的自我意识。正如弗兰岑和其他评论者（比如 Shenk 2001）认为的那样，阿尔茨海默症特别令人恐怖的一点是，自我在身体之前死亡。

阿尔茨海默症患者的大脑退化跟儿童发展恰恰相反，最后获得的认知能力最早丧失。在晚期，阿尔茨海默症患者就会变成一个玩偶——像一个婴儿一样，仅仅对即时欲望有反应。弗兰岑对这件事震惊，原因在于，他已经习惯了自己父亲作为一个玩偶的状态——这个人不会对他的状态做任何二阶评估。然而，刚才就是弗兰岑悲戚的描述，而他对这件事情的分析也是对的。他父亲**正在**动用他所谓的意志，如果我们把这个老式的单词视作认知努力，它就涉及在我们大脑中平行硬件上运行的串联虚拟机。而他父亲一瞬间做的，使得他的分析式处理器得以运行——他最后一次这么做（这一事件之后，他父亲的病情进一步恶化，死亡也随之而来），其实就是在做一次强评估。

诚然，灵活处理这个案例，加入某种仁慈来描述他，我们也可以说尽管他很享受感恩节晚餐，毫无疑问也想参加随后的庆祝活动，弗兰岑的父亲希望，他宁愿不离开疗养院。伴随着他能动用的最后一点认知能力（这种认知能力对于维持做出二阶判断的表征能力很必要），弗兰岑的父亲想做某些事，而不仅仅是当一个玩偶。自发式系统运行在阿尔茨海默症的头脑中，跟"直觉"拥护者的思考相反，它并不维持对于自我最重要的表征能力。而这种能力，使得在人类文化中发动叛乱反对复制子的利益成为可能。

带着他最后一点认知意志，弗兰岑的父亲反叛了对他漠不关心的复制子创造者。伴随着他最后的认知努力，他宣称，人类主体有权利从他自身的角度来判断这个世界。弗兰岑的父亲把这种叛乱带到了最后，因为他认知能力的限制而失败。复制子不对这个世界做判断——它们就是这个世界。只有我们判断。而弗兰岑父亲的故事表明，我们想要这样做的动力是何其强大。

我认为，这个故事将对正在进行的文化对话产生影响：在一个没有上帝的世界上，我们开始面对达尔文式洞见的严峻影响，这时该如何寻找人类的意义？当寻找人类独特性的来源时，科普作家最喜欢的候选人是意识。然而，至少可以说，意识概念在认知科学的地位相当混乱。认知科学中有很多有影响的思想流派表明，当我们在用自然语言讨论意识的时候，我们根本不知道自己在谈什么。（Churchland and Churchland 1998；Dennett 1991，2001；Wilkes 1988）在神经科学中，许多跟意识有关的猜想还隐藏在二元论假设的背景中，如果公开说出来，就会让人相当尴尬。在许多意识理论的翅膀下，都隐藏着一个过于聪明的侏儒。在当前的分布式加工、模块和认知控制的理论语境下，我们还有没有找到一个谈论意识的一致方式（如果有的话）。

当然，文献中有很多跟意识有关的讨论。[31] 其中，一些成了合理的科学共识，一些正在获得进展。五花八门的意识概念成分——它们被翻译成选择性注意、意识、执行控制，以及有意识记忆通路等层面——现在都获得了不同程度的科学理解。但令人费解的是，研究者没怎么关心作为某种认知特征的意识层面，而它能够界定人类的独特性。相反，他们倾向于关心哲学家称之为感受性的特征，即所谓的"原始感觉"或意识的内在体验。可以说，这就是"来自内心的感受"（见 Dennett 1988，他对感受性持有一种极端怀疑的立场）。我说令人费解，是因为这恰恰就是没有任何科学共识或哲学共识的意识层面。某些学者感觉，他们能"证明"感受性具有内在的不可解释性，而其他人则认为这些人在玩语言把戏，他们设定了一种不可能解决的问题（对这两种立场的表现，见 Chalmers 1996；Dennett 1988，1991，2001；McGinn 1999；Shear 1998）。

弗拉纳根（1992）把感受这个意识层面（感受性）但抵制科学解释的这些人称之为神秘者。对我和其他人（比如 Churchland 1995；Dennett 1995）来说困惑的是，神秘者不会——也许你会期待科学家和哲学家这么做——悲伤地喟叹，说有些东西将逃离人类理智的解释。相反，他们看起来心情愉快地接受了结论，向某些人暗示说他们的位置上有隐藏的议程（见 Dennett 1995，他讨论了起重机和表演者）。此外，这些想要把感受性置于科学范围之外的神秘者，倾向于赞美感受性，认为它是人类独特性和重要性的来源（他们觉得，感受性在某种程度上是决定性的，然而，科学不能告诉我们跟它有关的任何信息）。他们代表了一种历史上很常见的倾向，即人们想要在神秘中寻找意义（见 Dennett 1995；Raymo 1999）。

要不是我们早就习惯于把意识称作人性的定义特征，前面谈及的这些争议和混淆不会如此的让人不安。不同作者事实上在他们对意识的赞歌中说的是，即使我们可以正确谈论它，但使人类变得独特的恰恰是我们不确定的东西。我在这里可不是要解决这些跟感受性有关的争议，而是仅仅把我们的注意力引向人类认知的另一个重要方面。不管这些"它感觉像什么"的认知属性是否要提交给科学以寻求解释，我们都需要接受诺齐克（1974）体验机的教训，思考对于生活而言，除了感受是否还有别的东西。

这里，我想指出，我在本书中最后几章讨论的广义理性概念，为人类有意义的认知生活提供了一个有用的基础。我不认为广义理性是意义或重要性的唯一基础，这里仅仅强调意识不是人类独特性的唯一指标，事实上，它可能也不是最好的。无论在什么情况下，这不是一个零和博弈的情形：可能存在着很多人类独特性的基础，其中一个得到证据支持并不意味着其他选项就失去了合理性和重要性。探索其他作为生活中意义标志的概念，并没有削弱持续进行的意识研究的价值。

人类价值观经常以批判我们一阶偏好的形式发挥作用。因此，实现我们一阶偏好跟高阶偏好之间一致性的努力，是人类认知的一个独特方面。它把我们跟其他动物分开。跟其他的心理特征包括意识现象相比，价值观都表现出了更强大的区分能力，而意识则更可能是以连续等级的方式、分布在动物界具有不同复杂性的大脑中。

广义理性至少是我们可以一贯谈论的东西。我没有缩小围绕着狭义和广义理性模型的复杂性，不过，我要说的是，更好的做法是把焦点放在人类的某个定义特征上，至少这个特征经得起科学检验。支撑追求狭义工具理性的认知机制，是许多进行中的研究项目的主题。[32] 而哲学上对广义理性的连贯讨论，至少保留了朝向一个进步概念的希望，从而使得人类的存在更有价值。[33] 做出强评估的认知架构（心理状态的自我评估），可能就是进步的辩论和实验中的主题。[34] 简而言之，认知科学已开始揭示，一个重视自身评估性自主的主体具有怎样的内在逻辑。在达尔文和神经科学的时代，当寻找什么有可能是一个科学上合理的概念时，产生这种可能性机制的独特性或许就是一个有用的焦点。这貌似是一个更尊重自己的方向，而不是把自己藏在所谓的意识神秘性（感受性）背后，后者略带侮辱性。乔纳森·弗兰岑的父亲作为一个玩偶会有更好的意识体验，但是，他身边的这些人宁愿他拥有做出二阶评估的能力。同样,在诺齐克体验机的思想实验中,要是能保证自己像玩偶一样拥有愉快的意识体验,我们中有什么人想把自己变成一个玩偶吗(放弃形成二阶评估的能力)?

至少在适当程度上,下面的说法没有争议:我们的内在经验来自大脑内部的认知活动,这些活动伴随着大量复杂的因果关系。我们的经验来自一个浩瀚的大脑系统,它监控自身,对感觉活动做出回应,执行监控式注意,进行抽象表征,以及执行其他重要的认知活动。或许,我们需要再次把焦点放在认知活动本身,而不是放在这些活动伴随的体验上。或许,我们想要赋予的精神生活的重要性需要被安排给这些活动本身,而不是伴随着它们的内在体验。换句话说,对很多事情来说,做比体验更重要。或许,同样重要的是做好(再一次,想一想你对体验机的反应)。

也许,我们过度重视意识了,就像教育工作者错误理解了自尊在学习过程中的作用。20世纪90年代有一个极为流行的假设,认为学业问题是因为低自尊导致的。可后来人们发现,自尊跟学业成绩之间的关系,更可能跟学校工作人员假设的方向相反。学校里(以及在生活中其他方面)优秀的成绩导致了高自尊,而不是相反。[35] 高自尊仅仅伴随着人们从事的生产活动而已。至少部分程度上,意识也以相似的方式伴随着。重要的和被重视的认知活动,不管是知觉方面还是表征方面,都可能引发这些意识状态。当然,把这些活动中所有的因果力和价值都归结为意识的体验层面,还是在犯侏儒的错误,只不过是以另外的方式。

我们赋予认知活动的价值,不应该仅仅被归纳为相关的体验。这些价值,有一部分理应属于活动自身,特别是对一阶欲望进行的强评估,以及对模因的自我批判式评价。或许,寻找意义的重新定向——远离意识和内部感受(感受性),朝向使我们在这个世界上成为自主和独特个体的评估活动——将使我们受益匪浅。当我们从事下列活动时,其实就是在创造意义：努力执行二阶评估；努力实现我们偏好层级中的理性整合；尝试实现我们不同一阶偏好的一致；对于我们生活中的符号意义表现出警觉；看重作为载体的我们具有的价值，而不是让自发式系统中的遗传倾向在一个变化中的技术环境里牺牲我们的利益。所有这些活动都界定了人类的独特性：他们获得了对自己生活的控制，以一种地球生命行为中的独特方式——理性的自我决定。

社会与人格心理学

《不被定义的年龄：积极年龄观让我们更快乐、健康、长寿》

作者：[美] 贝卡·利维　译者：喻柏雅

打破关于老年的消极刻板印象，这将让人各方面受益，甚至能改变基因的运作方式，延长7.5年的预期寿命。

《友者生存：与人为善的进化力量》

作者：[美] 布赖恩·黑尔　[美] 瓦妮莎·伍兹　译者：喻柏雅

为了生存和繁荣，我们需要扩大"朋友圈"，把被视作外人的"他们"变成属于自己人的"我们"。

《我从何来：自我的心理学探问》

作者：[美] 罗伊·F.鲍迈斯特　译者：梅凌婕

鲍迈斯特博士以清晰和富有洞察力的文字解释了复杂的概念，揭示了自我在使个人和文化蓬勃发展方面所发挥的核心作用。

《嫉妒与鄙视：社会比较心理学》

作者：[美] 苏珊·T.菲斯克　译者：邓衍鹤

心理学×社会学×神经科学，揭秘社会性动物的比较天性。愿我们多一些看见与理解，少一些嫉妒与鄙视

《感性理性系统分化说：情理关系的重构》

作者：程乐华

一种创新的人格理论，四种互补的人格类型，助你认识自我、预测他人、改善关系，可应用于家庭教育、职业选择、企业招聘、创业、自闭症改善